Beate Martin

MEIN GARTENJAHR

Richtig gärtnern zu jeder Jahreszeit

Trautwein Garten-Edition

2004 Trautwein Garten-Edition

Chefredaktion: Evelyn Boos
Redaktion: Bettina Snowdon, Gesa Scheziat
Fachredaktion: Peter Himmelhuber
Produktion: Wolfram Friedrich
Abbildungen: Peter Himmelhuber
Titelabbildungen: mauritius-images/age (u. re.); mauritius-images/Vidler (o. li.); zefa/G.Conner (u. li.); zefa/Ariel Skelley (o. re.)
Gestaltung: Axel Ganguin
Umschlaggestaltung: Axel Ganguin

Mehr Infos im Internet unter www.compactverlag.de

ISBN 3-8174-5679-4
5156791

Gartenpracht zu jeder Jahreszeit

Gepflegtes Grün, üppige Blumenpracht, naturnahes Idyll oder Nutzgarten mit Obst und Gemüse – es gibt viele Möglichkeiten, das Grün rund ums Haus zu gestalten. Damit die Gartenpracht rund um das Jahr gedeiht, sind bestimmte Gartenarbeiten und Pflegemaßnahmen erforderlich – für den passionierten Gärtner meist keine lästige Pflicht, sondern eine befriedigende Tätigkeit und willkommene Abwechslung zum Arbeitsalltag.

„Mein Gartenjahr – Richtig Gärtnern zu jeder Jahreszeit" informiert auf umfas-

sende und anschauliche Weise, welche Aufgaben im Laufe des Gartenjahrs notwendig sind, damit die unterschiedlichen Pflanzen des Zier- und Nutzgartens optimal gedeihen können.

Einführend werden die wichtigsten allgemeinen Fragen rund um den Garten beantwortet. Dazu gehört etwa, welche Ausrüstungsgegenstände und Gartengeräte für die alltägliche Gartenpflege erforderlich sind, wie man die Bodenbeschaffenheit im eigenen Garten feststellt und wodurch sie gegebenenfalls zu verbessern ist, welche Pflanzen zum Ziergarten, welche zum Nutzgarten gehören und welche Standorte für welche Pflanzen besonders günstig sind. Ergänzend werden verschiedene Möglichkeiten der Gartengestaltung vorgestellt, die der Inspiration dienen und zum Nachahmen anregen sollen.

In den vier Hauptkapiteln Frühjahr, Sommer, Herbst und Winter erfährt der Leser anschließend, welche Jahreszeit bedingten Arbeitsschritte notwendig sind, damit die verschiedenen Pflanzen des Zier- und Nutzgartens sprießen und gedeihen.

Die anwenderfreundlich nach den unterschiedlichen Pflanzenarten des Zier- und Nutzgartens gegliederten vier Kapitel erlauben einen raschen Zugriff zum gewünschten Thema. Die Wiederholung dieser Systematik in jedem der vier Kapitel erleichtert es dem Leser, sich zurechtzufinden und Informationen zu bestimmten Fragestellungen schnell und gezielt zu finden.

Ein übersichtlicher, tabellarischer Gartenkalender zeigt jeweils im Anschluss auf einen Blick, welche Arbeiten pro Jahreszeit anfallen. Zahlreiche farbige Abbildungen gestalten den Titel attraktiv, illustrieren den Text und veranschaulichen die beschriebenen Arbeitsanleitungen. Eine Reihe von Tipps liefern viele hilfreiche Zusatzinformationen; Tabellen und Übersichten helfen, das Wesentliche auf einen Blick zu erfassen und effektiv zu planen.

„Mein Gartenjahr – Richtig Gärtnern zu jeder Jahreszeit" bietet jedem Hobbygärtner, ob Anfänger oder Profi, praktisches Wissen und ist ein unerlässliches Standardwerk zur Pflege und Erhaltung des Traumgartens.

Inhalt

Wissenswertes rund um den Garten

Üppige Blüte, gepflegte Wildnis, Nutzgarten mit Obstbäumen, Gemüse und Kräutern – vielfältig sind die Möglichkeiten der Gartengestaltung. Damit sich die Gartenträume auch in die Tat umsetzen lassen, ist ein solides Grundwissen rund um den Garten unerlässlich.

Ausrüstung und wichtige Gartengeräte

Sei es, dass Sie das Grün vor Ihrer Haustüre neu gestalten wollen, sei es, dass Sie den bereits angelegten Garten rund ums Jahr pflegen und hegen wollen: Zum erfolgreichen Gärtnern brauchen Sie das richtige Handwerkszeug.
Wie bei vielen Dingen kommt es bei Gartengeräten eher auf Qualität denn auf Quantität an. Die „Klassiker", die zur Grundausstattung gehören, sind gerade mal ein Dutzend.

Geräte für Boden- und Erdarbeiten

Spaten

Das Unterste zuoberst kehren – im Garten ist das bisweilen nötig. Alle Umgrabearbeiten, etwa das Ausheben von Pflanzgruben, das Umgraben und Roden brach liegender Beete zur Neubepflanzung oder die Vorbereitung auf die Wintermonate, lassen sich mit dem Spaten erledigen. Gute Spaten sollten aus rostfreiem Stahl gefertigt sein, ein scharf geschliffenes Blatt aufweisen und Blatt und Tülle (das Stück am Spaten, das zum Stiel überleitet), sollten aus einem Stück geschmiedet sein.

Grabgabel

Beim Umgraben schwerer Böden, beim Zerteilen von Erdklumpen und beim Ausgraben von Wurzeln, Blumenzwiebeln und Knollen leistet eine Grabgabel gute Dienste. Sie arbeitet effektiv, schont jedoch Ihre grünen Schützlinge, da sie die Wurzel unversehrt lässt. Die Grabgabel besteht aus vier kräftigen Zinken, die in Form eines Spatens angeordnet sind und aus Edelstahl geschmiedet sein sollten. Sind Sie Besitzer eines Gemüsegartens, können Sie mit der Grabgabel die Früchte aus dem Boden heben.

Schaufel

Als Arbeitsgerät im Garten unentbehrlich ist die Schaufel. Sie kommt vor allem beim Aufladen, Umsetzen und Ausbringen von Erde, Kompost, Düngemitteln, Mulchmaterialien etc. zum Einsatz. Sie erledigt außerdem alle gartenbaulichen Arbeiten, etwa das Anlegen und Ebnen von Gartenwegen und Beeten.

Geräte zur Bodenlockerung

Kultivator

Um den Boden in Hochform zu bringen und die nötige Grundlage für Pflanzen- und Blütenpracht zu schaffen, müssen Sie die Erde auflockern und durchlüften. Mit einem Kultivator können Sie verdichtete Böden lockern, die Wasserführung verbessern und die Tätigkeit der Bodenlebewesen und Mikroorganismen anregen. Der Kultivator ist seiner Funktion nach eine Art Pflug in Kleinformat. Seine gebogenen, in der Regel drei, bisweilen auch fünf oder sechs Zinken durchpflügen den Boden und vermögen selbst verkrustetes Erdreich aufzureißen. Einen ähnlichen Zweck erfüllen Krümmer, Lüfter und Grubber, die sich vom Kultivator durch die andere, auf bestimmte Bodengegebenheiten spezialisierte Zinkenform unterscheiden.

Hacke

Mit der Doppelhacke lässt sich jeder Boden schnell umgraben. Hacken, Lockern und Lüften sind die Aufgaben dieses Werkzeugs. Mit den Zinken arbeiten Sie sich durch schweren Boden, das Breitblatt eignet sich für leichte Böden.

Grabgabel

Spaten

Gemüsebeet hacken

Gartenschere mit ergonomisch geformtem Griff

Rechen
Der Rechen ist nicht nur ein Reinigungsgerät, das Ihren Garten in mustergültiges Grün verwandelt und alle Abfälle beseitigt. Er dient zum Einebnen, Glätten und Abziehen von Saatflächen und zum feinen Zerkrümeln der obersten Gartenbodenschicht.

Kleingeräte

Für die Feinarbeiten im Garten, etwa das Herrichten der Beete, das Aussäen, Pflanzen und Jäten, gibt es Kleingeräte, die die Arbeit erleichtern: Hacke, Pflanzschaufel und Rechen im Kleinformat sind wichtige Hilfsmittel und sollten in keiner Grundausstattung fehlen.

Schneidewerkzeuge

Gartenschere
Damit Ihre grünen Sprösslinge immer gut in Form bleiben, benötigen Sie eine Gartenschere mit erstklassig geschärfter Schneide. Denn ausgefranste, gequetschte Schnittstellen, die von stumpfen Klingen rühren, sind Brutstätte für Pilze. Wichtig ist außerdem, dass die Schere gut in der Hand liegt. Ein ergonomisch geformter Griff ist unerlässlich.

Astschere
Wenn Sie viele Bäume, Sträucher und ältere Strauch- und Kletterrosen haben, ist eine Astschere ein Muss. Mit einem guten Exemplar (eventuell mit Teleskopgriffen) lassen sich bis zu vier Zentimeter dicke Triebe mühelos schneiden.

Heckenschere
Sind Sie Besitzer einer Hecke, so will auch diese gepflegt werden. Die Anschaffung einer Hand-Heckenschere reicht bei einer kurzen Heckenstrecke vollkommen aus.
Zur Bewältigung einer längeren Strecke sollten Sie sich hingegen eine elektrische Heckenschere zulegen, die Ihnen die Arbeit erleichtert. Wählen Sie eine Akku-Heckenschere, dann gehört auch der Kampf mit dem Kabel zur Vergangenheit.

Geräte zur Rasenpflege

Rasenmäher
Dichter, sattgrüner Rasen lässt Gärtnerherzen höher schlagen. Ein regelmäßiger Schnitt gehört zum Pflege-Pflichtprogramm, wenn der grüne Traum lange währen soll. Rasenmäher gibt es in den unterschiedlichsten Ausführungen, vom schlichten Handrasenmäher bis hin zum Akkumäher ganz ohne Kabel und Abgase.

Gärtnertipp

Edelstahl-Werkzeuge
Entscheiden Sie sich beim Kauf neuer Gartenwerkzeuge für Geräte aus Edelstahl. Da diese nicht rosten, gleiten sie besser in die Erde und erleichtern Ihnen die kräftezehrende Arbeit. Darüber hinaus zeichnen sie sich durch längere Haltbarkeit aus und stehen Ihnen ein ganzes Gärtnerleben als treue Begleiter zur Seite.

Stahlbesen
Ein Stahlbesen ist ideal zum Abrechen von Grasschnitt. Darüber hinaus eignet sich der Stahlbesen auch für grobes Kehrgut. Die flachen, elastischen Federstahlzinken schaffen mit ein paar Strichen Abhilfe bei jeder Art von Gartenabfällen.

Vertikutierer
Einen Schritt näher am Traumrasen sind Sie mit einem Vertikutierer. Dieses Gerät entfernt den Wurzelfilz im Bereich der Grasnarbe und sorgt für die

Handrasenmäher für kleinere Flächen

Pflegetipp

Werkzeug pflegen
Säubern Sie Ihr Werkzeug gründlich, bevor Sie es verstauen. Das ist im Herbst besonders wichtig. Vor dem „Überwintern" sind die Geräte sorgfältig zu reinigen. Rostige Stellen entfernen Sie mit Bürste und Schmirgelpapier, Metallteile werden eingefettet.
Haben Ihre Werkzeuge Holzstiele, sollten Sie diese mit Leinöl oder Kräuterfirnis einreiben. Die Geräte werden es Ihnen danken und Sie mit langer Lebensdauer belohnen.

notwendige Belüftung Ihres Rasens. Im Handel gibt es manuell oder motorbetriebene Vertikutierer.

Sonstiges Zubehör

Gartenschlauch und Gießkanne

Damit Ihre Mühen rund um den Garten Früchte tragen, müssen Ihre Gewächse stets ausreichend mit Wasser versorgt sein. Wenn in den Sommermonaten das ersehnte Nass ausbleibt, sollten Sie ein bisschen nachhelfen. Ideal ist ein robuster, witterungsbeständiger Schlauch aus Kunststoff mit aufsetzbaren Spritzen, Düsen und Regnern. Zum Bewässern kleinerer Flächen benutzen Sie eine Gießkanne, die Sie auch als Behältnis nutzen können, um Wasser abstehen zu lassen.

Schubkarre

Auf die Schubkarre kann kaum ein Gartenfreund verzichten. Sie nimmt Ihnen schwergewichtige Lasten ab, transportiert Kompost, Sand, Erde, Gartenabfälle und Düngemittel mühelos an noch so entlegene Stellen Ihres Gartens.

Leiter

Wollen Sie hoch hinaus, weil etwa Kletterpflanzen oder Bäume im Garten vorhanden sind, brauchen Sie eine stabile Leiter mit sicherem Stand.

Gartenschürze, Gärtnerschuhe, Handschuhe

Sehr praktisch und schnell übergezogen ist eine Gartenschürze aus Kunststoff. Sie dient nicht nur dem Schutz Ihrer Kleidung, sondern in den großen aufgenähten Taschen finden auch jede Menge nützlicher Dinge Platz. Ebenfalls nützlich und immer zur Hand sind Gärtnerschuhe. Zum Schutz Ihrer Hände vor Schmutz und kleinen Risswunden sollten Sie auf Gartenhandschuhe nicht verzichten.

Huflattich weist auf humosen Lehmboden hin

Der Boden

Entscheidend für Ihr Gärtnerglück ist – abgesehen vom berühmten grünen Daumen – vor allem die Bodenbeschaffenheit. Der Boden kann regional sehr unterschiedlich beschaffen sein. Vor der Anlage eines Gartens sollten Sie daher die vorhandene Erde prüfen. Der ideale Gartenboden ist humusreich und hat eine locker-krümelige Struktur.

Bodenbeschaffenheit und Bodenverbesserung

Zur Prüfung der Bodenbeschaffenheit sind keine großen Fachkenntnisse erforderlich. Auch der Laie kann die Qualität seines Bodens erkennen. Ausschlaggebend ist die obere Erdschicht bis zu einer Tiefe von etwa 20 Zentimetern, die auch als Mutterboden bezeichnet wird.

Zeigerpflanzen

Als Zeigerpflanzen bezeichnet man die Pflanzen, die den unbepflanzten, unbearbeiteten Boden bedecken. Diese Pflanzen geben Hinweise darauf, ob ein Boden sauer, kalkhaltig, mager oder nährstoffreich ist.
Auf gute, humusreiche Gartenerde weisen Echte Kamille, Brennnessel, Ackersenf und Hirtentäschel hin. Huflattich, Ackerhahnenfuß und Ackerkratzdistel deuten auf humosen Lehmboden hin. Löwenzahn, Kriechender Hahnenfuß, Schachtelhalm, Zinnkraut und Breitwegerich bevorzugen nassen, schweren Lehm- oder Tonboden. Auf Sandböden gedeihen Hasenklee und Mohn. Auf saure, kalkarme Bodenverhältnisse lassen Sauerampfer, Preiselbeeren und Moose schließen. Wegerich, Wiesensalbei und Stiefmütterchen deuten auf einen basischen, kalkreichen Boden hin.

Bodenanalyse

Um den Kalkanteil in Ihrem Boden zu bestimmen, benötigen Sie einen im

Handel erhältlichen Kalktest, der den pH-Wert Ihres Bodens bestimmt. Neutraler Boden zeigt einen pH-Wert von 6,5 bis 7. Saure, kalkarme Bodenverhältnisse herrschen bei einem pH-Wert unter 6. Ein pH-Wert über 7 deutet auf einen basischen, kalkreichen Boden hin. Die Humusbildung erfolgt bei einem Wert von 5 bis 7. Liegt der pH-Wert bereits knapp über 7 oder unter 5, nimmt die biologische Aktivität wieder ab. Durch Kalkgaben kann ein saurer Boden langfristig ins Basische verändert werden.

Professionelle Bodenanalysen

Wollen Sie eine professionelle Bodenanalyse durchführen lassen, bei der Ihr Boden unter anderem auf den Humusgehalt und den pH-Wert hin untersucht wird, dann wenden Sie sich an ein einschlägiges Labor. Sie erhalten nach Durchführung der Analyse einen so genannten Gartenpass mit speziellen Düngeempfehlungen. Für die Bodenanalyse entnehmen Sie in Ihrem Garten an mehreren Stellen eine etwa spatentiefe Bodenprobe.

Fingerprobe

Eine einfache Methode, die Bodenbeschaffenheit festzustellen, ist die Fingerprobe. Nehmen Sie zu diesem Zweck ein Stück Erde zwischen die Finger, zerreiben Sie sie und spüren Sie ihre Beschaffenheit. Ist Ihre Probe trocken, feuchten Sie sie an, um sie auch im feuchten Zustand zu beurteilen.

Lehmböden

Lehmboden lässt sich in feuchtem Zustand gut kneten und formen, ist ausrollbar, fühlt sich rau an und bröckelt leicht. In trockenem Zustand ist er nur schwer auseinanderzubrechen. Lehmböden weisen ein gutes Wasser- und Nährstoffspeichervermögen auf. Im feuchten Zustand sind sie schwer, kalt und undurchlässig. Im trockenen Zustand hingegen können Lehmböden sehr hart werden. Gut zu bearbeiten ist diese Art von Boden, wenn er noch leicht feucht ist. Wenn Sie etwas Sand in den Lehmboden einarbeiten, wird er durchlässiger für Luft und Wasser, ist leichter zu bearbeiten und bietet gute Voraussetzungen fürs Bepflanzen.

Tonböden

Tonboden fühlt sich in feuchtem Zustand glitschig und klebrig an, lässt sich gut kneten und ist ausrollbar. Der trockene Boden ist sehr hart und schwer zu zerbrechen. Ähnlich wie Lehmboden weist Tonboden eine schlechte Wasserdurchlässigkeit und mangelnde Durchlüftung auf, hat jedoch ein gutes Nährstoffhaltevermögen. Tonböden können Sie durch Beimischen von Sand und Zuführen von Kompost verbessern.

Sandböden

Feuchter Sandboden fühlt sich rau und bröckelig an und lässt sich nicht formen. Im trockenen Zustand ist er leicht zu zerbröckeln. Sandboden zeichnet sich durch minimales Wasserspeichervermögen, hohe Durchlüftung und geringes Nährstoffhaltevermögen aus. Durch Zuführen von Nährstoffen ist keine nachhaltige Wirkung zu erzielen, was einen ständigen Nachschub an Nährstoffen und Wasser notwendig macht. Eine nachhaltige Bodenverbesserung lässt sich durch jährliche Beimischung von Tonerde (Bentonit) erreichen. Bei Sandböden ist überdies eine ständige Bodenbedeckung mit einer Mulchschicht zu empfehlen, um den Wasserbedarf und die Nährstoffauswaschung zu verringern.

Moorböden

Moorböden fühlen sich im feuchten Zustand faserig und schwammig an. Der trockene Moorboden ist torfig und leicht. Moorböden werden zwar bei längerer Regendauer sehr feucht, vermögen das Wasser bei längerer Trockenheit jedoch nicht zu speichern. Eine nachhaltige Verbesserung von Moorböden erreichen Sie durch Zugabe von Tonerde oder Steinmehl.

Bodenprofil

Bodenpflege

Bodenbearbeitung

Eine wichtige Maßnahme zur Verbesserung und Pflege der Bodenstruktur ist die Bodenbearbeitung. Wenn Sie im Herbst Ihren Boden etwa 25 Zentimeter tief umgraben, kann er im Winter gut durchfrieren. Durch den Wechsel von Gefrieren und Auftauen entsteht eine vorübergehende Krümelstruktur, die so-

Praxistipp

Bodenanalyse
Anleitungen zur Entnahme von Bodenproben, ein Bodenprobe-Set und Adressen von Labors, die derartige Bodenanalysen durchführen bekommen Sie bei der
Bayerischen Gartenakademie
An der Steige 15
97209 Veitshöchheim
Tel: 09317 / 9801-143
Internet: www.stmelf.bayern.de/garten

Gründüngung mit Gelbsenf

genannte Frostgare, die einen fruchtbaren und gesunden Boden zur Folge hat. Im März wird der Boden mit dem Kultivator aufgerissen und gelockert. Vor der Bearbeitung muss der Boden angetrocknet sein, er sollte nicht tiefer als fünf bis zehn Zentimeter gelockert werden. Haben Sie einen gut mit Humus versorgten Boden, können Sie sich das mühevolle Umgraben im Herbst sparen. Es genügt das Lockern mit der Grabgabel, ohne den Boden zu wenden.

Praxistipp

Bodenvoraussetzungen
Berücksichtigen Sie bei den Bodenverbesserungsmaßnahmen die Ansprüche der Pflanzen. Wollen Sie einen Kräutergarten anlegen, sollten Sie bedenken, dass Kräuter in der Regel leichte Böden mit krümeliger Struktur bevorzugen. Für den Kräuteranbau ist daher ein magerer, nährstoffarmer Sandboden keine schlechte Voraussetzung. Bei Preiselbeeren und Heidelbeeren etwa handelt es sich um Moorbeetpflanzen, die zum guten Gedeihen einen sauren Boden mit einem niedrigen pH-Wert benötigen. Regelrecht kalkfeindliche Pflanzen sind Rhododendren und Hortensien, die bei einem sehr niedrigen pH-Wert von 4,1 bis 4,5 gedeihen.

Kompost aufbringen

Das Aufbringen von Kompost ist für den Boden gewissermaßen eine Verjüngungskur, die Sie ihm alljährlich zu Beginn des Gartenjahres im Frühjahr gönnen sollten. Empfehlenswert ist eine Gabe von zwei bis drei Litern pro Quadratmeter Bodenfläche. Der Kompost ist gleichzeitig Dünger und Bodenverbesserungsmittel, da er Nährstoffe und wertvolle Humussubstanzen enthält. Zum Aufbringen sollte stets reifer Kompost verwendet werden. Dieser wird flach in die Bodenkrume eingemischt, aber niemals vergraben.

Gründüngung

Um stark vernachlässigte und verdichtete Gartenerde wieder auf Vordermann zu bringen, hält die Natur Pflanzen bereit, die den Boden tiefgründig lockern und die Nährstoff- und Humusanreicherung unterstützen. Und das funktioniert so: Die zur Gründüngung geeigneten Pflanzen werden im Frühjahr ausgesät, gedeihen während des Sommers und werden im Herbst abgemäht. Die Wurzeln, die in der Erde bleiben, verrotten über den Winter und hinterlassen eine gute Gartenerde.

Mulchen

Eine weitere Maßnahme, den Boden zu verbessern und zu schützen, den auch die Natur vorsieht, ist das Mulchen. In der freien Wildbahn ist der Boden stets mit Blättern oder Rinde bedeckt. Warum sich die Natur also nicht zum Vorbild nehmen und den Boden mit einer Mulchdecke versehen? Diese Bodenkur für den Garten schützt den Boden vor Austrocknung, Verschlämmung und Verkrustung und unterdrückt den lästigen Unkrautbewuchs.

Fruchtwechsel

Wenn Sie jahrelang dieselben Pflanzen angebaut haben, ist der Boden unter

Auswahl einiger zur Gründüngung geeigneter Pflanzen	Bodenverhältnisse
Ackerbohne	lehmig-feuchte Böden
Gelbsenf	mittelschwere, kalkreiche Böden
Inkarnatklee	lehmige, leicht saure Böden
Gelbe Lupine	sandige, saure Böden
Ölrettich	mittelschwere bis schwere, verdichtete Böden

Umwelttipp

Torf
Die Annahme, mit Einarbeiten von Torf den Boden verbessern zu können, gehört längst der Vergangenheit an. Torf gehört weder ins Gemüsebeet noch in eine Zierpflanzenrabatte, denn nur wenige Pflanzen, wie zum Beispiel Moorbeetpflanzen, vertragen den hohen Säuregrad von Torf. In trockenem Zustand wirkt Torf außerdem Wasser abweisend. Er nimmt kein Wasser mehr auf und entzieht den Wurzeln Wasser. Überdies ist die Verwendung von Torf auch aus Aspekten des Umweltschutzes sehr kritisch zu bewerten, da der Torfabbau den mittlerweile geschützten Mooren Schaden zugefügt hat.

Umständen durch den Anbau der stets gleichen Pflanzenart ausgelaugt und müde geworden. Um den Boden wieder fit zu machen und der Monotonie ein Ende zu bereiten, sollten Sie für regelmäßigen Fruchtwechsel sorgen. Achten Sie darauf, dass Sie zwischen stark zehrenden Pflanzen, die vermehrt Humus oder Kompost benötigen, und schwach zehrenden, die weniger Nährstoffe brauchen, abwechseln.

Der Ziergarten

Üppige Blumen- und Staudenrabatten, schattenspendende Laub- und Nadelbäume, sattgrüne Hecken als Sichtschutz und Umfriedung des Gartens, edle Rosen und, je nach Platzangebot, ein Gartenteich – all das sind Bestandteile eines Ziergartens, der im Gegensatz zum Nutzgarten rein ästhetische Funktion hat und je nach individuellen Vorstellungen des Gartenbesitzers sehr unterschiedlich gestaltet sein kann. Für

Naturnaher Ziergarten

den einen ist der Garten ein von allen Seiten bewachsenes grünes Refugium, das ihn von der Umgebung abschirmt und in das er sich in Mußestunden ungestört zurückziehen will. Für den anderen ist der Traumgarten ein Rosenparadies, von dessen Duft und Schönheit er sich betören lässt. Doch immer ist der Ziergarten „zweckfrei“ bis auf den einen Zweck: zu gefallen.

Ziergehölze

Die Grundbepflanzung im Garten bilden die Bäume und Sträucher. Sie sind sozusagen der Rahmen, in dem die gestalterische Feinarbeit in Form von Rabatten und Beeten besteht.

Nadelgehölze

Nadelgehölze

Neben den bekanntesten heimischen Nadelgehölzen Fichte, Kiefer und Tanne gibt es die Eibe, ein schönes Nadelgehölz, das oftmals als Heckenpflanze Verwendung findet, außerdem

Gärtnertipp

Kiefern
Kiefern gedeihen auf fast allen Böden, wenn diese nicht zu feucht sind. Sie passen ideal zu Moorbeetpflanzen, wie etwa Rhododendren oder Lavendelheide. Für große Gärten eignen sich die Gemeine Kiefer, die Österreichische Schwarzkiefer, die Zirbelkiefer oder die Weymouthkiefer.

Die Drehkiefer, die Blaue Mädchenkiefer, die Japanische Zwerg- oder Kriechkiefer und die Bergkiefer oder Latsche haben eine geringere Wuchshöhe und sind daher auch für kleinere Gärten gut geeignet.

Rittersporn

die Thuja, ebenfalls als Heckenpflanze beliebt, die Scheinzypresse und den Wacholder.

Laubgehölze

Zu den beliebtesten Laubbäumen zählen Ahorn, Birke, Buche, Eiche, Esche, Linde, Robinie, Ulme, Weide und Zierkirsche. Diese werden ergänzt durch eine Reihe von Sträuchern wie etwa Buchsbaum, Flieder, Forsythie, Ginster, Goldregen, Hibiskus, Hortensie, Liguster, Magnolie, Perückenstrauch, Schneeball, Stechpalme, Tamariske und Zaubernuss.

Pflegetipp

Blätter liegen lassen
Wollen Sie Ihrem Garten etwas Gutes tun, dann rechen Sie das im Herbst abgefallene Laub nicht zusammen, sondern lassen es liegen. Auch die Blätter, die Sie vom Rasen rechen oder von der Terrasse kehren, sollten Sie unter Ihren Bäumen und Sträuchern verteilen. Denn sie stellen einen wichtigen Winterschutz und wertvollen Humuslieferanten für den Boden dar. Die Blätterschicht hält den Boden feucht und verhindert Unterwuchs.

Klettergehölze

Klettergehölze sind nicht nur eine Zierde für mitunter hässliche Hauswände, Mauern und Zäune, sie wirken auch wärmedämmend und schützen die Mauern. Oftmals zieren sie auch Pergolen und Lauben, dienen als Sichtschutz oder verschönern alte, unten kahle Baumstämme. Zu den beliebtesten zählen Blauregen, Clematis, Efeu, Kletterrose, Knöterich und Wilder Wein.

Rosen

Von majestätischem Wuchs und herrlich duftend ist die edelste unter den Gartenpflanzen: die Rose. Ob als ausladender Rosenbusch, als dichtwachsende Hecke, als Rosenbäumchen oder Bodendecker: Die Rose betört durch ihre elegante Erscheinungsform. Am robustesten und pflegeleichtesten sind die Wildrosen, die sich auch gut als Hecken eignen. Die vornehmeren Verwandten der Wildrose sind die Strauch- oder Parkrosen. Die Rosen mit den größten Blüten nennt man Teehybriden.

Stauden und Gräser

Die ideale Ergänzung zu den Gehölzen, den Bäumen und Sträuchern sind die winterharten Stauden und Gräser, aus deren großer Vielfalt sich für jede Art der Gartengestaltung passende Exemplare auswählen lassen. Durch ihre Blütenpracht setzen sie Farbakzente im Garten. Für jeden Zweck und jeden Standort im Garten lässt sich die geeignete Staude finden. So gibt es klein- und großwüchsige Stauden, in Farbe und Form auffälligere oder eher unscheinbare Arten, Solitär- oder Gruppenstauden. Im Gegensatz zu den einjährigen Sommerblumen sind Stauden und Gräser sehr pflegeleicht und vor allem winterhart, d. h. sie treiben Jahr für Jahr erneut aus und erfreuen ohne große Mühen mit ihrer Blütenpracht.
Bekannte Blütenstauden, die sonnige Standorte bevorzugen, sind Akelei, Aster, Chrysantheme, Fetthenne, Glockenblume, Goldgarbe, Lupine, Margerite, Mohn, Nelke, Pfingstrose, Phlox, Rittersporn, Salbei, Sonnenbraut, Sonnenhut und Trollblume. Häufig anzutreffende Stauden, die sich für schattige Bereiche eignen sind Anemone, Eisenhut, Funkie, Maiglöckchen, Primel, Tränendes Herz und Vergiss-

Gärtnertipp

Staudenpflanzung
Eine harmonische Staudenpflanzung ist eine Augenweide, an der man sich den ganzen

Sommer und Herbst erfreuen kann. Die Zusammenstellung sollte sich nach Blütezeit, Blütenfarbe und Höhe der Pflanzen richten.

Kapuzinerkresse

Wildtulpen

Gartenteich

meinnicht. Zu den für die Gartenbepflanzung beliebtesten Gräsern zählen Bambus, Chinaschilf, Pampasgras, Blauschwingel, Segge, Simse, Zittergras und Zwergbambus.

Sommerblumen

Sommerblumen entfalten ihre Pracht meist nur einen, im Höchstfall zwei Sommer lang. Entsprechend unterscheidet man einjährige und zweijährige Sommerblumen. Einjährige Sommerblumen gelangen noch im Jahr der Aussaat zu Blüte und Samenreife und sterben danach ab. Zweijährige hingegen bilden im Jahr der Aussaat lediglich Blätter und gelangen erst im zweiten Jahr zur Blüte. Nach der Samenbildung sterben auch sie ab.

Mit ihren fröhlichen, bunten Farben und ihren phantastischen Blatt-, Blüten- und Wuchsformen bilden Sommerblumen eine ideale Ergänzung zur dauerhaften Staudenpflanzung.

Zu den beliebtesten Sommerblumen gehören Bartnelke, Elfenspiegel, Flockenblume, Goldmohn, Kapuzinerkresse, Kreuzblume, Levkoje, Löwenmäulchen, Maßliebchen, Ringelblume, einjähriger Gartenrittersporn, Kosmea, Sonnenblume, Stiefmütterchen, Tagetes und Zinnie.

Zwiebel- und Knollenpflanzen

Fast das ganze Jahr über zeigen die Zwiebel- und Knollenpflanzen ihre Pracht, meist ohne große Ansprüche an Ihr gärtnerisches Geschick zu stellen. Einmal in die Erde gesetzt, erfreuen sie den Gartenfreund jedes Jahr aufs Neue. Unter den Zwiebel- und Knollenpflanzen gibt es Vorfrühlings-, Frühlings-, Sommer und Herbstblüher. Manche passen gut als Unterpflanzung zu Bäumen und Sträuchern, andere sind in Rabatten und Beeten besser aufgehoben. Auch in der Rasen- und Wiesenfläche können Zwiebel- und Knollenpflanzen reizvolle Farbakzente setzen.

Zu den Zwiebel- und Knollenpflanzen gehören Alpenveilchen, Anemone, Blaustern, Dahlie, Hyazinthe, Gladiole, Herbstzeitlose, Iris, Krokus, Lilie, Maiglöckchen, Narzisse, Ranunkel, Schneeglöckchen, Tulpe und Winterling.

Gartenteich

Ein besonderer Blickfang im Garten ist ein Gartenteich. Das Wasser verbreitet Frische und das sanfte Plätschern wirkt beruhigend. Die vielfältigen Sumpf- und Wasserpflanzen und die Tierwelt, die mit dem Gartenteich Einzug hält, bietet nicht nur Kindern interessante Beobachtungen.

Bei der Anlage eines Gartenteiches spielt das Platzangebot gar keine so große Rolle. Auch wenn Sie nur eine kleine Fläche zur Verfügung haben, müssen Sie nicht auf Ihre Wasserstelle verzichten.

Standorttipp

Rasenzierde

Wollen Sie Ihre Rasen- und Wiesenfläche durch ein paar kräftige Farbtupfer aufpeppen, sollten Sie zu möglichst frühblühenden Arten greifen, deren Laub entsprechend zeitig welkt, so dass Sie beim Mähen nicht zu lange Rücksicht auf die Pflänzchen nehmen müssen.

Krokusse im Rasen

Nutzgarten

Ein Miniteich passt in den kleinsten Garten. Selbst auf Balkon oder Terrasse lässt sich das Kleinstbiotop verwirklichen.

Der Nutzgarten

Lange bevor Ziersträucher und bunte Blumen die Gärten eroberten, hatte das Grün vor der Haustür nur einen Zweck: die Bewohner zu ernähren. Aus dem reinen Nutzgarten entwickelte sich im Laufe der Zeit eine Art „verzierter“ Nutzgarten, in den immer mehr Blumen, Stauden und Sträucher ihrer Schönheit wegen Einzug hielten. Dieser um Zierpflanzen erweiterte Nutzgarten war Jahrhunderte lang die typische Gartenform für Bürger- und Bauerngärten.
Wenn heutzutage immer mehr Gartenliebhaber Nutzpflanzen in ihren Garten integrieren, liegt das zum einen an einem zunehmenden Trend nach gesunder Ernährung, zum anderen auch daran, dass die Arbeit von der Aussaat bis zur Ernte eine sinnvolle und befriedigende Aufgabe ist. Nicht zuletzt haben Nutzpflanzen durchaus eine dekorative Wirkung und können mit so mancher reinen Zierpflanze konkurrieren.
Wenn Sie sich tatsächlich nahezu das ganze Jahr über aus dem eigenen Garten versorgen wollen, ist der Anbau eines entsprechend vielfältigen Sortiments nötig. Wenn Sie geschickt planen, ist vom Spätwinter mit den ersten Salaten bis zum Spätherbst mit dem letzten Wintergemüse immer etwas reif. Durch fachmännische Lagerung lässt sich das Angebot sogar über das Saisonende hinaus erweitern. Auch durch Einfrieren oder Einmachen bleibt die Fülle an Früchten, Gemüse und Kräutern länger erhalten.

Obstbäume

Selbst gezogenes Obst ist gesund, garantiert unbehandelt und liefert gartenfrisch den Rohstoff für vielerlei Leckereien. Obstbäume liefern nicht nur Früchte, die den Gaumen erfreuen, sondern sind gerade zur Blütezeit eine Augenweide und können mit jedem Ziergehölz problemlos mithalten. Und was wäre der herbstliche Garten ohne die reifenden Äpfel, Birnen, Zwetschgen oder Nüsse, die dem Gartenfreund das Ende der Gartensaison und den Beginn des Winters versüßen?
Bei den Obstbaumarten unterscheidet man Kernobst, Steinobst und Schalenobst. Zu ersteren zählen etwa Apfel, Birne und Quitte, zu den nächst genannten Kirsche, Aprikose, Pfirsich, Pflaume und Zwetschge und zu letzteren Esskastanie, Haselnuss und Walnuss.

Erntetipp

Obstreife
Obst, das Sie sogleich verzehren oder auch lagern wollen, sollte immer voll ausgereift geerntet werden. Bei Steinobst lässt sich die Reife leicht durch Farbe und Geschmack der Früchte feststellen. Kernobst ist schwieriger zu beurteilen. Doch als Regel kann gelten: Frühe Sorten sollten Sie erst ernten, wenn die Früchte von selbst fallen. Späte Sorten pflücken Sie, wenn sie sich durch eine Drehbewegung leicht vom Baum lösen lassen.

Beerenobst

Beeren gehören zu den ersten Früchten im Garten, die geerntet werden können, angefangen mit den Erdbeeren, die bereits im Frühjahr die Beerensaison eröffnen. Weitere im Nutzgarten häufig

Apfel „Goldparmäne“

Gärtnertipp

Beerensträucher schützen
Schützen Sie Ihre Beerensträucher vor Nahrungskonkurrenten. Damit Ihnen die Vögel nicht die süßen Beeren vor der Nase wegschnappen können, sollten Sie feinmaschige Netze darüber spannen. Diese sind im Fachhandel erhältlich und bilden einen wirksamen Schutz.

anzutreffende Beerensträucher sind Brombeere, Heidelbeere, Himbeere, Johannisbeere und Stachelbeere.

Gemüse

Zwar besteht heutzutage im Gegensatz zu früheren Zeiten nicht mehr die Notwendigkeit, das Gemüse selbst zu ziehen. Doch wenn Sie es einmal ausprobiert haben, werden Sie feststellen, dass die selbst angebauten, sorgsam gehegten und gepflegten Produkte einfach anders und auch ein bisschen besser schmecken. Welche Arten und Typen Sie pflanzen, ist letztendlich eine Frage des Geschmacks und natürlich auch des Platzangebots. Was sich in den heimischen Gärten anbauen lässt, zeigt die untenstehende Übersicht:

Blattsalate	Endivie Feldsalat Kopfsalat Pflück- und Schnittsalat Winterportulak Zichoriensalat
Blattgemüse	Mangold Spinat
Fruchtgemüse	Gurke Kürbis Tomate Zucchini
Hülsenfrüchte	Markerbsen Schalenerbsen Stangen- und Buschbohnen
Knollengemüse	Gemüsefenchel Kartoffeln Topinambur

Dill im Kräutergarten

Kräuter

Eine kleine aber feine Kräuterauswahl hat in jedem Hausgarten Platz. Kräuter sind nicht nur dekorativ und lassen sich schön mit Blumen kombinieren; ihr intensiver, würziger Geruch ist überdies ein besonderes Erlebnis für die Sinne. Mit dem passenden Küchenkraut lässt sich so manches schlichte Gericht in eine wahre Gourmetspeise verwandeln und mit dem geeigneten Heilkraut so manches Wehwehchen lindern oder gar heilen.

Kohlgemüse	Blumenkohl Brokkoli Chinakohl Grünkohl Kohlrabi Rosenkohl Weißkohl Rotkohl Wirsing
Wurzelgemüse	Sellerie Möhren Radieschen Rettich Rote Bete Schwarzwurzeln
Zwiebelgemüse	Zwiebeln Knoblauch Lauch

Gärtnertipp

Kartoffeln
Kartoffeln sind ein sehr häufig angebautes Gemüse. Sie enthalten viele Vitamine, haben einen hohen Nährwert und sind vielseitig in der Küche verwendbar. Darüber hinaus wirken Kartoffeln auch als Bodenpfleger. Denn das dichte Laub der Kartoffelpflanze verhindert das Nachwachsen von Unkraut und die Knollen lassen nach dem Klauben einen wunderbar lockeren Boden zurück.

Küchen- und Gewürzkräuter
Die häufig aus dem Mittelmeerraum stammenden Küchen- und Gewürzkräuter sind im Winter an mildere Temperaturen gewöhnt. Damit das würzige Grün die heimischen strengen Winter schadlos übersteht, sollten empfindliche Pflanzen im Herbst ausgegraben und im Haus überwintert werden. Dazu gehören auf jeden Fall Rosmarin, Ysop und Majoran, in stark Frost gefährdeten Gebieten auch Bohnenkraut, Lavendel und Salbei.

Erntetipp

Echte Kamille
Die aromatisch duftenden Blüten der Echten Kamille können Sie von Mai bis Oktober sammeln. Vor der Verwendung trocknen Sie sie bei sonnigem Wetter im Schatten. Kamillentee ist ein krampflösendes und beruhigendes Hausmittel bei Magenverstimmungen, Entzündungen der Magenschleimhaut und Magenkrämpfen. Auch bei Kleinkindern hat sich der Tee bewährt. Äußerlich verwendet man den Kamilleauszug bei Hautentzündungen und zur Wundbehandlung.

Gewürz- und Küchenkräuter

Beliebte Gewürz- und Küchenkräuter, die in den heimischen Gärten gut gedeihen, sind Basilikum, Bohnenkraut, Borretsch, Dill, Estragon, Kapuzinerkresse, Kerbel, Kresse, Liebstöckl, Majoran, Oregano, Petersilie, Rosmarin, Salbei, Schnittlauch und Thymian.

Heilkräuter

Eine kleine Hausapotheke direkt vor der Haustür lässt sich durch den Anbau von Baldrian, Johanniskraut, Kamille, Lavendel, Malve, Melisse, Pfefferminze und Ringelblume schaffen.

Ringelblume

Halbschattiger Standort

Standortwahl im Garten

Sonniger Standort

Ein Platz an der Sonne, während der Mittagshitze optimalerweise durch einen Baum oder Strauch beschattet, das ist der ideale Standort für viele Pflanzenarten. Im Garten befindet er sich üblicherweise vor der südlichen Hauswand und bietet ideale Bedingungen für sonnenhungrige Pflanzen.

Halbschattiger Standort

Jeder Garten hat auch seine Schattenseiten, die bepflanzt sein wollen. Vielfältig wie die Natur ist, bietet sie auch für diese Bereiche die passenden Pflanzen. Zumal die meisten schattigen Bereiche nicht wirklich schattig, sondern zumindest halbschattig sind. Dabei handelt es sich um die Flächen, die von Gebäuden oder Gehölzen etwa die Hälfte des Tages – vor allem während der Mittagszeit – beschattet werden. Solche Standorte liegen typischerweise vor der östlichen oder westlichen Hauswand.

Für diese Lichtverhältnisse gut geeignete Pflanzen wachsen in der Natur bevorzugt am Waldrand. Berücksichtigen Sie bei der Pflanzenauswahl, dass mit der Veränderung der Lichtverhältnisse auch eine Veränderung der Bodenverhältnisse einhergeht. Böden, die im Halbschatten liegen, sind in der Regel feuchter.

Schattiger Standort

Wirklich schattig ist ein Standort, wenn er höchstens ein bis zwei Stunden am Tag von der Sonne beschienen wird, etwa vor der nördlichen Hauswand oder unter dichten Baumkronen. Doch einige Spezialisten unter den Gartenpflanzen, die in freier Natur zumeist im Wald zu Hause sind, kommen selbst mit diesen widrigen Bedingungen zurecht. Diese Pflanzen brauchen entweder wenig Licht, um gut gedeihen zu können, oder stehen, wie viele Zwiebelblumen, bereits so zeitig im Jahr in voller Blüte, dass das Blätterdach der Bäume noch licht ist.

Die Standortwahl im Garten richtet sich also einerseits nach der gewünschten Bepflanzung. Umgekehrt richtet sich die Pflanzenauswahl aber auch nach dem vorhandenen Standort. Neben der verfügbaren Fläche sind insbesondere auch

Gartenteich in sonniger Lage

Heidegarten im Winter

die klimatischen Bedingungen für die Auswahl der grünen Schützlinge entscheidend. Sonnenverwöhnte, mediterrane Pflanzen zum Beispiel tun sich mit rauen Mittelgebirgslagen eher schwer.

Günstige Standorte für … … Rosen

In nahezu jedem Garten lässt sich ein geeignetes Plätzchen für die Rose, die edelste unter den Gartenpflanzen finden. Die stolze Schöne sollte am besten an einen sonnigen Standort gesetzt werden. Da sich die Rose gerne von einem Lüftchen umwehen lässt, sollte der Standort luftig und nicht windstill gewählt werden. Schattenlage, etwa ein Platz direkt an einer nordseitigen Hauswand, sollten Sie meiden. Um den für Rosen geeignetesten Platz im Garten zu finden, sollten auch ästhetische Kriterien eine Rolle spielen. Die elegante Wuchsform, die Vielfalt der Farben und die Schönheit der Blüte kommen nur zur Geltung, wenn ihnen die Umgebung Spielraum zur Entfaltung gibt.

… Nutzgärten

Bei der Anlage eines Nutzgartens, der in städtischen Siedlungsgebieten meist nur einen Teil des Gesamtgartens einnimmt, haben Sie wenig Möglichkeiten, den Standort zu variieren. Die Pflanzengemeinschaft, aus der ein Nutzgarten besteht, hat klar definierte Ansprüche an die benötigten Licht- und Wärmeverhältnisse. Der Nutzgarten sollte an einer möglichst warmen, sonnigen Stelle im Garten angelegt werden. Überlegen Sie außerdem, an welcher Stelle der Nutzgarten am günstigsten gelegen ist. Praktisch ist ein Nutzgarten in Hausnähe, der mit wenigen Schritten erreicht ist.

… Blumen- und Staudengarten

Bei Blumen- und Staudengärten richtet sich die Pflanzenauswahl nach den zur Verfügung stehenden Standorten. Die Natur hält eine so breite Palette an Blumen und Stauden bereit, dass sich für jede Stelle im Garten eine geeignete Bepflanzung finden lässt. Selbst im tiefsten Schatten müssen in der Bepflanzung Ihres Gartens keine Lücken klaffen. Zu den Schattenpflanzen zählen etwa viele blau und weiß blühende Arten, mit denen sich reizvolle Rabatten gestalten lassen.

… Gartenteiche

Prinzipiell können Sie Ihren Gartenteich an jeder Stelle des Gartens anlegen. Denn auch die Natur sieht Teiche und Tümpel an sonnigen, absonnigen und schattigen Lagen vor. Ideal ist jedoch die Anlage eines Gartenteichs in sonniger Lage, weil sich hier die für Gartenteiche typische Flora und Fauna am üppigsten entfalten kann. Damit Sie sich auch selber möglichst oft am Anblick Ihres Gartenteichs erfreuen können, sollten Sie überdies einen gut einsehbaren Platz wählen, der nicht von Bäumen, Hecken oder hohen Stauden verstellt und auch vom Haus aus zu sehen ist.

Der Garten und das Wetter

Während sich heutzutage die meisten menschlichen Bereiche nach genau berechneten und festgelegten Terminen richten, folgt die Natur ihren eigenen Regeln und Gesetzmäßigkeiten. Die Abläufe in der Natur und damit auch im Garten halten sich nicht an Terminpläne oder Kalender. Sie sind weder planbar noch vorhersehbar, sondern abhängig von einer unbekannten Größe: der wechselhaften Witterung.

Während in den tropischen und subtropischen Regionen Regen- und Trockenzeiten die Vegetations- und Ruhezeiten auslösen, bestimmt in den heimischen Gegenden die Durchschnittstemperatur den Zustand der Vegetation. Ist der Winter beispielsweise lang und streng, setzt mit dem im Kalender festgesetzten Frühjahrsanfang im März mitnichten der Frühjahr ein, sondern es herrschen weiterhin klirrende Kälte und eisige Temperaturen.

Die Tätigkeiten im Garten müssen natürlich den realen Verhältnissen angepasst werden. So wäre es vollkommen unsinnig, bei eisigen Temperaturen mit dem Pflanzen und Säen zu beginnen, nur weil der Kalender den Frühjahrsbeginn anzeigt. Genauso absurd wäre es, nicht winterfeste Stauden bereits ins Haus zu bringen, wenn sich der Oktober von seiner Sonnenseite zeigt und weitere warme Tage verspricht.

Der phänologische Kalender

Im Umgang mit der Natur und insbesondere bei der gärtnerischen Tätigkeit gilt es, ein Gespür zu entwickeln, wann für die jeweils anfallende Aufgabe der rechte Zeitpunkt gekommen ist. Eine Orientierungshilfe, die dem Gartenfreund viel bessere Dienste leistet als der astronomische Kalender, ist der so genannte phänologische Kalender, der auf langjährigen Beobachtungen wiederkehrender Ereignisse in der Natur basiert und sich aus der Zusammenarbeit von Land- und Forstwirtschaft, Meteorologie und Ökologie entwickelt hat. Und auch so manche Bauernregel, die sich durch mannigfache Beobachtung bestätigt zeigte, fand im phänologischen Kalender Aufnahme.
Der phänologische Kalender kennt anstelle der gemeinhin bekannten vier Jahreszeiten Frühjahr, Sommer, Herbst und Winter zehn Jahreszeiten. Diese orientieren sich an den Entwicklungsstadien bestimmter Pflanzen wie Blühbeginn und Reife. Ein erfahrener Gärtner weiß aufgrund der Entwicklungsstadien, welche Gartenarbeiten dann zu erledigen sind. Stehen etwa die Forsythien in Blüte, kann der Winterschutz entfernt werden, die Rosen geschnitten werden etc. Der Zeitpunkt, zu dem eine bestimmte Pflanze ein bestimmtes Entwicklungsstadium erreicht, kann den klimatischen Verhältnissen entsprechend regional unterschiedlich ausfallen.

Gärten für jeden Geschmack

Bei der Gestaltung eines Gartens sind der Kreativität und dem Ideenreichtum kaum Grenzen gesetzt. Ob Sie Ihren Garten eher als Nutzgarten verstehen, ob Sie eine wild-romantische Oase oder ein verspieltes Barockgärtchen anlegen – die Gartengestaltung ist Geschmackssache, und jeder Geschmack lässt sich verwirklichen.
Am schönsten wirkt ein Garten, wenn alle Bereiche der gleichen Stilrichtung folgen und das grüne Idyll in allen Details ein harmonisches Ganzes ergibt. In einem Naturgarten mit wilden Blütenschönheiten etwa sollte auch der Sitzplatz eine natürliche Ausstrahlung haben. Und zu einem Barockgarten passen Stilgartenmöbel, aber keine rustikale Sitzecke.

Der phänologische Kalender

Vorfrühling	Haselnussblüte oder Schneeglöckchenblüte
Erstfrühling	Forsythienblüte oder Blattentfaltung der Stachelbeere
Vollfrühling	Apfelblüte oder Blattentfaltung der Stiel-Eiche
Frühsommer	Blüte des Schwarzen Holunders
Hochsommer	Blüte der Sommerlinde
Spätsommer	Fruchtreife von Frühapfel oder Eberesche
Frühherbst	Fruchtreife des Schwarzen Holunders
Vollherbst	Fruchtreife von Stiel-Eiche oder Rosskastanie
Spätherbst	Blattverfärbung von Stiel-Eiche oder Rosskastanie
Winter	Vegetationsruhe. Auflaufen des Winterweizens oder Blattfall von spätem Apfel oder Stiel-Eiche

Gärten im englischen Stil

Englische Gärten haben eine lange Tradition. Sie zeichnen sich nicht nur durch ihre Gestaltung, sondern auch durch ihr üppiges Pflanzenwachstum und ihre natürliche Wirkung aus. Typisch sind etwa die bunten Staudenbeete (Mixed borders). Doch hierin zeigt sich gerade die Kunst der englischen Gartengestalter. Was so natürlich und zufällig wirkt, ist exakt geplant und umgesetzt. Nichts wird dem Zufall überlassen. Das Ergebnis ist ein Gartenjuwel wie aus der Natur kopiert.

Gärten im französischen Stil

Typisch für Gärten im französischen Stil sind verspielte Details, üppige Blumen-

Gärtnertipp

Buchsbaum
Der im französischen Garten beliebte Buchsbaum kann bisweilen unter Stickstoffmangel leiden, der sich durch gleichmäßig blassgelbes Laub bemerkbar macht. Verabreichen Sie Ihrem grünen Schützling einen flüssigen Spezialdünger, der ihn wieder auf Vordermann bringen wird. Langsamer aber nachhaltiger wirken organische Dünger, etwa Horngrieß. Bemerken Sie an Ihrem Buchsbaum einzelne vertrocknete Triebe, deutet das auf Triebsterben, eine Pilzinfektion, hin. Der Befall muss bis ins gesunde Holz herausgeschnitten werden. Auch vom Buchsbaumblattfloh kann das immergrüne Gewächs befallen werden. Sie erkennen dies an löffelartig aufgewölbten, wachsartig überzogenen Blättern an den Triebspitzen. Um diesem lästigen Bewohner den Garaus zu machen, genügt es meist, die Triebspitzen zurückzuschneiden. Wenn nicht, müssen Sie Insektizide zur Bekämpfung einsetzen.

Französischer Renaissancegarten

Naturgarten

Mediterraner Garten

beete und symmetrische Formen. Die Blumenbeete, bei denen es auf die farbliche Gesamtwirkung ankommt, sind häufig von einer niedrigen Buchsbaumhecke eingefasst. Um einfache Rasenflächen aufzulockern, werden Pflanzenornamente angelegt, etwa in Blütenform angeordnete Buchsbäume. Französische Gärten besitzen auch häufig dekorative Teiche, symmetrisch und geometrisch angelegte Wege, die von Statuen und Vasen flankiert werden, immergrüne Schnitthecken, aus denen Wandnischen für Statuen ausgeschnitten sind und rosenberankte Durchgänge.

Naturnahe Gärten

Bei dieser Gartengestaltung gilt die Devise: So wenig wie möglich und nur so viel wie nötig in die Natur eingreifen. Dennoch darf die ordnende Hand, die hinter der scheinbaren Wildnis steht, nicht fehlen. Doch hält sie sich weitgehend zurück und lässt beispielsweise den Pflanzen innerhalb ihrer Beetgrenzen jegliche Freiheit, sich auszubreiten, auszusäen und zu mischen.

Nicht nur bei der Bepflanzung wird auf Ursprünglichkeit und Naturnähe gesetzt, auch bei der Materialwahl für Einfriedungen und Wege, bei der Auswahl der Gartenmöbel und sonstiger Accessoires ist Natur Trumpf. Die Wege, die sich durch den Garten und zwischen den Beeten hindurch schlängeln, sollten mit Kies, Holzhäcksel oder Holzpflaster belegt sein. Betonpflaster ist auf jeden Fall fehl am Platz. Schlichte Tontöpfe anstelle von aufwändig glasierten Töpfen, Holz- oder Korbstühle anstelle von Stahlrohr sind geeignet, den natürlichen Charme eines naturnahen Gartens zusätzlich zu unterstreichen.

Bauerngärten

Hübsche Blumen- und Staudenbeete, aparte Ziergehölze, hier und da ein paar Rosen – doch auf erntefrisches Gemüse, reifes, noch sonnenwarmes Obst und würzige Kräuter möchte man auch nicht verzichten: Der Bauerngarten ist der ideale Kompromiss zwischen Nutz- und Ziergarten. Dieser wird üblicherweise rechteckig oder quadratisch angelegt und durch zwei sich kreuzende Wege so geteilt, dass vier kleine Bereiche entstehen. Die Wegkreuzung wird häufig durch ein Blumenrondell verschönert.

Die Nutz- und Zierpflanzen werden nicht getrennt, sondern wachsen bunt durcheinander. Man sollte es sich allerdings zur Regel machen, die großen Pflanzen ins Beet ganz nach hinten, die halb hohen in die Mitte und die niedrigen in die vorderste Front zu stellen. Die Pflanzen werden so gewählt, dass immer etwas blüht und man sich von Frühjahr bis Herbst an der Blütenpracht erfreuen kann. Achten Sie auf eine gelungene Mischung von Blumen, Gemüse und Kräutern.

Mediterrane Gärten

Um Ihrem Garten ein mediterranes Flair zu geben, sollten Sie die für südländische Gärten typischen Accessoires und Farben berücksichtigen. Die in südländischen Gärten beheimateten, sonnenverwöhnten Pflanzen vertragen das hiesige Klima meist nicht und können den Garten allenfalls als Kübelpflanzen zieren. Wählen Sie für die Pflasterung Ihrer Terrasse Terrakottasteine, verteilen Sie großzügig Terrakottatöpfe im Garten und stellen Sie eine Säule oder eine Skulptur nach antikem Vorbild auf. Als besonderen Blickfang können Sie einen schattigen Laubengang oder eine Pergola nach südländischem Vorbild errichten. Diese werden üblicherweise mit gemauerten Stützpfeilern und Eichenholzbalken als Auflage erstellt. Lassen Sie Ihr Bauwerk stilecht mit Echtem Wein beranken. Ist das Klima für Echten Wein zu rau, wählen Sie Wilden Wein oder Blauregen, die ebenfalls für mediterranes Ambiente sorgen.

Bauerngarten

Wassergärten

Bestimmendes Element in einem Wassergarten ist, wie der Name schon sagt, das Wasser. Dieses kann in Form eines Gartenteichs, eines rechteckigen Wasserbassins oder auch eines Bachlaufs in den Garten integriert sein. Reizvoll ist eine Brücke, die die Wasserstelle überspannt, oder ein Steg, der ins Wasser hineinführt. Auch eine weitläufige Wasserlandschaft lässt sich gestalten. Dazu legt man beispielsweise zwei Teiche an, die durch einen Bachlauf miteinander verbunden werden. Auch ein Wassergarten mit Kaskaden kann sehr attraktiv sein.

Die für einen Wassergarten typische Bepflanzung besteht aus Wasser- und Sumpfpflanzen in den nassen und feuchten Zonen. In den Uferbereichen, die Sie durchaus ausgedehnt gestalten sollten, sind Sie nicht auf die typischen Wasser- und Uferpflanzen beschränkt, sondern können sozusagen aus dem Vollen schöpfen.

Zen-Gärten

Im Gegensatz zur westlichen Gartenphilosophie, die darauf setzt, die Sinne durch Farbe und Düfte anzuregen, sollen Zen-Gärten den Betrachter zur Ruhe kommen lassen. Typische Bestandteile eines Zen-Gartens sind neben den Pflanzen Steine, Sand und Wasser. Mit diesen lassen sich Naturlandschaften auf kleinstem Raum nachbilden: Das Wasser oder eine Sandfläche stehen für einen See oder das Meer, Steine für Inseln oder Berge.
Sie können das fernöstliche Flair auch nur in eine Ecke Ihres Gartens integrieren. Dort können Sie Ihren persönlichen Rückzugsort kreieren, Ihre Insel der Ruhe, die Ihnen inmitten des Alltagstrubels eine Möglichkeit zur Entspannung bietet. Lassen Sie sich bei der Anlage eher von der Idee – nämlich einen Ort zu schaffen, an dem Geist und Körper zur Ruhe kommen – leiten, als eine exakte Kopie eines japanischen Zen-Gartens anzustreben, der sich aufgrund der unterschiedlichen Klima- und Bodenverhältnisse in den heimischen Breiten nicht verwirklichen lässt.

Gartenphilosophien

So mancher Gartenbesitzer möchte über die formale Gestaltung des Gartens hinaus auch eine bestimmte Lebenseinstellung oder Philosophie in die Gestaltung mit einfließen lassen.

Gartengestaltung nach Feng Shui

Die chinesische Lehre vom Energiefluss hat in der westlichen Welt Einzug in die Ausformung der Gärten gehalten. Das grundlegende Prinzip der Verbesserung des Energieflusses, wodurch ein Mehr an Wohlbefinden erreicht werden soll, ist hier wie dort das Gleiche. Durch eine bestimmte Anordnung der Bäume, Hecken, Blumen, Sitzmöbel, Skulpturen, des Gartenteichs etc. sollen die positiven Energien ungehindert fließen und negative Energien in ihrem Strom behindert werden.
So ist es beispielsweise wichtig, im hinteren Bereich des Hauses eine gute Rückendeckung zu haben. Ist diese nicht bereits durch bestehende Bäume vorhanden, kann man sie etwa durch das Pflanzen von Bambus erreichen. Die Rückendeckung hat den Sinn, die Energie, die vom Haus in den Garten fließt, im Garten zu halten und gleichzeitig negative Einflüsse von außen am Eindringen in den Gartenbereich zu hindern. Um die positive Energie länger im Garten zu halten, sind geschwungene Wege besser als gerade. Auch Brunnen und Wasserfälle regen den Energiefluss an, zu viele Wasserstellen können jedoch hektisch machen. Stein- oder Keramikfiguren und Blumentöpfe richtig platziert, bremsen schnelle und unbeständige Energieflüsse.
Die moderne Ausprägung des Feng Shui bedient sich zudem der Analyse des Grundrisses. Dieser wird in neun gleichgroße Segmente unterteilt (Bagua-Einteilung), die verschiedenen Lebensbereichen, etwa Wissen, Karriere, Familie und Gesundheit, Reichtum etc. zugeordnet sind. Bei entsprechender Gestaltung dieser Bereiche kann man den zugeordneten Lebensbereich positiv verändern. So sollten sich beispielsweise in dem Bereich Familie/Gesundheit keinesfalls vor sich hin mickernde, kränkelnde Pflanzen oder der Kompost befinden. Günstiger ist eine einladende Bank oder bequeme Stühle und ein Tisch, außerdem üppig gedeihende Pflanzen.

Gärtnern nach Mondphasen

Aus der Frage nach der Wirkung der Himmelskörper auf das irdische Geschehen hat sich das Gärtnern nach Mondphasen entwickelt, das sich mittlerweile im Garten fest etabliert hat. War es in früheren Zeiten selbstverständlich, sich bei der Wahl des besten Zeitpunkts für Aussaat, Ernte, Unkrautjäten oder Holzfällen nach dem Mond zu richten, ist das Verständnis für die Zusammenhänge in der Natur im Laufe der Zeit und mit zunehmender Industrialisierung verlorengegangen.
Viele, die sich beim Gärtnern an die Rhythmen des Mondes halten, arbeiten recht erfolgreich nach dem Mondkalender. Nach dem Mondkalender ist beispielsweise der beste Zeitpunkt zur Ernte von Wurzelfrüchten, zum Schneiden von Bäumen und zum Pflanzen die Phase des abnehmenden Mondes. Bei zunehmendem Mond hingegen sollte man alle über der Erde wachsenden Gartenfrüchte wie Salate, Kohlrabi, Bohnen etc. ernten, da sie sich dann gut lagern lassen, ohne schnell welk zu werden. Auch an Blumen, die man während dieser Phase schneidet, wird man länger seine Freude haben.

Japanischer Zen-Garten

Mein Garten im Frühjahr

Ein neues Gartenjahr steht vor der Tür. Die Natur wartet auf die ersten warmen Sonnenstrahlen, um sich mit früher Blütenpracht zu entfalten und wieder Farbe in den winterkahlen Garten zu bringen. Damit die ersten warmen Tage Sie nicht unvorbereitet treffen, rüsten Sie sich jetzt schon und machen Sie sich fit für einen erfolgreichen Saisonstart.

Das Frühjahr

Nach dem astronomischen Kalender startet das Frühjahr am 21. März, umfasst die Monate März, April, Mai und wird im Juni vom Sommer abgelöst.
Tatsächlich beginnt Ihr Einsatz im Garten meist ein bisschen früher als am kalendarisch festgesetzten 21. März. Langjährigen Beobachtungen des Deutschen Wetterdienstes zufolge gibt es eine Tendenz zur Verfrühung des Frühjahrs. Wetteraufzeichnungen, die einen Zeitraum von mehr als 200 Jahren erfassen haben ergeben, dass meist die dritte Märzwoche (vom 13. bis 22. März) die ideale Zeit für den Beginn der Gartenarbeit darstellt.
Eine Orientierungshilfe, wann der Gartenstart wirklich sinnvoll ist, kann Ihnen außerdem die Bodenfeuchte sein. Winternasse Böden lassen sich nur schwer bearbeiten. Eine verfrühte Bearbeitung verdichtet sogar den Boden nur unnötig. Die Frühjahrssonne sollte den Boden bereits recht gut abgetrocknet haben, bevor Sie zur Tat schreiten.
Einen weiteren Anhaltspunkt bietet der phänologische Kalender (s. S. 18), nach dem der Vorfrühling mit der Blüte des Haselnussstrauchs (in der Regel im März), der Erstfrühling mit der Forsythienblüte bzw. der Blattentfaltung der Stachelbeere (in der Regel im April) und der Vollfrühling mit der Apfelblüte bzw. der Blattentfaltung der Stiel-Eiche (in der Regel Ende April) einsetzt.

Hyazinthen

Das Wetter

Das Wetter im März

Mit dem März, der Brücke vom Winter zum Frühjahr, erwacht die Natur. Erfahrungsgemäß können die ersten beiden Wochen des Märzes noch sehr winterlich ausfallen. Nicht selten schneit es noch einmal kräftig, die Temperaturen können sehr frostig und das Wetter insgesamt sehr unwirtlich ausfallen. Ab der Monatsmitte macht sich zum einen der längere Tag deutlich bemerkbar, zum anderen steigen die Tagestemperaturen mitunter auf 15° C bis 20° C an – am Alpenrand kann plötzlicher Föhn einsetzen – und liefern bereits einen ersten Vorgeschmack auf das kommende Frühjahr.

Das Wetter im April

Hofft man im April auf beständiges Frühjahrswetter, so wird man meist enttäuscht. Die sprichwörtliche Launenhaftigkeit des Aprils bewahrheitet sich nur allzu häufig. Grund dafür ist der Luftaustausch von Norden nach Süden und umgekehrt, der aufgrund der im Winter entstandenen großen Temperaturunterschiede zwischen nördlichen und südlichen Regionen zustande kommt. Temperaturen um den Gefrierpunkt sind die Folge, die erst zum Ende des Monats hin deutlich ansteigen und eine Ahnung davon entstehen lassen, wie herrlich warm die Temperaturen im Mai sein können. Doch zunächst gilt es, den letzten Frost abzuwarten, der erfahrungsgemäß um den 10. April nochmals über die austreibenden Blumen und Gehölze hereinbricht.
Der April ist die Zeit, in der die Bäume und Sträucher ihre Blätter entfalten und zu blühen beginnen. Diese jahreszeitlichen Entwicklungsstadien der Natur zeigen einem erfahrenen Gärtner an, welche Arbeiten im Garten anstehen. Es sind dies etwa die Pflege der Rosen, das Abräumen des Winterschutzes, das Herrichten der Beete und die letzten Frühjahrsaussaaten. Der April gilt gemeinhin als der wichtigste Sä- und Pflanzmonat.

Das Wetter im Mai

Im Wonnemonat Mai stabilisiert sich das Wetter. Ab Mitte des Monats stellen sich normalerweise Schönwetterlagen ein, die Temperaturen bis 25° C hervorbringen. Lediglich die Eisheiligen können zur Mitte des Monats nochmals für einen kurzfristigen Kälteeinbruch sorgen. Ansonsten steht dem Blühen und Gedeihen nichts mehr im Wege, zumal die Sonne immer mehr an Kraft zunimmt und mitunter sogar hochsommerliche Temperaturen hervorbringt. Selbst wenn es regnet, sind die Niederschläge bereits recht warm und regen die Pflanzenwelt nur noch mehr zum Wachsen und Sprießen an.
Es setzt ein regelrechtes Frühjahrserwachen ein. In der Pflanzenwelt treibt nun alles, was bislang noch Zurückhaltung übte aus. Birn- und Apfelbäume, Rosskastanie und Flieder zeigen sich in voller Blütenpracht. Rotbuchen und Linden entfalten ihr Laub, üppig blühende Pfingstrosen verzaubern das Blumenbeet und zum Ende des Monats hin zeigen sich auch schon die ersten farbenfrohen Sommerblumen.

Ausrüstung

Das Frühjahr gilt als die Sä- und Pflanzzeit schlechthin. Dementsprechend benötigen Sie als Ausrüstung all die Gartengeräte und Werkzeuge, die für die Vorarbeiten und für das Säen und Pflanzen selbst notwendig sind. Da das Frühjahr noch sehr kalt und nass ausfallen kann, sollten Sie bei Ihrer Ausrüstung den Wetterschutz nicht vergessen.

Mit folgenden Gartengeräten sind Sie für die anstehenden Arbeiten gut gerüstet:

Spaten zum Umgraben des Bodens

Grabgabel zum Graben, Lockern und Lüften des Bodens

Kultivator zum Lockern des Bodens und zum Unkraut entfernen

Sauzahn zum Durchlüften der verschiedenen Bodenschichten

Kompostgabel zum Ausbringen von Kompost

Rechen zum Einebnen und Glätten des Bodens

Pflanzholz zum Pikieren und Einpflanzen der Sämlinge

Kreuzhacke zum Aushebeln von Pflanzlöchern

Anzuchtschalen für das Vorkultivieren kälteempfindlicher Pflanzen auf der Fensterbank

Gießkanne zum Wässern der frischen Aussaat

Gartenschlauch mit Brauseaufsatz zum Wässern der frischen Aussaat

Gartenschnur zum exakten Ziehen von Saatrillen

Schubkarre zum Befördern von Erde

Gartenschere für den Pflanzschnitt, den Rückschnitt bei Frostschäden und den Verjüngungsschnitt

Gartenmesser zum Schneiden von Stecklingen

Astschere zum Schneiden bis zu vier Zentimeter dicker Triebe

Baumsäge zur Verjüngung alter Bäume und Sträucher

Gartenhandschuhe zum Schutz der Hände und gegen die Kälte

Der Ziergarten im Frühjahr

Ziergehölze

Im Frühjahr beginnt auch für viele Ziergehölze die Saison. Sie erwachen sozusagen aus dem Winterschlaf, beginnen ihre Blätter zu entfalten und zu blühen. Ein Ziergehölz, das bereits vor der Laubentfaltung blüht und für viele Menschen geradezu als Symbol des Frühjahrs gilt, ist die Forsythie. Wenn man ihre gelbe Blütenpracht wahrnimmt, kann man gewiss sein, dass jetzt unaufhaltsam das Frühjahr einsetzt. Und tatsächlich gehört die Forsythie zu den so genannten phänologischen Pflanzen, die den Vegetationsfortschritt in der Natur anzeigen. Mit ihr setzt nach dem phänologischen Kalender der Erstfrühling ein.

Laubgehölze

Gehölze pflanzen

Das Frühjahr gilt auch für das Pflanzen von Gehölzen als die optimale Zeit, solange diese noch ohne Laub sind. Sobald der Laubaustrieb beginnt, sollte man Gehölze nicht mehr versetzen, da sie über die Blätter zu viel Wasser verlieren, um rasch einwurzeln zu können. Der Handel bietet Pflanzen mit losen Wurzeln (ballenlos) und so genannte Containerpflanzen (mit Ballen). Letztere sind Gehölze in schwarzen Kunststofftöpfen oder Folienbeuteln. Wenn die neu gekauften Sträucher lose Wurzeln aufweisen und Sie diese nicht gleich einpflanzen, sollten Sie die Gehölze zunächst ins Wasser stellen. Bevor Sie sie an ihren vorgesehen Platz setzen, graben Sie die Wurzeln vorübergehend in Erde ein. Auf diese Weise können die Wurzeln nicht austrocknen, die Pflanze bleibt frisch und kräftig.

Wenn Sie zu pflanzen beginnen, sollte der Boden gut abgetrocknet und schon leicht erwärmt sein. Der Boden sollte humos und locker sein. Bodenverdichtungen müssen aufgelockert werden. Gegebenenfalls sollten Sie etwas Sand zugeben. Die Pflanzgrube muss so bemessen sein, dass sie doppelt so breit und mindestens so tief ist wie der Wurzelballen. Die Gehölze werden so gepflanzt, dass die Oberkante der Wurzelballen mit der Bodenoberfläche abschließt. Bei zu tief oder zu hoch gesetzten Pflanzen besteht die Gefahr, dass sie verfaulen oder vertrocknen. Die Aushuberde, mit der Sie die Pflanzgrube wieder auffüllen, sollte gut festgetreten werden. Danach wird gewässert. Auch in der Folgezeit sollten die Pflanzen stets gut feucht gehalten werden.

Forsythie

Pflanzschnitt

Frisch gepflanzten, ballenlosen Gehölzen sollten Sie, solange sie laublos sind, einen Pflanzschnitt verpassen. Dabei kürzen Sie die Triebe etwa um ein Drittel ihrer Länge. Auf diese Weise erleichtern Sie dem Gehölz, das im Gegensatz zu Containerpflanzen viel weniger Wurzeln aufweist, die Versorgung und das Anwachsen.

Pfählen

Besonders große Gehölze sollten Sie in der Zeit des Anwachsens mit Stützen versehen. Dadurch wird verhindert, dass der Wind sie allzu sehr drückt und die zarten Wurzeln immer wieder abreißen. Damit bei Gehölzen mit Ballen der unterstützende Pfahl beim Eintrei-

Pflegetipp

Mulchen
Wollen Sie dem frisch gepflanzten Gehölz etwas Gutes tun, dann bringen Sie eine Mulchschicht ein. Diese kann aus Stroh, Gras oder Rinde bestehen, hält den Boden feucht und verhindert Unterwuchs. In guter Gartenerde brauchen Gehölze in der Regel keinen Dünger. Ihnen genügen die Nährstoffe, die sie aus dem Boden erhalten. Eine Ausnahme stellen Hecken dar. Da diese geschnitten werden und mit dem Schnittgut Nährstoffe verloren gehen, sollten sie mit Kompost versorgt werden.

ben in die Erde den Ballen nicht verletzt, wird er schräg, und zwar mit der vorherrschende Windrichtung, knapp am Stamm vorbei in den Boden getrieben und am Stamm festgebunden. Verwenden Sie dazu am besten eine Kokosschnur. Bei ballenlosen Gehölzen wird senkrecht gepfählt, wobei darauf zu achten ist, dass der Pfahl die Wurzeln nicht verletzt. Nach zwei bis drei Jahren können Sie die Stützen entfernen. Um sicher zu gehen, dass der Pfahl die Wurzeln des frisch gepflanzten Gehölzes nicht beschädigt, können Sie den Pfahl auch schon vor der Pflanzung in den Boden schlagen.

Forsythie schneiden

Pflanzen von Kletterpflanzen

Das Frühjahr bietet sich auch für das Pflanzen von Kletterpflanzen an. Wollen Sie diese an eine Hauswand setzen, gilt es, Folgendes zu beachten: Halten Sie genügend Abstand zur Hauswand, denn je weiter die Wurzeln von der Wand entfernt sind, desto besser werden sie vom Regenwasser erreicht, das andernfalls durch die Regentraufe aufgefangen würde. Damit die Triebe trotzdem die Kletterhilfe an der Wand erreichen, sollten Sie die Wurzelballen schräg, also in Richtung Hauswand geneigt, in die Erde setzen.

Rückschnitt bei Frostschäden

Alle empfindlicheren, nicht völlig winterharten Gehölze, wie etwa Nussbäume oder Zedern, nehmen bei strengem Frost Schaden. Die geschädigten Teile müssen im Frühjahr entfernt werden. Schneiden Sie Zweige möglichst immer bis zu einem gesunden Blatt oder einer Gabelung zurück. In kälteren Regionen sollten Sie mit dem Rückschnitt am besten bis Mai warten, damit Sie nicht von späten Frösten überrascht werden, die Ihren Pflanzen erneute Schäden zufügen.

Verjüngungsschnitt für Frühjahrsblüher

Während Gehölze ihren Verjüngungsschnitt normalerweise im Spätwinter bekommen, sollte man den Frühjahrsblühern unter den Sträuchern erst nach der Blüte den Verjüngungsschnitt verpassen. Im Falle der Forsythie also Ende April. Bei einem Rückschnitt im Spätwinter besteht die Gefahr, dass mit dem Schnittmaterial auch Blütenknospen verloren gehen. Allerdings sollte der Verjüngungsschnitt erst vier Jahre nach der Pflanzung erstmals durchgeführt werden und danach zwei Jahre. Zum Zwecke der Verjüngung nehmen Sie ein oder zwei dicke, überalterte Triebe dicht über dem Boden heraus. Das Zurückschneiden einzelner Zweige ist nicht sinnvoll – im Gegenteil: Aus den zurückgeschnittenen Zweigen wachsen dann viele dünne Triebe heraus, die den Strauch unansehnlich machen. Weitere Frühjahrsblüher, die den Verjüngungsschnitt nach der Blüte bekommen, sind etwa Ziermandelbäumchen, Zierquitte, Sternmagnolie, Japanische Zierkirsche, Blutjohannisbeere oder Winterjasmin.

Gärtnertipp

Blütenstände entfernen
Ende Mai sind die ersten Sträucher schon wieder verblüht. Achten Sie darauf, die welken Blütenstände rechtzeitig zu entfernen, bevor sie kräftezehrenden Samen ansetzen.

Nadelgehölze

Vermehrung

Das Frühjahr ist günstig, um Nadelgehölze durch Aussaat zu vermehren. Die Aussaat ist allerdings langwierig und bringt immer neue, von der Mutterpflanze verschiedene Exemplare hervor.

Kiefern zurückschneiden

Wenn Ihnen Ihre Kiefern zu sehr über den Kopf wachsen, gibt es Mittel und Wege, das Wachstum zu bremsen. Schneiden Sie Ende Mai die Hälfte – aber nicht mehr – der kerzenförmigen Triebspitzen ab, die ihre Nadeln noch nicht entfaltet haben. Wenn Sie die Kerzen ganz entfernen, verhindern Sie die Verjüngung der Pflanze und sie altert umso schneller.

Rosen

Ein Blütenmeer an der Hauswand, ein Himmel aus Rosenblüten an der Pergola oder eine Rosenhecke zur Begrüßung im Vorgarten – die Königin der Blumen gibt es in allen erdenklichen Wuchsformen, verschiedensten Farben und unterschiedlichsten Duftnuancen. Die Rose hat in fast jedem Gärtnerherz ihren festen Platz, und wenn man einige Pflegeregeln beachtet, steht dem guten Gedeihen auch nichts im Wege.

Winterschutz entfernen

Anfang bis Mitte März, wenn erfahrungsgemäß die Zeit der strengen Fröste vorüber ist, sollten Sie Ihre Rosen aus dem Winterschlaf wecken und Reisig oder andere Abdeckungen entfernen. Für sehr frostempfindliche Sorten können Sie das Abdeckmaterial (Vlies oder Säcke) weiterhin bereithalten, das Sie im Ernstfall schnell aufbringen können. Wenn Sie jedoch den Winterschutz zu lange auf den Rosen lassen, hemmen Sie das Wachstum frischer Schösslinge. Die jungen Triebe vergilben und verbrennen beim ersten kräftigeren Sonnenstrahl.

Pflanztipp

Container-Rosen

Wollen Sie Container-Rosen pflanzen, sind Sie nicht auf die üblichen Pflanzzeiten Frühjahr und Herbst angewiesen. Container-Rosen können Sie – mit Ausnahme von Frostperioden – das ganze Jahr über pflanzen. Vergewissern Sie sich aber vorher, dass die Pflanze tatsächlich im Topf herangezogen und nicht als Pflanze mit nackten Wurzeln eingetopft wurde. Die Container-Qualität erkennt man an dem gut durchwurzelten Ballen.

Pflanzenschnitt bei Rosen

Rosen pflanzen

Richtige Pflanzzeit

Die Meinungen über die optimale Pflanzzeit für Rosen gehen in den Fachkreisen auseinander. Viele Rosenkenner sind der Ansicht, der Herbst sei die beste Pflanzzeit. Rosen können jedoch, wie alle Gehölze, auch im Frühjahr gepflanzt werden. Vor allem in höheren, raueren Regionen, wie etwa im Voralpenland, wo die Winter sehr streng ausfallen, empfiehlt sich die Frühjahrspflanzung. Gute Pflanzzeiten sind März und April, in kälteren Lagen auch der Mai.

Bodenvorbereitung

Der Boden sollte nicht mehr gefroren, nicht zu nass und schon etwas angewärmt sein. Sehen Sie einen sonnigen, aber nicht zu heißen Standort vor, der nicht völlig windstill ist. Planen Sie genügend Platz für die Rose ein. Zu enge Nachbarschaft zu anderen Pflanzen verträgt die empfindliche Schöne nicht gut. Der ideale Pflanzboden sollte nährstoffreich, locker und tiefgründig sein, da Rosen meist Tiefwurzler sind.

Wässern

Bei einer Pflanzung im Frühjahr ist es wichtig, die Rosen vor dem Einsetzen gut zu wässern. Stellen Sie die Rosen am besten über Nacht ins Wasser.

Rückschnitt vor dem Pflanzen

Schneiden Sie vor dem Pflanzen die jungen Triebe auf etwa 15 bis 20 Zentimeter zurück. Gebrochene Triebe müssen Sie vor dem Pflanzen sauber abtrennen. Die Wurzeln kürzen Sie auf etwa 20 Zentimeter bzw. auf jeden Fall so weit, bis das Innere weiß ist. Schneiden Sie mit einer scharfen Schere, damit keine Druckstellen entstehen.

Einpflanzen

Heben Sie das Pflanzloch so tief aus, dass die Wurzeln beim Einsetzen weder gestaucht, geknickt noch gebogen werden. Den Aushub können Sie mit einem halben Spaten gut abgelagerter Komposterde mischen. Verteilen Sie dann die Erde über den Wurzeln, drücken Sie sie fest an und wässern Sie die frisch gepflanzte Rose gründlich. Als Schutz vor dem Austrocknen wird die Rose mit Erde angehäufelt, so dass ein kleiner Erdhügel rings um die Pflanze entsteht.

Rosenschnitt

Der richtige Zeitpunkt für den jährlichen Pflegeschnitt ist Ende März oder Anfang April. Orientieren Sie sich an der Natur: Der Rosenschnitt ist angesagt, bevor die Rosen austreiben. Diese

Rose „New Dawn"

Schnittmaßnahme regt den Wuchs an, fördert den Blütenreichtum und hält die Rosen auf Dauer gesund. Verwenden Sie eine scharfe Schere, so dass glatte Schnittstellen entstehen. Geschnitten wird immer etwa fünf Millimeter oberhalb einer Knospe (Auge), die nach außen zeigt. Schneiden Sie immer schräg von der Knospe weg, damit das Wasser nicht über die Knospe abläuft.

Beetrosen

Beetrosen müssen jährlich geschnitten werden, da sie sonst verkahlen und keine Blüten mehr bilden. Entfernen Sie erst die abgestorbenen und schwachen Triebe, dann solche, die nach innen wachsen oder zu dicht stehen. Der weitere Rückschnitt erfolgt nun je nach Wüchsigkeit der Sorte: Stärker wachsende Sorten werden auf etwa sechs bis acht Knospen zurückgeschnitten, schwächer wachsende auf drei bis fünf Knospen.

Strauchrosen

Der Schnitt von Strauchrosen konzentriert sich zunächst auf das Entfernen alten und abgestorbenen Holzes sowie älterer Triebe (zwei bis drei Jahre alt). Lässt die Triebfreudigkeit zu wünschen übrig, müssen Sie kräftig zurückschneiden: Kürzen Sie alle stärkeren Triebe um etwa ein Drittel, alle schwächeren Triebe reduzieren Sie auf einige kräftige Knospen. Bei Strauchrosen sollten Sie beim Rückschnitt auf die Beibehaltung der natürlichen Wuchsform achten.

Kletterrosen

Stammrosen

Die Schnittmaßnahmen ähneln denen von Beetrosen. Zunächst werden abgestorbenes Holz und sich kreuzende Äste entfernt. Um eine reiche Blütenpracht zu erzielen, schneiden Sie dann die Triebe jährlich auf etwa 15 bis 20 Zentimeter zurück. Wählen Sie die Schnittstellen so, dass sich eine möglichst gleichmäßige Krone ausbilden kann. Schlagen Sie einen Stützpfahl ein, der imprägniert und nicht zu dünn ist, da er viele Jahre halten muss. Er sollte so bemessen sein, dass er bis kurz unter den Kronenansatz reicht. Pflanzen Sie dann das Rosenbäumchen mit einem Abstand von fünf bis acht Zentimetern und binden es fest.

Kletterrosen

Kletterrosen werden nur beim Pflanzen geschnitten. Dabei kürzen Sie die Triebe um ein Drittel bis höchstens die Hälfte. Später werden lediglich abgestorbene und überalterte Triebe entfernt, damit sich die neuen Triebe besser entwickeln können.

Frühjahrsdüngung

Nach dem Rückschnitt empfiehlt es sich, die Rosen ein bisschen zu verwöhnen. Zu diesem Zweck sollten Sie den Nährstoffhaushalt im Boden durch eine Düngung aufbessern. Verwenden Sie dazu am besten einen organischen Rosen-Spezialdünger.

Schädlingsbefall bzw. Krankheiten, die bereits im Frühjahr auftreten

Blattläuse

Ein prächtiges Rosenbeet oder ein üppig blühender Kletterstrauch lässt Gärtnerherzen höher schlagen. Doch nicht immer bleibt die Freude ungetrübt. Oft tauchen an den Rosen ungebetene Gäste auf, etwa die Blattläuse. Diese zeigen sich ab dem Frühjahr auf den Blättern, Triebspitzen und Blütenknospen. Infolge der Saugtätigkeit der Blattläuse kommt es zu Verkrüppelungen der befallenen Pflanzenteile und zu Honigtauausscheidungen, auf denen sich Rußtaupilze ansiedeln können. Falls die natürlichen Feinde, etwa der Marienkäfer, die Florfliege und die Schwebfliege, die Plage nicht bewältigen können, spritzen Sie, die lästigen Tierchen mit einem scharfen Wasserstrahl ab. Falls das nichts nützt, versuchen Sie es mit einem Pflanzenschutzmittel.

Dickmaulrüßler

Wenn Sie ab Mai an den Blatträndern buchtenförmige Fraßstellen entdecken, sind Ihre Rosen von Dickmaulrüßlern befallen – nachtaktiven kleinen Käfern, die mindestens ebenso lästig und schädlich für die Rosen sind wie Blattläuse. Versuchen Sie es mit Abklopfen und Auffangen, wobei Sie sich nachts auf die Lauer legen müssen, weil die Tiere nachtaktiv sind.

Sternrußtau

Wenn Sie auf den Blättern kleine schwärzliche oder blutrote Flecken mit weißlicher Mitte oder auf der grünen Rinde der Triebe und Blütenstängel dunkelbraun-violette, in der Mitte weißlichgraue Flecken entdecken, ist Ihre Rose an Sternrußtau erkrankt. Diese Krankheit wird durch einen Pilz verursacht, der im Frühjahr über Sporen die jungen Blätter infiziert und bei starkem Befall zu Blattverlust führt. Da der Pilz auf den abgefallenen Blättern überwintert, sollten diese eingesammelt und vernichtet werden. Außerdem sollten Sie bei Neupflanzungen auf einen nicht zu feuchten Standort achten.

Stauden

Nach dem Vorbild der prächtigen englischen Staudenrabatten kann man üppige Beete in herrlichen Farbkombinationen anlegen. Und das Beste dabei: Einmal gepflanzte Stauden kommen jedes Jahr wieder und erfreuen nahezu mühelos mit ihrer Farbigkeit und Blütenpracht.

Blühende Margeriten im späten Frühjahr

Stauden pflanzen

Das Frühjahr ist die optimale Zeit, um ein Staudenbeet anzulegen. Bereits im ersten Jahr können Sie die Blütenpracht genießen. Zwar noch nicht ganz so hoch und üppig wie in den Folgejahren, aber doch zuverlässig blühen die Stauden in Ihrem Beet.

Planung

Günstig ist es, sich auf einige wenige Arten zu beschränken. Diese sollten unkompliziert in der Pflege sein und die gleichen Ansprüche an den Standort stellen. Am schönsten wirken Stauden, wenn sie in Gruppen gepflanzt werden. Das gilt insbesondere für filigrane Stauden, die immer mindestens paarweise gepflanzt werden sollten. Wichtig für den optimalen optischen Eindruck ist eine gute Mischung aus niedrigen Stauden im Vordergrund, mittelhohen Stauden im Zentrum und höher wachsenden Stauden im Beethintergrund.
Wählen Sie eine ausgewogene Farbzusammenstellung mit aufeinander abgestimmten Farbtönen.

Bodenvorbereitung

Wird das Staudenbeet auf einer vormals als Rasen genutzten Fläche angelegt, müssen Sie zunächst die Grasnarbe mit einem Spaten abstechen. Bei Bedarf sollten Sie Bodenverbesserungsmaßnahmen durchführen (s. ab S. 9). Um einen gesunden, fruchtbaren Boden zu erhalten, wird vor der Beetanlage Kompost in den Boden eingearbeitet und der Boden etwa 40 Zentimeter tief mit einer Grabgabel gelockert.

Einpflanzen

Graben Sie für jede Staude ein Pflanzloch. Holen Sie die Jungpflanzen aus dem Topf und pflanzen Sie sie ein. Sind die Wurzeln sehr filzig, lockern Sie sie. Beschädigte Wurzeln schneiden Sie zurück. Wenn sich der Wurzelballen sehr trocken anfühlt, setzen Sie die Pflanze wieder zurück in ihren Topf und verabreichen ihr ein Tauchbad, so dass sich der Wurzelballen mit Wasser vollsaugen kann. Beim Hineinsetzen in das Pflanzloch sollte die Oberfläche des Wurzelballens auf Höhe der Erdoberfläche liegen. Füllen Sie das Pflanzloch auf und drücken Sie die Erde fest an. Führen Sie die Pflanzarbeiten rückwärtsgehend aus. Auf diese Weise beschädigen Sie nicht bereits Gepflanztes. Wässern Sie die frisch gepflanzten Stauden gründlich. Auch in der folgenden Zeit sollten Sie die Stauden täglich gießen. Die Erde sollte nie vollständig austrocknen. Nach ein paar Wochen können Sie dann das Gießen der Witterung anpassen. Die Übersicht auf Seite 28 zeigt Ihnen Pflanzenvorschläge für die Anlage eines wirkungsvollen Staudenbeetes.

Stauden aussäen

Wenn Sie die Stauden nicht als Jungpflanzen kaufen, sondern selbst heranziehen wollen, müssen Sie die Ansprüche der jeweiligen Art genau beachten. Viele Staudenarten können ab April in ein Saatbeet gesät und später vereinzelt werden. Auch die Aussaat direkt an Ort und Stelle ist bei vielen Arten ab Ende April/Anfang Mai möglich. Es gibt unter den Stauden allerdings auch eine Reihe von so genannten Frostkeimern, die zum Keimen Temperaturen unter dem Gefrierpunkt benötigen und daher bereits im Herbst ausgesät werden müssen.
Vor der Aussaat sollten Sie das Beet sorgfältig durchharken, so dass es glatt und feinkrümelig bereitliegt, und alles Unkraut entfernen. Wenn Sie dann noch die Saatrillen mit fein gesiebtem, reifem Kompost ausfüttern, haben Sie für einen guten Start des Blütenreigens gesorgt. Vergessen Sie nicht, die Saatreihen mit Namensschildchen zu kennzeichnen, damit Sie die verschiedenen Blumen später auseinanderhalten können. Nachdem Sie die Samenkörner dünn mit Erde überdeckt haben, drücken Sie die Oberfläche ein wenig fest und gießen sie vorsichtig an. Sehr wichtig in den folgenden Wochen sind gleichmäßige Feuchtigkeit und Wärme, damit die Samen keimen können.

„Anti-Schnecken-Stauden"

Bereits im Frühjahr können sich Schnecken zu einer wahren Plage entwickeln und in kurzer Zeit das liebevoll angelegte Staudenbeet kahlfressen.

Pflanztipp

Pflanzabstand für Stauden
Berücksichtigen Sie beim Pflanzen der Stauden, dass sich diese von Jahr zu Jahr erheblich ausbreiten können. Pflanzen Sie sie daher nicht zu dicht. Als Richtwerte können gelten: vier bis sechs Stück pro Quadratmeter bei hohen Stauden, sechs bis zehn pro Quadratmeter bei niedrigen, bis zu 20 Stück pro Quadratmeter bei sehr kleinen, teppichbildenden Stauden.

Gestaltungsvorschlag für Staudenbeete

Hohe Stauden für den Hintergrund			
Höhe	**Blütezeit**	**Blütenfarben**	**Standort**
Purpurfarbene Edelschafgarbe *(Achillea)*			
bis 100 cm	Juli bis August	purpur	sonnig
Rittersporn *(Delphinium)*			
bis 200 cm	Juni bis August	blau, violett, rosa oder weiß	sonnig bis halbschattig
Sonnenauge *(Heliopsis scabra)*			
bis 120 cm	Juli bis September	gelb	sonnig

Stauden für den zentralen Bereich			
Höhe	**Blütezeit**	**Blütenfarben**	**Standort**
Flockenblume *(Centaurea)*			
40 bis 80 cm	Juli bis August	blau oder gelb	sonnig
Mädchenauge *(Coreopsis grandiflora)*			
bis 90 cm	Juni bis September	gelb	sonnig
Margerite *(Chrysanthenum)*			
bis 80 cm	Juni bis September	weiß oder rosa	sonnig

Niedrige Stauden für den Vordergrund			
Höhe	**Blütezeit**	**Blütenfarben**	**Standort**
Bergaster *(Aster)*			
20 bis 50 cm	Juni bis August	alle außer gelb	sonnig
Pfingstnelke *(Dianthus gratianopolitanus)*			
15 cm	Mai bis Juni	rosa	sonnig
Sonnenröschen *(Helianthenum)*			
bis 15 cm	Mai bis Juli	gelb oder rosarot	sonnig

Bartnelken

Doch es gibt Stauden, die den lästigen Tieren weniger munden. Und selbst wenn sich einmal eine Schnecke in dieses Beet verirrt, wird sie die speziellen „Anti-Schnecken-Stauden“ nur anknabbern, aber nicht wirklich schädigen, so dass sie trotzdem zur Blüte kommen. Wenn Sie in Ihrem Garten also verstärkt von Schnecken geplagt werden, versuchen Sie es doch einmal mit den Stauden und Gräser, die in der nebenstehenden Tabelle zusammengestellt sind.

Winterschutz entfernen

Um Stauden gut über den Winter zu bringen, erhalten sie im Herbst einen Winterschutz. Ab März/April, wenn das Frühjahr Einzug gehalten hat, werden die Frostschutz-Abdeckungen, wieder entfernt. Haben Sie sehr empfindliche Arten in Ihrem Garten, sollten Sie für den Fall, dass der Winter zurückkehrt, noch Schutzmaterialien bereithalten.

Herbstpflanzungen kontrollieren

Stauden, die im Frühjahr blühen, werden in der Regel bereits im Herbst gepflanzt. Bei diesen sollten Sie im Frühjahr, wenn Sie den Winterschutz entfernt haben, nachsehen, ob sie durch den Frost gehoben wurden.
Frisch eingesetzte Pflanzen sind vom Hochfrieren besonders gefährdet, da sie noch nicht fest genug verwurzelt sind.
Drücken Sie die hoch gefrorenen Exemplare mit der Hand an oder treten Sie sie mit dem Fuß vorsichtig fest, damit die Wurzeln wieder Verbindung mit der Erde bekommen.

Überwinterte Stauden in Form bringen

Überwinterte Stauden werden im zeitigen Frühjahr in Form gebracht, damit sie im späteren Frühjahr, Sommer oder Herbst ihre ganze Pracht entfalten können. Dazu werden Staudenreste vom vergangenen Jahr dicht über dem Bo-

Stauden gegen Schneckenfraß

Höhe	Blütezeit	Blütenfarben/ Formen	Standort
Blauschwingel *(Festuca glauca)*			
bis 40 cm	Mai bis Juli	bläulich	sonnig
Gelber Sonnenhut *(Rudbeckia fulgida)*			
80 bis 150 cm	Juli bis September	goldgelb	sonnig
Lampenputzergras *(Pennisetum alopecuroides)*			
bis 90 cm	August bis September	walzenartige Ähren	sonnig
Lavendel *(Lavandula angustifolia)*			
bis 40 cm	Juni bis August	lavendelblau	sonnig
Purpursonnenhut *(Echincea purpurea)*			
70 bis 100 cm	Juli bis September	purpurrot	sonnig
Rote Schafgarbe *(Achillea millefolium)*			
20 bis 100 cm	Juli bis August	rot	sonnig
Rote Segge *(Carex buchananii)*			
bis 50 cm	–	rötlich	sonnig
Roter Türkenmohn *(Papaver orientale)*			
40 bis 80 cm	Mai bis Juni	rot	sonnig
Sonnenröschen *(Helianthemum)*			
bis 15 cm	Mai bis Juli	gelb oder rosarot	sonnig
Storchschnabel *(Geranium himalyense)*			
30 bis 50 cm	Mai bis August/ September	rosa oder violett	sonnig bis halbschattig

den abgeschnitten. Wintergrüne Stauden werden im Frühjahr lediglich ausgekämmt, d. h. es werden nur die unansehnlich gewordenen Teile entfernt.

Stauden düngen

Tun Sie Ihren Stauden etwas Gutes und verabreichen Sie ihnen im Frühjahr eine Düngung. Zu diesem Zweck arbeiten Sie unkrautfreies Kompostsubstrat flach in die Erde ein und geben ergänzend einen organischen Stickstoffdünger (z. B. Hornspäne) hinzu.

Stecklinge schneiden

Um Stauden zu vermehren, können Sie Stecklinge schneiden. Die beste Zeit dafür ist das Frühjahr. Für die

Staudenrückschnitt

Stecklingsvermehrung trennen Sie unverholzte, weiche Triebspitzen von fünf bis zehn Zentimetern Länge ab, entfernen an den unteren zwei Dritteln die Blätter und stecken sie in ein Gemisch aus Gartenerde und Sand. Die zum Bewurzeln notwendige hohe Luftfeuchtigkeit erreichen Sie durch eine Folie, die Sie über das Behältnis spannen.

Stauden teilen

Stauden können auch durch Teilung vermehrt werden. Hierfür eignet sich am besten das Frühjahr. Zum Herausnehmen lockern Sie zunächst die Staude rundherum mit einer Grabgabel und heben dann den Wurzelballen vorsichtig aus der Erde. Ziehen Sie den Ballen mit den Händen auseinander und teilen Sie ihn. Wenn sich ältere Stauden nur schwer teilen lassen, sollten Sie einen Spaten oder ein Gartenmesser zu Hilfe nehmen.

Gärtnertipp

Stauden stützen
Um sehr hoch wachsende, reich belaubte Stauden davor zu schützen, dass kräftige Windböen und Regengüsse sie umknicken oder flachlegen, sollte man sie stützen. Eine sehr einfache, aber wirksame Methode sind dünne Strauchruten, die man rings um die Staude in den Boden steckt. Diese sind nach kurzer Zeit von der Staude überwuchert und nicht mehr zu sehen.

Pflegetipp

Blütezeit verlängern
Wollen Sie die Blütezeit Ihrer Stauden verlängern, sollten Sie sie vor dem Aufblühen düngen. Wenn sich die Blütezeit ihrem Ende zuneigt, putzen Sie immer wieder die welken Blüten aus. Das verhilft ebenfalls zu einer längeren Blütezeit.

Schneiden Sie altes Laub ab. Beim Wiedereinsetzen der Teilstücke gehen Sie so vor wie beim Neupflanzen. Geben Sie etwas Kompost oder Dünger dazu. Das Teilen von Stauden hat außerdem den Nutzen, dass ältere Exemplare verjüngt werden und wieder viel besser wachsen.

Gräser

Gräser, eine Untergruppe der Stauden, sind nicht nur ein filigraner Blattschmuck und hübsch anzusehen, sondern überdies winterhart und pflegeleicht. Typische Merkmale sind die in Horsten stehenden schmalen Blätter und die charakteristischen Blütenähren und -rispen.

Ziergräser pflanzen

Das Frühjahr ist der beste Zeitpunkt, Ziergräser zu pflanzen. Die Bodenvorbereitung und das Einsetzen der Jungpflanzen funktioniert genauso wie bei den übrigen Stauden (s. S. 27). Bei Ziergräsern sollten Sie insbesondere auf einen ausreichenden Pflanzabstand achten. Wenn die Pflanzen mit der Zeit immer größere Horste bilden, besteht die Gefahr, dass sich die Gräser gegenseitig bedrängen. Das sieht zum einen unschön aus, zum anderen kümmern die Pflanzen vor sich hin und werden anfälliger für Krankheiten, wenn sie nicht genügend Platz haben.

Stauden teilen

Ziergräser pflegen

Das zeitige Frühjahr (März) ist der richtige Zeitpunkt, hohe Gräser zurückzuschneiden. Ein Rückschnitt im Herbst würde die Gefahr von Frostschäden an den Pflanzen erhöhen. Winter- oder immergrüne Gräser brauchen keinen Rückschnitt. Sie sollten jedoch, ebenfalls im Frühjahr, die braunen Halme entfernen.

Buntblättrige Gräser vermehren

Um die attraktive Laubfärbung buntblättriger Gräser auf den Nachwuchs zu übertragen, sollten Sie nicht durch Sämlinge vermehren, sondern durch Stecklinge oder Teilung. Der beste Zeitpunkt dafür ist das Frühjahr. Pflanzen Sie die Teilstücke zunächst in Töpfe, damit sie kräftige Wurzeln bilden. Warten Sie mit dem Auspflanzen das nächste Frühjahr ab.

Pflanztipp

Pflanzabstand für Gräser
Um sich ungestört entfalten zu können, müssen starkwüchsige Gräser, etwa Pampasgras oder Chinaschilf, einen bis eineinhalb Quadratmeter Platz erhalten. Bei mittelwüchsigen Gräsern, etwa Garten-Sandohr oder Rasenschmiele, sollten Sie für zwei Pflanzen einen Quadratmeter einplanen.

Gärtnertipp

Bambuswuchs eindämmen
Bambus, das beliebte immergrüne Ziergras, breitet sich mit den Jahren sehr stark aus. Die üppig gedeihende Staude ist ein schöner Blickfang, wenn man genügend Platz im Garten hat. Ist der Raum eher begrenzt, kann der Ausbreitungsdrang des Bambus lästig werden. Um dem Einhalt zu gebieten, kann man bereits beim Pflanzen so genannte Wurzelsperren einsetzen, die das Ausbreiten der Wurzelausläufer verhindern. Dabei handelt es sich um stabile Kunststoffbahnen mit einer Breite von 70 Zentimetern und variabler Länge, die man rings um den Wurzelballen leicht schräg ins Pflanzloch einbringt, in passender Länge abschneidet und die Enden überlappen lässt.

Wurzelsperre bei Bambus

Zwiebel- und Knollenpflanzen

Während die Natur im Frühjahr allmählich erwacht, sind die Zwiebelblumen schon aktiv. Die ersten grünen Spitzen der Frühjahrsblüher schauen noch etwas zaghaft aus der Erde und sind untrügliches Zeichen dafür, dass der Winter so gut wie vorbei ist. Spätestens im April zeigen sie sich in ihrer ganzen Fülle und überwältigen mit ihrer Farbenpracht.

Dahlien – Blütenpracht im Sommer

Pflanzzeit für Sommerblüher

Während die Frühjahrsblüher unter den Zwiebel- und Knollenpflanzen bereits im Herbst gepflanzt werden und die Herbstblüher erst im Sommer in die Erde kommen, ist die erste Frühjahrshälfte die optimale Zeit, um Sommerblüher zu pflanzen. Bei den einzelnen Pflanzen gibt es verschiedene Sorten, die sich durch unterschiedlich lange Blühzeiten auszeichnen. Durch geschickte Wahl und Pflanzung lässt sich die Blühphase so lange ausdehnen, dass Sie sich vom zeitigen Sommer bis zum Spätsommer an der Blütenpracht erfreuen können. Wenn diese dann endgültig abzublühen beginnen, stehen bereits die Spätblüher bereit.

Sommerblüher pflanzen

Die sommerblühenden Zwiebel- und Knollenpflanzen bilden einen herrlichen Blickfang im sommerlichen Garten. Zum guten Gedeihen benötigen sie sonnige, warme Plätze und lockere, durchlässige, trockene Böden.

Bodenvorbereitung

Schwere Böden und stauende Nässe vertragen die meisten Zwiebel- und Knollenpflanzen nur schlecht. Ist der Boden zu feucht, besteht die Gefahr, dass sich die Zwiebeln während der Ruhephase zersetzen. Schweren, lehmigen Böden sollten Sie daher groben Sand oder Kies beimischen. Auch durch Beigabe von gut verrottetem organischen Material lässt sich die Bodenstruktur verbessern. Sandige, leichte Böden hingegen sind oft nährstoffarm und sollten mit gut zersetztem Gartenkompost verbessert werden.

Einpflanzen

Graben Sie ein breites Loch, in das Sie mehrere Zwiebeln und Knollen setzen. Wählen Sie den Abstand zwischen den Zwiebeln und Knollen so, dass diese sich ausbreiten können. Idealerweise werden sie in der zwei- bis dreifachen Zwiebelbreite voneinander entfernt gepflanzt. Die Pflanztiefe ist von Art zu Art verschieden. Üblicherweise ist sie auf der Zwiebel- oder Knollenverpackung angegeben und sollte möglichst genau eingehalten werden. Als Faustregel kann jedoch gelten: Setzen Sie die Zwiebeln und Knollen etwa zwei- bis dreimal so tief, wie sie dick sind. In leichten, sandigen Böden sollten die Zwiebeln etwas tiefer, in schweren Böden etwas flacher gesetzt werden. Achten Sie beim Wiederauffüllen des Pflanzlochs darauf, dass die Zwiebeln oder Knollen ringsum von Erde umgeben sind und dass auch unter den Zwiebeln kein Hohlraum bleibt. Drücken Sie die Erde fest an.

Gärtnertipp

Bodenmüdigkeit

Werden Blumenzwiebeln Jahr für Jahr am gleichen Standort gepflanzt, kann das zu Bodenmüdigkeit führen. Diese äußert sich durch Krüppelwuchs der Pflanzen, verminderten Austrieb und Farbveränderungen. Eine Folge der Bodenmüdigkeit kann auch eine Anfälligkeit für Krankheiten und Schädlingsbefall sein.

Sorgen Sie deshalb für einen regelmäßigen Standortwechsel. Das tut nicht nur Ihrem Boden gut, sondern bringt überdies Abwechslung in Ihren Garten.

Praxistipp

Pflanzanordnung

Um ein optisch befriedigendes Ergebnis zu erlangen, sollten Sie bestimmte Regeln beim Pflanzen von Zwiebel- und Knollenpflanzen beachten: Pflanzen Sie die verschiedenen Arten von Zwiebelblumen nicht bunt gemischt.

Ein harmonischeres Bild erhalten Sie, wenn Sie sie in Gruppen pflanzen, die sich nur an den Berührungspunkten überschneiden. Pflanzen Sie die Zwiebelblumen nicht alleine, sondern kombinieren Sie sie mit Gehölzen oder Stauden. Berücksichtigen Sie die Wuchshöhen, so dass keine Pflanze von einer anderen überdeckt wird.

Sommerblühende Zwiebel- und Knollenpflanzen

Höhe	Blütezeit	Blütenfarben	Standort	Überwinterung	Pflanzzeit
Babiana *(Babiana hybrida)*					
30 cm	Juli bis August	karminrosa oder lila	sonnig	frostfrei	Ende April/ Anfang Mai
Blumenrohr *(Canna indica)*					
bis 120 cm	Juni bis September	gelb oder orange	sonnig	frostfrei	zeitiges Frühjahr im Topf, ab Mitte Mai ins Freiland
Dahlie *(Dahlia variabilis)*					
40 bis 150 cm	Juli bis Oktober	weiß, rosa, rot, gelb, orange oder zweifarbig	sonnig	frostfrei	Mai
Dreifarbenblume *(Sparaxis tricolor)*					
20 cm	Mai bis Juni	weiß, rosa, rot oder gelb	sonnig	Winterschutz	zeitiges Frühjahr oder bereits im Herbst
Freesie *(Freesia-Hybriden)*					
30 cm	Juli bis August	weiß, goldgelb oder lila	sonnig, geschützt	nicht winterhart	April/Mai
Gladiole *(Gladiolus-Hybriden)*					
bis 150 cm	Juni bis August	weiß, rot, orange gelb, lila oder zweifarbig	sonnig, windgeschützt	frostfrei	April/Mai
Kaphyazinthe *(Galtonia)*					
bis 100 cm	Juli bis September	weiß	sonnig bis halbschattig	Winterschutz bzw. frostfrei	April
Lilie *(Lilium)*					
bis 120 cm	Juni bis September	weiß, gelb, orange, rosa, rot oder zweifarbig	sonnig	winterhart	April/Mai
Ranunkel *(Ranunculus asiaticus)*					
bis 25 cm	Juni bis Juli	gelb oder rot	sonnig bis halbschattig	Winterschutz	April

Nicht winterharte Sommerblüher antreiben und auspflanzen

Nicht winterharte Sommerblüher wie etwa Blumenrohr, Dahlie oder Gladiole überwintern im Haus an einem kühlen, trockenen Ort. Mit zunehmender Tageslänge werden die Zwiebeln und Knollen durch den längeren Lichteinfall im Frühjahr zu neuer Triebbildung angeregt. Der März ist der richtige Zeitpunkt, die Knollen und Zwiebel in Töpfe mit nährstoffreicher Erde zu pflanzen und in einen hellen, warmen Raum oder ins sonnige Frühbeet zu stellen. Bis Mitte Mai sind kräftige Jungpflanzen herangewachsen, die man nun ins Freie auspflanzen kann.

Frühjahrsblüher pflegen

Während die Sommerblüher erst gepflanzt werden, haben die Frühjahrsblüher längst ihre Pracht entfaltet und erfreuen den Betrachter mit ihren kräftigen Farben und intensiven Düften. Doch über all der Blütenfülle sollten Sie die Pflege nicht vergessen, die zum Glück nicht besonders aufwändig ist: Schneiden Sie nach der Blüte das Laub der Frühjahrsblüher nicht gleich ab. Es ist besser damit zu warten, bis es verwelkt ist. Während des Welkvorgangs wandern wichtige Reservestoffe von den Blättern in die Wurzeln, die in der nächsten Saison für die Entwicklung der Blüten sorgen und beim sofortigen Abschneiden der Blätter verloren gehen. Verwelkte Blüten sollten Sie hingegen sofort abschneiden. Die Pflanze bildet sonst Samen aus, was die Zwiebel schwächt.

Zwiebeln von Frühjahrblühern düngen

Um Zwiebeln von Frühjahrsblühern für die nächste Saison fit zu machen, sollten Sie sie nach der Blüte düngen. Verwenden Sie dazu einen organischen Universaldünger, den Sie nach Herstellerangaben aufbringen.

Zwiebeln von Frühjahrsblühern aufbewahren

Wollen Sie Ihr Frühjahrsblumenbeet nach dem Verblühen komplett räumen und im nächsten Jahr neu arrangieren, entfernen Sie die verwelkten Blüten, nicht jedoch die Blätter, und nehmen die Zwiebeln aus dem Beet heraus. Pflanzen Sie sie mitsamt Blättern in einen großen Kübel mit Erde oder an eine günstige Stelle im Garten, wo sie nicht weiter stören. Hier können sie bis zum Herbst bleiben, bis ihre Pflanzzeit kommt. Vergessen Sie aber nicht, die verschiedenen Zwiebeln zu markieren, damit Sie beim Pflanzen im Herbst wissen, um welchen Frühjahrsblüher es sich handelt.

Sommerblumen

Zwar blühen sie nur einen, im Höchstfall zwei Sommer lang und mit ihrer Kultivierung und Pflege ist auch einiges an Arbeitsaufwand verbunden, doch entlohnen die Sommerblumen die Mühen mit herrlicher Blütenpracht, die das Blumenbeet zum attraktiven Blickfang macht. Und der Blütenzauber währt lang, er dauert in der Regel vom Frühsommer bis zum Herbst und erfreut das Auge mit allen erdenklichen Blütenfarben und -formen.

Frühjahrsboten: Narzissen

Boden fit machen

Das Frühjahr ist Sä- und Pflanzzeit für die einjährigen Sommerblumen, daher sollten Sie rechtzeitig mit der Bodenvorbereitung beginnen.
Die Frühjahrssonne sollte den Boden schon recht gut abgetrocknet haben, bevor Sie sich ans Werk machen. Zunächst sollten Sie den Boden lockern und lüften. Gehen Sie aber mit Vorsicht ans Werk.
Der Winter hat schon gut vorgearbeitet und auf der Oberfläche die so genannte Frostgare hinterlassen.
Die Frostgare wird nun durch eine nur flache Bodenbearbeitung mit dem Kultivator in Beetgare umgewandelt. Zur Aktivierung des Bodens können Sie reifen Kompost untermischen, indem Sie ihn oberflächlich einharken.

Blumenbeet planen

Bevor Sie mit dem Aussäen und Pflanzen beginnen, sollten Sie Ihr Blumenbeet planen.
Dazu können Sie nach Ihren eigenen Vorstellungen eine Skizze anfertigen, in die Sie die gewünschten Blumen einzeichnen und nach der Sie die Samen oder Jungpflanzen einkaufen. Sie können sich auch von Vorschlägen in Fachzeitschriften oder -büchern inspirieren lassen, die meist ein Pflanzschema empfehlen, an das Sie sich halten können.

Anzucht einjähriger Sommerblumen

Viele Sommerblumen, vor allem die empfindlichen Sorten, sollten vorgezogen werden. Das lässt sich im warmen Zimmer, im Gewächshaus oder im Frühbeet bewerkstelligen. Der Gärtner nennt dies Aussaat unter Glas. Ein guter Zeitpunkt dafür ist der März. Dann werden die Tage wieder deutlich länger und es steht den Sämlingen ausreichend Licht zum Gedeihen zur Verfügung.

Aussäen

Zum Aussäen des Saatgutes bereiten Sie Aussaatkisten, Schalen oder Töpfe vor. Füllen Sie diese mit feiner Aussaaterde und streichen Sie diese glatt. Bringen Sie nun den Samen auf, indem Sie ihn, je nach Art, flach auf die Erde streuen oder in die Erde stecken. Richten Sie sich dabei nach den Angaben auf der Samenpackung. Drücken Sie die Saat leicht an, übersieben Sie sie mit Erde

Praxistipp

Fachgerechte Anzucht
Damit die Blumen gut gedeihen, ist eine fachgerechte Anzucht unerlässlich. Lässt sich diese nicht realisieren, ist es besser, sich Jungpflanzen zu besorgen.

Sommerblumen, die vorgezogen werden müssen

Höhe	Blütezeit	Blütenfarben	Standort	Aussaattermin
Balsamine *(Impatiens balsamina)*				
bis 40 cm	Juni bis September	weiß, rosa oder rot	sonnig	ab März/ April
Cinerarie *(Senecio bicolor)*				
bis 20 cm	Juli bis September	weiß, blau, rosa, rot oder zweifarbig	sonnig bis halbschattig	März
Einjähriger Sonnenhut *(Rudbeckia hirta-Sorten)*				
80 bis 100 cm	Juni bis zum ersten Frost	gelb oder zweifarbig gelb-bräunlich/ rot	sonnig bis halbschattig	ab März
Leberbalsam *(Ageratum haustonianum)*				
bis 15 cm	Juli bis August	blau	sonnig	ab März
Levkoje *(Matthiola annua)*				
bis 40 cm	Juni bis Aug./ September	weiß, rosa, rot oder violett	sonnig	März
Sommernelke *(Dianthus)*				
30 cm	Juli bis September	weiß, rosa, rot oder gelb	sonnig	ab März
Zwergdahlie *(Dahlia variabilis)*				
bis 50 cm	Juni bis Oktober	weiß, orange, gelb, rosa oder rot	sonnig	ab März

Blühende Levkojen im Sommer

Gärtnertipp

Jungpflanzen abhärten
Bevor Sie Setzlinge, die Sie im Haus vorgezogen haben, ins Freie auspflanzen, sollten Sie sie nach und nach an die unwirtliche Welt vor der Haustür gewöhnen. Das gelingt Ihnen am besten, wenn Sie die Pflänzchen an frostfreien Tagen stundenweise nach draußen stellen.

und wässern Sie sie behutsam. Benutzen Sie dazu ein Gießkanne mit Brauseaufsatz. Halten Sie die Erde weiterhin feucht, dann geht, je nach Pflanze, die Saat nach ein paar Tagen oder Wochen auf. Achten Sie auf eine gleichmäßige Keimtemperatur, die am besten bei 20°C liegt. Durch Abdecken mit einer Glasplatte oder Folie fördern Sie die Keimung. Berücksichtigen Sie außerdem, dass es Licht- und Dunkelkeimer gibt. Während erstere zum Keimen Licht brauchen, müssen letztere dunkel gestellt oder abgedeckt werden.

Vereinzeln

Sobald sich die ersten Blätter entwickelt haben und die Pflänzchen dicht zusammengewachsen sind, werden sie vereinzelt bzw. pikiert, wie der Fachmann sagt. Das bedeutet nichts anderes, als dass man sie auf Abstand setzt. Nehmen Sie die Pflänzchen Stück für Stück aus dem Aussaatbehältnis und setzen Sie sie in Töpfe mit gedüngter Erde um, wo sie kompakte Wurzelballen bilden. Erleichtern Sie sich die Arbeit, indem Sie ein Pflanzholz (Pikierholz) benutzen, mit dem Sie Pflanzlöcher vorstechen. Achten Sie beim Einsetzen der Sämlingspflanzen darauf, die empfindlichen Wurzeln nicht zu verbiegen. Die Sämlingspflanzen sollen zwar ungehindert wachsen können, der Abstand zu den

Einjährige Sommerblumen zur Direktaussaat

Höhe	Blütezeit	Blütenfarben	Standort	Aussaattermin
Elfenspiegel *(Nemesia-Arten)*				
25 bis 30 cm	Juli bis Oktober	weiß, gelb, rosa oder rot	sonnig	März/April
Flockenblume *(Centaurea)*				
60 bis 80 cm	Juli bis August	weiß, rosa, lila oder blau	sonnig bis halbschattig	März
Goldmohn *(Eschscholtzia californica)*				
bis 40 cm	Mai bis Oktober	gelb oder orange	sonnig	März/April
Kapuzinerkresse *(Tropaeolum nanum)*				
bis 30 cm	Juni bis Oktober	gelb, orange oder rot	sonnig	April/Mai
Kosmea *(Cosmos)*				
bis 150 cm	Juli bis Oktober	weiß, rosa oder rot	sonnig bis halbschattig	März/April
Kreuzblume *(Clarika elegans plena)*				
50 bis 60 cm	Juni bis September	weiß oder zartrosa	sonnig	März/April
Löwenmäulchen *(Antirrhinum majus-Hybriden)*				
15 bis 50 cm	Juni bis September	weiß, rosa, rot, gelb oder purpur	sonnig	März/April
Mittagsblume *(Mesembryanthemum crystallinum)*				
bis 10 cm	Juli bis September	weiß, hellgelb, lachsfarben oder karminrot	sonnig	Mai
Portulakröschen *(Portulaca grandiflora)*				
bis 15 cm	Juni bis Oktober	weiß, gelb, rosa oder rot	sonnig	Ende April
Ringelblume *(Calendula officinalis)*				
30 bis 60 cm	Juni bis Oktober	gelborange	sonnig bis halbschattig	April/Mai
Rittersporn *(Delphinium ajacis)*				
bis 110 cm	Juni bis August	weiß, rosa oder blau	sonnig bis halbschattig	zeitiger März
Sommeraster *(Callistephus sinensis-Sorten)*				
30 bis 90 cm	Juli/August bis September/Oktober	weiß, hellgelb, rosa, rot, lila oder zweifarbig	sonnig	April/Mai
Sommermalve *(Malope trifida)*				
bis 100 cm	Juli bis September	weiß, rosa oder rot	sonnig	April
Sommermargerite *(Chrysanthemum)*				
bis 60 cm	Juli bis Oktober	weiß, gelb, rosa, braunrot oder mehrfarbig	sonnig oder halbschattig	April
Sonnenblume *(Helianthus annuus)*				
40 bis 400 cm	Juni bis September	gelb	sonnig	April/Mai
Steinkraut *(Alyssum maritimum)*				
bis 10 cm	Juli bis Oktober	weiß oder blau	sonnig	März/April
Tagetes *(Tagetes)*				
15 bis 80 cm	Mai bis Oktober	gelb, orange oder bräunlich	sonnig bis halbschattig	April/Mai
Vergissmeinnicht *(Myosotis alpestris)*				
bis 20 cm	Mai bis Juni	blau	sonnig bis halbschattig	Mai
Zinnie *(Zinnia elegans)*				
30 bis 100 cm	Juli bis Oktober	weiß, rosa, lachsrosa, orange, rot, lila oder mehrfarbig	sonnig	April

Nachbarpflanzen dennoch nicht zu groß gewählt werden, denn das verzögert die Entwicklung. Ideal sind vier bis fünf Zentimeter zwischen den Pflanzen und etwa sieben Zentimeter zwischen den Reihen.

Umpflanzen ins Freie

Sind die Pflänzchen soweit herangewachsen, dass sie sich mit den Blättern gegenseitig berühren, ist es an der Zeit, sie ins Freiland in das bereits vorbereitete Beet auszupflanzen.

Einjährige Sommerblumen ins Freie aussäen

Samen ausbringen

Viele Sommerblumen können Sie ab Ende April/Anfang Mai direkt ins Freie aussäen, einige besonders unempfindliche schon ab März. Das Beet sollte bereits gründlich vorbereitet sein (s. S. 33; Boden fit machen). Teilen Sie die Fläche in einzelne Segmente ein, in die Sie die verschiedenen Blumen gruppenweise aussäen, wobei die höher wachsenden Pflanzen nach hinten und die niedrig wachsenden nach vorne kommen. Wenn Sie sich einen Pflanzplan überlegt haben, dann können Sie sich auch an diesen halten. Ziehen Sie innerhalb der Segmente Rillen und säen Sie den Samen darin aus. Den Abstand der Rillen zueinander können Sie meist den Angaben auf der Packung entnehmen. Geben Sie etwas Erde über die Rillen und wässern Sie das Beet. Damit Sie hinterher noch wissen, welche Blume Sie wo gepflanzt haben, sollten Sie sie mit den Samentütchen oder mit Namensschildern markieren.

Ausdünnen

Sobald die Sämlinge herangewachsen sind, werden sie nicht wie bei der Anzucht pikiert, sondern nur auf den notwendigen Abstand ausgedünnt. Zwischen den Pflanzen sollte etwa 15 Zentimeter Platz sein, bei höheren Exemplaren auch mehr. Beim Ausdünnen suchen Sie sich kräftige Sämlinge aus, die Sie behalten wollen. Die übrigen werden ausgerupft oder abgeknipst. Sie können sie natürlich auch in andere Bereiche Ihres Gartens umpflanzen.

Pflanzen von Jungpflanzen

Der Handel hält im Frühjahr ein großes Sortiment an Jungpflanzen bereit, darunter auch zahlreiche Sommerblumen. Wenn Ihnen Anzucht und Aussaat zu mühsam und arbeitsintensiv sind, können Sie auf diese zurückgreifen und in Ihr Beet einpflanzen. Um die Wirkung und die Verteilung der Blumen im Beet zu beurteilen, können Sie die noch in den Töpfen steckenden Jungpflanzen über das Beet verteilen. Achten Sie auf ausreichenden Abstand zwischen den Pflanzen und beachten Sie die Regel: hoch wachsende Blumen nach hinten, niedrige nach vorne. Sind Sie mit Ihrer Aufteilung zufrieden, können Sie die Jungpflanzen ins Beet einpflanzen, indem Sie sie vorsichtig aus ihren Töpfen herausnehmen und in das Pflanzloch setzen. Die Oberfläche des Wurzelballens soll mit der Erdoberfläche des Beetes abschließen. Füllen Sie das Pflanzloch wieder zu und drücken Sie die Erde leicht an. Vergessen Sie nicht, die frisch gepflanzten Blumen gründlich zu wässern.

Rasen

Nach der langen Winterpause ist es an der Zeit, sich um den Rasen zu kümmern und ihm sein Frühjahrskleid zu verpassen. Ihr Rasen braucht zu Beginn der Saison vor allem drei Dinge: Luft, Dünger und ein wenig Zeit, um sich regenerieren zu können.

Vertikutieren

Das Vertikutieren sorgt für Luftzufuhr. Für kleine Rasenflächen genügt ein manuelles Gerät, für größere Flächen empfiehlt sich ein motorbetriebener Vertikutierer. Dieser entfernt den Wurzelfilz im Bereich der Grasnarbe, der wie ein dichter Sperrgürtel den Boden überzieht, den

Rasen vertikutieren

Pflanzen die Luft abschnürt und jede Menge Feuchtigkeit aufsaugt. Nach der Beseitigung des Rasenfilzes kann der Rasen wieder aufatmen: Die Wurzeln bekommen wieder Luft und die Feuchtigkeit wird nicht aufgesaugt, bevor sie überhaupt in die Nähe der Wurzeln kommt. Die Wurzeln können vielmehr mit dem Wasser auch die Nährstoffe aufnehmen. Wenn Sie besonders gründlich vorgehen wollen, sollten Sie zwei Arbeitsgänge vorsehen: Bearbeiten Sie den Rasen zunächst in Längsrichtung, dann in Querrichtung. Auf diese Weise entfernen Sie so viel wie möglich von dem lästigen Rasenfilz.

Nachsäen

Nach dem Vertikutieren ist der Anblick der Rasenfläche oft wenig erfreulich. Wo vorher der Filz für eine dichte Fläche sorgte, klaffen nach dem Entfernen große Lücken. Um diese zu schließen und den Rasen wieder ansehnlich zu machen, sollten Sie frisches Rasensaatgut nachsäen. Besorgen Sie sich je nach Nutzung den richtigen Samen. Man unterscheidet zwischen Zierrasen, Gebrauchsrasen und Strapazierrasen (Spielrasen). Streuen Sie den Samen über den kahlen Stellen aus, arbeiten Sie ihn mit dem Fächerbesen oder einer Harke leicht in den Boden ein und verdichten Sie den Boden durch Festtreten. Anschließend sollten Sie die nachgesäten Stellen gründlich angießen. Um ein gutes Ergebnis zu

Rasen mähen mit dem Handrasenmäher

erzielen, sollten Sie die Gräserkeimlinge in den ersten Wochen durch regelmäßiges Gießen stets feucht halten.

Frühjahrsdüngung

Um Ihren Rasen mit genügend Nährstoffen zu versorgen, sollten Sie ihn mit einem speziellen Rasendünger behandeln, der exakt nach den Bedürfnissen der Rasengräser zusammengestellt ist. Durch das Düngen wird der ausgezehrte Rasen wieder auf Vordermann gebracht und erhält wieder sein sattgrünes, gesundes Aussehen. Zur gleichmäßigen und dosiergenauen Düngerausbringung nehmen Sie am besten einen Streuwagen.

Mähen

Ab Mai sollten Sie Ihren Rasen möglichst regelmäßig mähen. Der Rasen sieht gesünder und grüner aus, wenn Sie ihn oft mähen, aber dabei nicht allzu viel wegnehmen. Als Richtwert für die optimale Rasenhöhe gilt für den normalen Gebrauchsrasen circa vier Zentimeter. In Schattenlagen lassen Sie ihn etwas länger stehen, etwa bei fünf bis sechs Zentimetern. Lässt man ihn hingegen zu lang wachsen, muss man ihn das nächste Mal einem Radikalschnitt unterziehen, was zur Folge hat, dass sich der Rasen unschön gelb färbt und überdies geschwächt wird. Der Traum vom Golfrasen wird sich nur verwirklichen, wenn Sie ihn tatsächlich jede Woche mähen. Sind Sie einmal längere Zeit in Urlaub, versuchen Sie nicht, das hoch gewachsene Gras auf einmal zu bewältigen. Einen schönen Rasen erhalten Sie, wenn Sie den Mäher beim ersten Schnitt etwas höher einstellen und die Rasenfläche mit zwei bis drei Schnitten im Abstand von je einer Woche wieder auf die gewohnte Schnitthöhe bringen. Achten Sie beim Rasenmähen im Frühjahr außerdem darauf, dass Sie die Blätter von Schneeglöckchen und Krokussen nicht mit abschneiden. Entfernen Sie diese zu früh, können sich die Zwiebeln nicht auf die Wachstumsphase im nächsten Frühjahr vorbereiten.

Unkräuter entfernen

Einzelne Unkräuter, die Sie beim Anblick Ihrer Rasenfläche stören, können Sie einzeln herausholen. Dafür brauchen Sie sich nicht eigens ein Werkzeug zu kaufen. Ein altes, ausrangiertes Küchenmesser tut es auch. Gänseblümchen oder Wegerich wurzeln nicht so tief und sind daher leicht zu entfernen. Schwieriger ist die Beseitigung von Löwenzahn mit seinen langen Pfahlwurzeln. Diese muss man auf jeden Fall ganz erwischen, da selbst kleine Wurzelteile, die im Boden verbleiben, wieder austreiben. Taucht das Unkraut nicht nur vereinzelt auf, sondern überzieht es die gesamte Rasenfläche, ist es mit dem Rausrupfen nicht getan. Bevor Sie aber zur chemischen Keule greifen, sollten Sie sich überlegen, ob Sie nicht auch mit einem wiesenartigen Rasen mit Gänseblümchen und Löwenzahn leben können. Legen Sie jedoch Wert auf ein makelloses Grün, sollten Sie versuchen, den Unkrautwuchs durch richtiges Düngen zu verhindern. Da Unkräuter meist stickstoffarme Böden bevorzugen, deutet sehr viel Unkraut im Rasen meist auf zu wenig Stickstoff hin. Die Gräser selbst sind aufgrund des Stickstoffmangels häufig geschwächt. Wenn Sie dem Boden also etwas Stickstoff zusetzen, tun Sie nicht nur dem Rasen etwas Gutes, Sie machen zugleich dem Unkraut den Garaus. Die richtige Menge Stickstoff sind 20 Gramm pro Quadratmeter im Jahr.

Neurasen anlegen

Das Frühjahr ist die optimale Zeit, um einen Neurasen anzulegen. Ende März/ Anfang April ist der Boden meist gut abgetrocknet und soweit erwärmt, dass man aussäen kann. Wenn Sie den Boden noch nicht im Herbst des Vorjahres vorbereitet haben, sollten Sie das bereits im zeitigen März nachholen: Entfernen Sie alte Grasnarben oder Wildbewuchs und graben Sie die als Rasen vorgesehene Fläche tiefgründig (etwa 20 bis 25 Zentimeter tief) um. Beseitigen Sie Unkraut-

Praxistipp

Moos vermeiden

Ein lästiger Störenfried im sonst makellosen Rasen ist das häufig auftretende Moos. Bevorzugt gedeiht es auf feuchten, sauren, nährstoffarmen Böden, die zumeist im Halbschatten oder Schatten liegen. Bei hoher Bodenfeuchtigkeit kann es allerdings auch an sonnigen Standorten wachsen. Um das Aufkommen von Moos zu unterbinden, sollten Sie die Standortbedingungen für die Rasengräser verbessern. Eine höhere Nährstoffkonzentration erreichen Sie durch regelmäßige Düngegaben und gegen eine zu hohe Bodenfeuchte hilft Einarbeiten von Sand.

Rasensamen einarbeiten

wurzeln und größere Steine aus dem Erdreich und verbessern Sie gegebenenfalls die Bodenqualität (s. ab S. 9). Dann lassen Sie dem Boden einige Wochen Zeit, sich zu setzen. Etwa zwei Wochen vor der Aussaat sollten Sie die Erdschollen mit einer Hacke zerkleinern, mit einem Rechen glätten und feinkrümelig harken. Beim Aussäen gehen Sie quadratmeterweise vor und streuen die pro Quadratmeter empfohlene Saatgutmenge gleichmäßig aus. Für sehr große Flächen empfiehlt sich die Verwendung eines Streuwagens. Nach Ausbringen des Samens arbeiten Sie ihn mit dem Rechen leicht in den Boden ein und verdichten den Boden durch Festtreten. Zuletzt wässern Sie die Fläche. Achten Sie darauf, die Saat in den ersten vier Wochen gleichmäßig feucht zu halten. Nach ein bis zwei Wochen können Sie schon den Erfolg Ihres Unterfangens sehen. Haben die Gräser eine Höhe von etwa acht Zentimetern erreicht, beginnen Sie mit dem Mähen und kürzen Sie sie auf etwa vier Zentimeter.

Balkon- und Terrassenpflanzen

Mit ein bisschen Kreativität und gärtnerischem Geschick können auf Ihrem Balkon oder Ihrer Terrasse herrliche grüne Oasen entstehen. Für die dauerhafte Bepflanzung kommen Stauden, Halbsträucher, kleinwüchsige Gehölze und Kletterpflanzen in Frage. Darüber hinaus können Sie Ihren Balkon oder Ihre Terrasse mit Kübelpflanzen und Saisonblühern schmücken. Letztere sind jedoch für einen begrenzten Zeitraum vorgesehen. Auch Zimmerpflanzen, die im Sommer den Aufenthalt im Freien genießen, können Ihren Balkon oder Ihre Terrasse zieren.

Beliebte Kübelpflanzen für Balkon oder Terrasse

Blütezeit	Blütenfarben	Standort
***Bougainvillea** (Bougainvillea)*		
April bis Juli	lila	sonnig
***Engelstrompete** (Datura-Hybriden)*		
Juni bis September	weiß oder gelb	sonnig
***Oleander** (Nerium oleander)*		
Juni bis Oktober	weiß, rosa, rot, gelb oder orange	sonnig
***Roseneibisch** (Hibiscus rosa-sinensis)*		
Mai bis Oktober	weiß, gelb, orange, rosa oder rot	sonnig bis halbschattig
***Schönmalve** (Abutilon-Hybride)*		
April bis September	weiß, gelb, rosa oder rot	sonnig

Kübelpflanzen frühjahrsfit machen

Untersuchen Sie die überwinterten Kübelpflanzen nach dürren Trieben, die Sie bis aufs gesunde Holz zurückschneiden. Ist die Witterung mild genug, sollten die Kübelpflanzen so bald wie möglich ins Freie. Sehr empfindliche Pflanzen sollten Sie nur nach draußen stellen, wenn Sie sie bei einem Kälteeinbruch rasch wieder nach drinnen bringen können.

Umtopfen von Kübelpflanzen

Das Frühjahr ist die optimale Zeit, um Kübelpflanzen umzutopfen. Die Pflanzen gedeihen besser, wenn Sie die alte, ausgelaugte Erde vom Vorjahr durch frische ersetzen. Viele, vor allem jüngere Pflanzen haben außerdem einen Wachstumsschub gemacht und brauchen ein größeres Pflanzgefäß. Die alte Erde können Sie auf dem Kompost entsorgen. Ältere Kübelpflanzen werden in der Regel nicht mehr jährlich umgetopft, da sie nicht mehr so rasch wachsen. Wenn Sie ihnen trotzdem etwas Gutes tun wollen, verwöhnen Sie sie mit einer Schicht frischer Erde. Nehmen Sie von der Erdoberfläche so viel weg, wie ohne Verletzung der Wurzeln möglich ist und bringen Sie dafür frische Pflanzenerde ein.

Oleander in voller Blüte im Sommer

Praxistipp

Pflanzen in Tongefäße
Wenn Sie beim Umtopfen Tongefäße verwenden, sollten Sie diese vor dem Bepflanzen in Wasser legen, damit sie sich voll saugen können. Sonst entziehen sie der frischen Pflanzerde das Wasser, was zum Austrocknen der Wurzeln führen kann.

Oleander umtopfen

Frühjahrzwiebelblumen

Höhe	Blütezeit	Blütenfarben
Blaustern *(Scilla)*		
10 bis 30 cm	März	blau
Botanische Tulpe *(Tulipa)*		
15 bis 60 cm	April/Mai	weiß, rosa, rot, gelb, lila oder violett
Hyazinthe *(Hyazinthus orientalis)*		
bis 25 cm	April/Mai	weiß, gelb, rosa, rot, blau oder lila
Krokus *(Crocus vernus)*		
bis 15 cm	März	weiß, gelb, lila oder gestreift
Narzisse *(Narcissus)*		
10 bis 70 cm	April/Mai	weiß, weiß-orange, gelb oder gelb-orange
Puschkinie *(Puchkinia libanotica)*		
15 cm	April/Mai	weiß, blau oder gestreift
Schneeglöckchen *(Galanthus nivalis)*		
bis 10 cm	Februar/März	weiß
Strahlenanemone *(Anemone)*		
bis 25 cm	März/April	blau oder rosa
Traubenhyazinthe *(Muscari botryoides)*		
bis 15 cm	April/Mai	blau
Winterling *(Eranthis hiemalis)*		
bis 5 cm	Februar/März	gelb

Frühblüher (zweijährige Sommerblumen)

Höhe	Blütezeit	Blütenfarben
Maßliebchen *(Bellis perennis)*		
bis 15 cm	März bis Juni	rosa-weiß
Primeln *(Primula)*		
5 bis 60 cm	März bis Mai	fast alle
Stiefmütterchen *(Viola wittrockiana tricolor maxima)*		
bis 20 cm	März bis Mai	weiß, gelb, rot, blau, lila, purpur oder dreifarbig
Vergissmeinnicht *(Myosotis alpestris)*		
bis 20 cm	Mai bis Juni	blau

Überwinterte Kübelpflanzen düngen

Wenn die Zeit der Winterfröste vorbei ist, können Sie die im Haus überwinterten Kübelpflanzen nach draußen auf den Balkon oder die Terrasse stellen. Damit die Pflanzen über einen möglichst langen Zeitraum hinweg üppig blühen, sollten Sie sie düngen, sobald Sie sie ins Freie geräumt haben. Achten Sie beim Düngen darauf, dass die Erde nicht völlig ausgetrocknet ist, da es sonst zu Verbrennungen an den Wurzeln kommen kann.

Frühjahrszwiebelblumen für Balkon und Terrasse

Abgesehen von den Kübelpflanzen können im Frühjahr früh blühende Zwiebelblumen den Balkon oder die Terrasse zieren. Diese Frühjahrsboten verkünden den Beginn der neuen Gartensaison und bringen außerdem gute Laune auf den Balkon und die Terrasse. In der Regel haben sie sich bis zum Sommeranfang verausgabt und räumen dann den Platz für die Sommerblüher, die bis zum Spätherbst durchhalten. Damit die Frühjahrszwiebelblumen auch zum richtigen Zeitpunkt zu blühen beginnen, müssen sie bereits im Herbst des Vorjahres gesetzt werden. Wenn Sie für langfristige Vorarbeiten

Tulpen im Kübel

wie das Aussetzen der Zwiebel keine Zeit oder keinen Platz haben, können Sie sich im zeitigen Frühjahr beim Gartenfachhandel Jungpflanzen besorgen. Pflanzen Sie sie einfach in einen Blumenkasten mit humoser Blumenerde.

Weitere Frühblüher für Balkon und Terrasse

Abgesehen von den Frühjahrszwiebelblumen gibt es noch andere frostbeständige Frühblüher, die die Zeit vom kahlen Winter bis zum Sommer mit attraktiven Blüten auf Balkon und Terrasse überbrücken. Dies sind die so genannten Zweijährigen unter den Sommerblumen, zu denen eine Reihe sehr beliebter Frühjahrsblüher gehören. Sie müssen jedoch bereits im Sommer des Vorjahres ausgesät worden sein, damit sie im Frühjahr ihre Pracht entfalten. Im Fachhandel bekommen Sie diese auch als Jungpflanzen, ebenso wie die Frühjahrszwiebelblumen. Sie können sie ohne langfristige Vorbereitungen im Frühjahr besorgen und einfach bei sich zu Hause in den Kasten pflanzen.

Einpflanzen der Jungpflanzen

Pflanzen Sie Ihre Jungpflanzen erst ins Freie, wenn die Frostgefahr vorüber ist. Als Substrat eignet sich handelsübliche Balkonerde, die Sie bis auf ein bis zwei Zentimeter Abstand zum Rand in den Pflanzkasten einfüllen. Setzen Sie die Pflanzen so in die Erde, dass die Oberfläche des Wurzelballens mit der Erdoberfläche abschließt. Die Abstände zwischen den Pflanzen sollten je nach Wüchsigkeit und Größe zehn bis 30 Zentimeter betragen. Halten Sie die Erde nach dem Pflanzen gut feucht.

Pflanzen aussäen

Wollen Sie Ihre Balkonpflanzen selber vorziehen, ist das Frühjahr der richtige Zeitpunkt, um die Sommerbepflanzung auszusäen. Idealerweise haben Sie für die Anzucht ein beheizbares Gewächshaus. Ein Fensterbrett, am besten über einem Heizkörper, tut es jedoch auch.

Pflanztipp

Pflanzanordung

Bei der Zusammenstellung Ihrer Balkonbepflanzung sind einige gestalterische Regeln zu beachten: Wählen Sie die Pflanzen mit verschiedenen Wuchshöhen. Ein hübscher Anblick ist der Wechsel zwischen großen, markanten und kleinen Pflanzen. Das gleiche gilt auch für die Blütengröße. Sind die Blüten etwa gleich groß, wirkt das eintönig. Besser ist der Wechsel zwischen groß- und kleinblütigen Pflanzen. Sehr apart ist auch das Zusammenspiel von schlanken, hohen Pflanzen mit Kerzenblüten und solchen mit runden, großen Blüten. Ein ausgewogenes, harmonisches Bild ergeben Blütenpflanzen, die Ton in Ton gewählt werden bzw. die gleiche Farbe in unterschiedlichen Nuancen aufweisen. Ein lebhaftes, anregendes Bild ergibt sich durch farblich kontrastreiche Blüten.

Forsythie im Balkontrog

Füllen Sie die Anzuchtgefäße mit einem Anzuchtsubstrat, das nährstoffarm, feinkörnig und durchlässig sein sollte. Je nach Art und Größe streuen Sie dann den Samen aus oder stecken ihn in die Erde. Sobald Keimlinge herangewachsen sind, werden diese vereinzelt (pikiert), d. h. man nimmt sie vorsichtig heraus und setzt sie in Töpfen auf Abstand: Vier bis fünf Zentimeter zwischen den Pflanzen und sieben Zentimeter zwischen den Reihen ist optimal. Sind die Jungpflanzen soweit herangewachsen, dass sie sich mit den Blättern gegenseitig berühren, werden sie in die Balkonkästen ausgepflanzt.

Balkonsträucher pflanzen

Nicht nur Blumen sind eine Zierde für den Balkon oder die Terrasse, auch Gartensträucher stellen einen schönen Blickfang und eine passende Ergänzung zum Blumenflor dar. Das Frühjahr ist auch für Balkonsträucher die ideale Pflanzzeit. Beliebt als Zierstrauch für Balkon und Terrasse ist die Forsythie, die sehr genügsam ist und ohne große Pflege auskommt. Gleiches gilt für Zaubernuss, Felsenbirne, Zierquitte, Zierkirsche und Zierapfel. Auch Azaleen und Rhododendren sind für Balkon und Terrasse gut geeignet. Durch schönen Blätterschmuck zeichnen sich Fächerahorn und Perückenstrauch aus.

Nutzpflanzen für Balkon oder Terrasse

Für die Balkonkästen oder Töpfe auf der Terrasse eignen sich nicht nur Zierpflanzen. Sie können dort auch Gemüse und Kräuter pflanzen. Auf diese Weise verbinden Sie das Schöne mit dem Nützlichen. Der richtige Zeitpunkt, Nutzpflanzen für Balkon oder Terrasse auszusäen bzw. zu pflanzen ist das Frühjahr. Mit Ausnahme der Stangenbohnen, die einen hübschen Schmuck für Terrasse oder Balkon darstellen, sollten Sie kleinwüchsige Arten und Sorten von Gemüse bevorzugen.

Kräuter pflanzen

Die beste Zeit, um Kräuter in Kästen und Töpfe zu pflanzen und sie auf Balkon oder Terrasse zu platzieren, ist der Mai. Geeignete Kräuter sind etwa: Petersilie, Schnittlauch, Majoran, Thymian, Salbei, Zitronenmelisse, Dill und Borretsch. Diese sind sehr pflegeleicht und vertragen auch die sonnigen, trockenen Bedingungen, die häufig im Sommer auf dem Balkon oder der Terrasse herrschen. Die mehrjährigen Arten unter den Kräutern können auch als Dauerbepflanzung im Kasten überwintern.

Salat im Balkonkasten

Gemüse für Balkon oder Terrasse

Aussaat/ Pflanzzeit	Ernte
Gurken *(Cucumis sativus)* Mai	Juli bis September
Kohlrabi *(Brassica alferaceae var. gongylodes)* ab April	Mai bis Oktober
Kopfsalat *(Lactuca sativa var. capitata)* ab März	ab April/Mai
Radieschen *(Raphanus sativus var. sativus)* ab März	Mai bis Oktober
Rote Bete *(Beta vulgaris var. conditiva)* ab Mai	Juni bis September
Stangenbohnen *(Phaseolus vulgaris var. vulagaris)* Mai	Juli bis Oktober
Tomaten *(Solanum lycopersicum)* Ende Mai	August bis Oktober

Gartenteich

Ein Gartenteich ist ein beliebtes Gestaltungselement im Ziergarten. Ob Sie ihn als naturnahes Feuchtbiotop oder als architektonisches Wasserbecken anlegen, ob Sie eine Brücke hinzufügen, von der aus man den Teich beobachten kann, oder einen Steg, der den Blick auf die Wasseroberfläche freigibt, ob Sie ihn nah am Haus oder als Blickfang am hinteren Ende des Gartens planen – Gestaltungsmöglichkeiten für Teiche gibt es viele und jeder ist auf seine Weise eine Bereicherung für den Garten.

Gartenteich neu anlegen

Für die Anlage eines Gartenteichs ist die gesamte frostfreie Zeit geeignet. Ideal ist jedoch das Frühjahr, weil Sie gleichzeitig die Wasser- und Sumpfpflanzen anpflanzen können.

Planung

Bevor Sie zur Tat schreiten, sind einige grundlegende Dinge wie Standort, Größe, Gestaltung etc. zu klären. Der Standort sollte so gewählt sein, dass der

Teich mindestens vier bis sechs Stunden am Tag von der Sonne beschienen wird. Gehen Sie auf Abstand zu Bäumen, da diese zu viel Schatten werfen und sich das fallende Laub ungünstig auf die Wasserqualität auswirkt. Wollen Sie nicht nur einen Miniteich – was auch sehr reizvoll sein kann –, sondern einen „richtigen" Teich, sollten Sie mindestens acht Quadratmeter Platz für das Gewässer einplanen.

Anlage

Sie können Ihren Teich mithilfe eines Fertigteichbeckens oder mit Teichfolie anlegen. Die früheren Methoden der Lehmschlagdichtung und des Ausbetonierens sind heutzutage nicht mehr gebräuchlich. Während beim Fertigbecken die Form vorgegeben ist, sind Sie mit der Teichfolie bei der Gestaltung völlig frei. Am besten, Sie markieren die gewünschte Teichform mit einer Schnur oder mit Sand. Dann geht es an den Aushub, wobei Sie die unterschiedlich tiefen Zonen für die Sumpf- und Wasserpflanzen berücksichtigen sollten. Haben Sie den Teich ausgehoben, verlegen Sie die Folie oder passen das Fertigbecken ein. Geben Sie das Bodensubstrat aus Sand oder einem Sand-Kies-Gemisch in den Teich. Während Sie den Teich bepflanzen, füllen Sie ihn gleichzeitig nach und nach mit Wasser auf.

Praxistipp

Wasser einfüllen
Lassen Sie sich Zeit beim Einfüllen des Wassers. Machen Sie immer wieder Pausen, damit sich das Wasser langsam erwärmen kann und sich die Pflanzen allmählich und ohne Schock akklimatisieren können. Das Wasser sollte zudem vorsichtig, nicht mit einem scharfen Strahl einlaufen.

Gartenteich bepflanzen

Wählen Sie dem Standort Ihres Gartenteichs entsprechend die passenden Sumpf- und Wasserpflanzen. Pflanzen Sie nicht zu viele Exemplare. Ein Drittel der Wasserfläche sollte auf jeden Fall frei bleiben. Sichern Sie die frisch eingesetzten Pflanzen vor dem Einlassen des Wassers mit Kieselsteinen gegen das Aufschwimmen. Beginnen Sie mit der Bepflanzung der Tiefwasserzone, es folgt die Bepflanzung der Flachwasserzone und zuletzt die der Sumpfzone.

Wasserspiele anbringen

Sprudelnde Wasserspiele, etwa eine Fontäne, Quellsteine oder ein Wasserspeier, sind nicht nur schmückendes Beiwerk, sondern haben auch eine nützliche Funktion: Sie tragen nicht unerheblich zur Steigerung des Sauerstoffanteils im Wasser bei. Damit Sie sich an einem solchen Wasserspiel ergötzen können, müssen Sie in Ihrem Teich eine Pumpe installieren. Die Leistungsstärke der Pumpe hängt dabei von der Teichgröße und der gewünschten Höhe des Wasserspiels ab.

Teich bepflanzen

Teich pflegen

Bei einem bereits bestehenden Gartenteich stehen rund ums Jahr verschiedene Pflegearbeiten an.
Im Frühjahr, wenn die Natur und damit auch die Pflanzen am und im Teich erwachen, sollten diese ausgelichtet werden. Putzen Sie starkwüchsige Pflanzen und abgestorbene Pflanzenteile aus. Reißen Sie diese nicht ab, sondern verwenden Sie ein scharfes Messer oder ein Schere. Trennen Sie unerwünschte Ableger ab. Im Frühjahr werden auch Frostschäden an den Pflanzen sichtbar, die ebenfalls beseitigt werden. Fischen Sie Pflanzen- und Schnittreste, die sich den Winter über im Teich angesammelt haben, aus dem Wasser und geben Sie sie auf den Kompost.

Pflanztipp

Ufergestaltung
Die Ufergestaltung ist bei der Bepflanzung besonders wichtig. Achten Sie darauf, dass der Übergang vom Teich zur Umgebung nicht zu abrupt ausfällt. Die Uferbepflanzung sollte daher lieber üppig als zu sparsam ausfallen. Viele Steine, große und kleine, kaschieren den beim Folienteich oft vorstehenden Teichrand und verhindern überdies, dass die Teicherde in diesem Bereich durch Wind oder Wassertiere aufgewirbelt wird.

Teichbepflanzung

Schwimm- und Unterwasserpflanzen (tiefster Bereich des Teichs, mindestens 60 bis 80 cm)	
Blütezeit	**Blütenfarben**
Seerose *(Nymphaea-Arten)* Juni bis September	weiß, rosa, rot oder gelb
Wasserhyazinthe *(Eichhornia crassipes)* August bis Oktober	helllila
Wasserstern *(Callitriche palustris)* Immergrüne, üppige Polster bildende Unterwasserpflanze	
Teichrose *(Nuphar lutea)* Juni bis August	gelb

Pflanzen für die Flachwasserzone	
Blütezeit	**Blütenfarben**
Fieberklee *(Menyanthes trifoliata)* Juni bis Juli	weiß-rosa
Froschlöffel *(Alisma plantago-aquatica)* Juni bis Juli	weiß-rosa
Hechtkraut *(Pontederia cordata)* Juni bis August	blau
Rohrkolben *(Typha-Arten)* Mai bis Juni	braune Kolben
Wasserschwertlilie *(Iris pseudacorus)* Mai bis August	gelb
Zungenhahnenfuß *(Ranunculus lingua)* Juni bis August	goldgelb
Wasserdost *(Eupatorium cannabinum)* Juli bis September	lila

Sumpfpflanzen	
Blütezeit	**Blütenfarben**
Mädesüß *(Filipendula vulgaris)* Juli bis August	weiße Rispen
Sumpfdotterblume *(Caltha palustris)* März bis Mai	goldgelb
Sumpfvergissmeinnicht *(Myosotis palustris)* Mai bis September	hell- oder dunkelblau
Trollblume *(Trollius europaeus)* Mai bis Juni	goldgelb
Wasserdost *(Eupatorium cannabinum)* Juli bis September	lila

Rosennymphe

Pumpe wieder einsetzen

Bei einem flachen, im Winter völlig durchfrierenden Teich muss vor Winterbeginn die Pumpe ausgebaut und in einem Eimer im Haus aufbewahrt werden, damit sie keinen Schaden nimmt. Im Frühjahr wird sie dementsprechend wieder an ihrem angestammten Platz angebracht. Haben Sie sie noch nicht vor Winterbeginn gereinigt, sollten Sie das jetzt nachholen. Verwenden sie dazu einen Spezialreiniger, der die Kalkablagerungen und Algenanhaftungen schonend entfernt.

Neue Pflanzen

Ist Ihnen Ihr Bewuchs rund um den Teich nicht üppig genug oder wollen Sie bestimmte Pflanzen auswechseln, sollten Sie dies im Frühjahr tun. Wie für alle übrigen Pflanzen ist auch für Wasser- und Sumpfpflanzen das Frühjahr die Pflanzzeit. Warten Sie am besten bis Ende April oder Anfang Mai, dann hat sich das Wasser so weit erwärmt, dass die neuen Pflanzen beim Einsetzen keinen Kälteschock bekommen.

Der Nutzgarten im Frühjahr

Obstbäume

Süße Früchte aus dem eigenen Garten bereiten nicht nur Gaumenfreuden. Bevor sich die Früchte entwickeln und heranreifen, zieren wahre Blütenmeere in weiß, zartrosa und pink den Garten und bieten auch dem Auge etwas. Sieht man die Obstbäume blühen, kann man sich überdies sicher sein, dass das Frühjahr Einzug gehalten hat. Nicht umsonst gilt die weiße Blütenpracht des Apfelbaums nach dem phänologischen Kalender (s. S. 18) als untrügliches Zeichen, dass der Vollfrühling eingesetzt hat.

Obstbäume pflanzen

Während man die so genannten Containerpflanzen, die in schwarzen Kunststofftöpfen oder Folienbeuteln erhältlich sind, das ganze Jahr über pflanzen kann, sollte man Gehölze ohne Ballen in der laublosen Zeit pflanzen. Sobald sich das Laub zeigt, verlieren die Bäume über die Blätter zu viel Wasser, um rasch einwurzeln zu können. Für das Pflanzen kommen also die Jahreszeiten Frühjahr und Herbst in Frage.

Planung

Berücksichtigen Sie bei der Auswahl der Obstbäume, die Sie pflanzen wollen die Größe Ihres Gartens und den Arbeitsaufwand bei der Ernte und Verarbeitung der Früchte. Es sollten nur so viele Obstbäume gepflanzt werden, wie an Früchten für den Eigenbedarf gebraucht werden. Achten Sie beim Kauf der Jungpflanzen außerdem auf Qualität und wählen Sie die Sorten überlegt. Robuste, standortgerechte und möglichst gegen Pflanzenkrankheiten widerstandsfähige Sorten werden Ihnen mehr Freude bereiten.

Obstbaum pflanzen

Vorarbeiten

Das Pflanzen von Obstbäumen gleicht dem von anderen sommergrünen Laubgehölzen. Vor dem Einpflanzen sollten Sie die Obstbäume einige Stunden ins Wasser stellen. Schneiden Sie die Wurzelspitzen mit einer scharfen Schere nach. Abgebrochene und zu lange Wurzeln werden ebenfalls gekürzt. Die Stützpfähle, die besonders bei größeren Obstbäumen notwendig sind und während der Zeit des Anwachsens verhindern, dass der Wind sie allzu sehr drückt und die zarten Wurzeln immer wieder abreißt, sollten bereits vor der Pflanzung eingeschlagen werden. Werden die Pfähle erst nach der Pflanzung angebracht, besteht die Gefahr, dass die Wurzeln dabei verletzt werden.

Einpflanzen

Der Boden, in den Sie pflanzen, sollte humos und locker sein. Möglicherweise müssen Sie etwas Sand hinzufügen. Die Pflanzgrube, die Sie zur Pflanzung ausheben, sollte ausreichend groß sein. Als Faustregel kann gelten: Pflanzgruben müssen doppelt so breit und tief sein wie der Wurzelballen. Achten Sie beim Setzen in die Pflanzgrube darauf, dass die Oberkante des Wurzelballen mit der Bodenoberfläche abschließt. Füllen Sie die Grube wieder auf, treten Sie die Erde gut fest und gießen Sie gründlich.

Kälteempfindliche Obstgehölze später pflanzen

Manche Obstgehölze sind sehr frostempfindlich und sollten daher erst gepflanzt werden, wenn das Frühjahr tatsächlich Einzug gehalten hat und kein Frost mehr zu erwarten ist. Wärme liebende Obstgehölze sind etwa Pfirsich, Aprikose, Nektarine und Quitte.

> **Praxistipp**
>
> **Obstbäume stützen**
> Ist der Obstbaum gepflanzt, wird er mit einem Kokosstrick am Stützpfahl festgebunden. Schlingen Sie den Strick in Form einer Acht um den Pfahl und den Baumstamm. Achten Sie darauf, dass der Strick nie so eng gebunden wird, dass er am Stamm scheuert.

Pflanzschnitt durchführen

Frisch gepflanzte ballenlose Obstbäume benötigen, solange sie ohne Laub sind, einen Pflanzschnitt. Dabei werden die Triebe um etwa ein Drittel ihrer Länge gekürzt. Der Pflanzschnitt hat den Sinn, dass die wenigen vorhandenen Wurzeln die Versorgung bewältigen können.

Früchte entfernen

Für junge, frisch gepflanzte Obstbäume ist es wichtig, dass sie ihre ganze Kraft in die Entwicklung von Krone und Wurzeln stecken. Deshalb sollten sie im ersten Jahr keine Früchte tragen. Entfernen Sie bereits im Vorfeld alle Fruchtansätze.

Obstbäume düngen

Da Wachstum, Blüte und Fruchtbildung die Obstbäume viel Kraft kostet, sind sie auf eine regelmäßige Nährstoffversorgung angewiesen. Bringen Sie vor dem Austrieb im zeitigen Frühjahr rings um den Baum auf die so genannte Baumscheibe organischen Dünger auf. Decken Sie den Dünger mit einer Mulchschicht aus Stroh, Gras oder Rinde ab. Diese hält den Boden feucht und schützt vor Unterwuchs.

Beliebte Obstbäume

Erntezeit	Wuchsform
Apfel *(Malus silvestris)* Juli bis November	Hochstamm, Halbstamm oder Buschbaum
Aprikose *(Prunus armeniaca)* Juli bis August	in der Regel Buschbaum
Birne *(Pyrus communis)* Juli/August bis Oktober	Hochstamm, Halbstamm oder Buschbaum
Pfirsich *(Prunus persica)* Juni bis September	Buschbaum oder Halbstamm
Pflaume *(Prunus domestica)* August bis Oktober	Hochstamm, Halbstamm oder Busch
Quitte *(Cydonia oblonga)* September bis Oktober	Buschbaum
Sauerkirsche *(Prunus cerasus)* Mitte Mai bis Juli	Hochstamm, Halbstamm oder Buschbaum
Süßkirsche *(Prunus avisum)* Mai bis Juli	Hochstamm oder Halbstamm

Obstbäume nicht mehr schneiden

Im März setzen meist mildere Temperaturen und damit auch der Saftfluss der Obstbäume ein. Jetzt sollten Sie die Bäume nicht mehr schneiden, da Schnittstellen dann sehr stark „bluten". Dadurch verlieren die Pflanzen unnötig an Kraft und es gehen Nährstoffe verloren.

Obstbäume vor Schädlingen schützen

Sauerkirschen

Um Kirschbäume vor drohendem Moniliabefall zu schützen, der Blüteninfektion und Fruchtfäule zur Folge hat, sollten Sie die Pflanzen während der Blütezeit mit entsprechende Fungiziden behandeln.

Äpfel

Untersuchen Sie Ihre Apfelbäume auf Apfelmehltau. Befallene Triebspitzen, Blätter und Blüten sollten Sie sofort entfernen. Um dem Mehltau vorzubeugen, ist auf eine ausgewogene Düngung zu achten. Ist der Stickstoffgehalt im Boden zu hoch, führt das zu mastigem Zellgewebe mit besonderer Anfälligkeit für Apfelmehltau.

Pflaumen und Äpfel

Die Maden des Pflaumen- und Apfelwicklers schädigen durch Fraß die Früchte. Hängen Sie zum Schutz vor diesen Nahrungskonkurrenten im Mai entsprechende Klebefallen in die Bäume. So werden die männlichen Falter gefangen und der Befall reduziert.

Obstbäume gießen

Wenn im Mai die Temperaturen bereits hochsommerlich werden oder das Frühjahr insgesamt sehr trocken ausfällt, sollten Sie darauf achten, dass Ihre Obstbäume nicht dursten. Junge, frisch gepflanzte Bäume brauchen die Feuchtigkeit, um gut anwachsen zu können, ältere Exemplare, damit sie gesunde Früchte hervorbringen. Vor allem Obstbäume an Hauswänden sind von Austrocknung gefährdet.

Fruchtansatz verbessern

Es gibt vielfältige Gründe, warum die Fruchtbildung bei Obstbäumen unterbleibt oder unbefriedigend ist. So sind beispielsweise keine geeigneten Bestäubungspartner in der Nähe. Möglicherweise ist die Attraktivität der Blüten auf Insekten nicht ausreichend. Oder zur Blütezeit der Obstbäume findet kein Bienenflug statt, weil es zu nass oder zu kalt ist. Sie können sich dadurch behelfen, dass Sie blühende Zweige eines geeigneten Bestäubungspartners in einem mit Wasser gefüllten Gefäß unter den Baum stellen oder im Baum befestigen. Achten Sie außerdem darauf, den Garten so zu bewirtschaften, dass sich dauerhaft Insekten dort aufhalten können.

Beerenobst

Wer nascht nicht gerne im Vorübergehen von appetitlich leuchtenden roten Erdbeeren oder Johannisbeeren? Beeren sind nicht nur schmackhaft, son-

Blühender Apfelbaum

Reife Johannisbeeren im Sommer

dern mit ihren kräftigen Farben, die mit dem grünen Laub reizvoll kontrastieren, auch ein hübscher Anblick. Überdies sind sie pflegeleicht, brauchen wenig Platz und können auch in kleinen Gärten angepflanzt werden.

Beerenobst pflanzen

Zur Ergänzung Ihres Obstgartens sollten Sie unbedingt Beerensträucher pflanzen. Die optimale Pflanzzeit ist, wie auch bei allen anderen Laubgehölzen, das Frühjahr, bevor der Austrieb beginnt und die Blätter sich entfalten.

Planung

Beeren gehören zu den ersten Früchten im Garten, die geerntet werden können. Die farbenfrohen Früchte bieten zudem einen optischen Blickfang im Garten. Doch bei aller Begeisterung für das selbst gezogene Obst sollten Sie dennoch vor der Pflanzung abwägen, wie viel Obst Sie bewältigen können.

Wenn Sie bereits Obstbäume in Ihrem Garten haben, lassen sich diese gut mit einigen, aber nicht zu vielen Beerensträuchern ergänzen. Beerensträucher stehen günstig an Randlagen und schützen dort vor neugierigen Blicken. Bei der Auswahl der Beerensträucher sollten Sie darauf achten, möglichst robuste und gegen die typischen Pflanzenkrankheiten weitgehend widerstandsfähige Sorten zu wählen.

Pflanzen

Nach Abschluss der Bodenvorbereitung, die im Auflockern und gegebenenfalls in der Bodenverbesserung besteht, können die Beerensträucher gepflanzt werden. Die Pflanzgrube sollte doppelt so breit und tief sein wie der Wurzelballen des zu pflanzenden Gewächses. Der gewässerte Strauch wird vorsichtig in die Grube eingesetzt, ohne die Wurzeln zu knicken oder zu verbiegen. Wie bei allen Pflanzen ist darauf zu achten, dass die Oberkante des Wurzelballens mit der Bodenoberfläche abschließt. Nach dem Auffüllen der Pflanzgrube mit Erde wird diese festgetreten und gründlich gegossen.

Pflanzschnitt

Bei ballenlosen Beerensträuchern ist wie bei allen anderen Gehölzen ein Pflanzschnitt notwendig. Dieser hat den Zweck, dass die wenigen vorhandenen Wurzeln eine möglichst bescheidene Pflanze versorgen müssen und ihre Kraft auf das Anwachsen konzentrieren können. Kürzen Sie daher die Triebe um etwa ein Drittel.

Beerenobst für den heimischen Garten

Erntezeit	Wuchsform	Standort	Bodenvoraussetzung
Brombeere *(Rubus fruticosus)*			
ab Juli/August	rankend und aufrecht wachsend	sonnig	guter Gartenboden, der auch etwas trocken und sandig sein kann
Erdbeere *(Fragaria ananassa)*			
ab Mai/Juni	ausläufertreibende und nicht ausläufertreibende Sorten	sonnig	lockerer, humoser, nährstoffreicher Boden
Heidelbeere *(Vaccinium corymbosum)*			
Juli/August	Strauch	sonnig	saurer, kalkarmer Boden mit pH-Werten von 3,5 bis 5 (Moorbeetpflanze)
Himbeere *(Rubus idaeus)*			
Juli bis August	rankende und aufrechtwachsende Sorten	halbschattig, feuchter	nährstoffhaltiger, etwas lehmhaltiger Boden
Johannisbeere *(Ribes)*			
Juni bis August	Strauch oder Hochstamm	sonnig	lockerer, leicht saurer Boden
Stachelbeere *(Ribes uva-crispa)*			
ab Juni	Strauch oder Hochstamm	sonnig	kalkhaltiger, ausreichend feuchter, humoser Boden

Mit Netz überspannen

Viele Beeren ziehen Vögel an, die Ihnen Ihre Ernte streitig machen. Das gilt vor allem für Früchte mit leuchtend roten Farben wie Johannisbeeren. Um zu verhindern, dass für Sie nichts mehr übrig bleibt, sollten Sie nach der Blüte feinmaschige Netze über die Sträucher spannen, die im Fachhandel erhältlich sind.

Beerensträucher gießen

Ebenso wie die Obstbäume sollten Sie Beerensträucher bei sehr trockener Witterung im Frühjahr regelmäßig gießen. Das gilt vor allem für die jungen, frisch gepflanzten Sträucher, damit sie gut anwachsen können. Jedoch auch ältere Exemplare brauchen ausreichend Feuchtigkeit, um gesunde Früchte hervorbringen zu können.

Beerensträucher mulchen

Um die Feuchtigkeit im Boden zu halten, sollten Sie die ausreichend gewässerten Beerensträucher mit einer Mulchschicht versehen. Diese kann aus Stroh, Gras oder Rinde bestehen.

Erdbeeren pflegen

Erdbeeren, die nicht zu den Sträuchern, sondern zu den Stauden gerechnet werden, sind im Sommer zu pflanzen. Im Frühjahr sind sie nach dem Überwintern froh über ein bisschen Zuwendung und Pflege. Es empfiehlt sich, Erdbeeren mit Stroh oder Rinde zu unterlegen. Dadurch verhindern Sie zum einen die Austrocknung des Bodens, zum anderen das Faulen der empfindlichen Früchte durch den ständigen Kontakt mit dem feuchten Boden. Zum Abdecken geeignet sind auch spezielle, im Fachhandel erhältliche perforierte Folien.

Ausläufer von Erdbeeren abtrennen

Erdbeeren bilden Ausläufer, die sich über den Boden ausbreiten und Jungpflanzen entwickeln. Diese sollten Sie mit einem scharfen Messer abtrennen, denn sie nehmen der Mutterpflanze zu viel Nahrung weg, die sie zur Entwicklung der Früchte benötigt.
Wollen Sie jedoch Nachwuchs heranziehen, lassen Sie an einigen Pflanzen die Ausläufer wachsen. Entfernen Sie jedoch an diesen Pflanzen die Blüten bzw. Früchte, damit sie die ganze Kraft an die Jungpflanze abgeben können. Trennen Sie dann die bewurzelte Jungpflanze von der Mutterpflanze ab und setzen Sie sie in ein vorbereitetes Beet.

Himbeertriebe zurückschneiden

Entwickeln sich an einem Himbeerstrauch zu viele neue Triebe, sollte man einige entfernen. Die Pflanze gibt sonst zu viel Kraft an die Entwicklung der Triebe und vernachlässigt die Früchte. Ein weiterer Nachteil besteht darin, dass der Strauch zu dicht wird, d. h. die Ruten stehen zu eng, so dass die Früchte weniger Sonne abbekommen und nicht gut reifen. Die einzelnen Ruten werden außerdem weniger gut belüftet und sind entsprechend anfälliger für Pilze und Pflanzenkrankheiten.

Beerenobst vor Krankheiten und Schädlingen schützen

Himbeerkäfer

Die bisweilen in den Himbeeren anzutreffenden Maden, die einem den Appetit an den schmackhaften Früchten sehr schnell verleiden können, sind die Nachkommen des Himbeerkäfers, der ab Mai sein Unwesen treibt. Abhilfe gegen den lästigen Schädling können Sie dadurch schaffen, dass Sie in den kühlen Morgenstunden im Mai die Himbeerruten abklopfen.

Blattfallkrankheit

Diese Pilzkrankheit, die in erster Linie rote und weiße Johannisbeeren, jedoch auch Stachelbeeren befällt, zeigt sich Anfang Mai durch sehr kleine, bräunlich-schwarze Flecken an den Blättern im unteren Bereich des Strauches, die sich bei feucht-warmer Witterung explosionsartig ausbreiten und zu frühzeitigen Blattverlust führen. Achten Sie bei Neupflanzungen auf widerstandsfähige Sorten. Ist der Strauch bereits befallen,

Himbeertriebe zurückschneiden

Gärtnertipp

Containerpflanzen
Sie erhalten Beerensträucher auch als Containerpflanzen.
Bei diesen sind Sie nicht auf die übliche Pflanzzeit im Frühjahr und Herbst angewiesen. Sie können Containerpflanzen das ganze Jahr über in die Erde einsetzen, mit Ausnahme von Frostzeiten.
Vergessen Sie nicht, die Container beim Pflanzen zu entfernen. Containerpflanzen brauchen im Gegensatz zu Beerensträuchern mit losen Wurzeln keinen Pflanzschnitt.

entfernen Sie die kranken, abgefallenen Blätter so rasch wie möglich, um eine neue Infektion im kommenden Jahr zu verhindern bzw. einzuschränken.

Amerikanischer Stachelbeermehltau
Diese Pilzkrankheit kann neben Stachelbeeren auch schwarze Johannisbeeren befallen. Untersuchen Sie die Blätter auf mehligen Belag hin, der sie schon beim Austrieb überzieht. In der Folge sind die Beeren bereits im unreifen Zustand mit einem weißlichen Pilzrasen überzogen und sind ungenießbar. Achten Sie bei der Wahl der Stachelbeer- und Johannisbeersträucher auf mehltauresistente Sorten. Vermeiden Sie eine stickstoffbetonte Düngung, die das Eindringen des Pilzes fördert.

Gemüse

Der Anbau von Gemüse im eigenen Garten bietet vielerlei Vorteile: Vom Frühsommer bis zum Herbst können Sie voll ausgereiftes Gemüse taufrisch ernten. Dieses zeichnet sich durch ein ausgeprägtes Aroma und einen hohen Vitamingehalt aus.

Bodenvorbereitung

Die ideale Sä- und Pflanzzeit für Gemüse ist das Frühjahr. Bevor Sie zur Tat schreiten können, müssen Sie jedoch den Boden vorbereiten, damit die Samen bzw. die Jungpflanzen ideale Bedingungen vorfinden. Im günstigsten Fall haben Sie den Boden bereits im Herbst vom Unkraut befreit, tiefgründig gelockert und abschließend gemulcht. Wenn Sie dann im Frühjahr die Mulchschicht entfernen, ist die Erde darunter sä- bzw. pflanzbereit. Alternativ können Sie den Boden allerdings auch erst im Frühjahr bearbeiten, sobald er gut abgetrocknet und schon ein bisschen erwärmt ist. Er sollte dann, wie im Herbst, vom Unkraut befreit und tiefgründig gelockert werden. Zur Aktivierung des Bodens mischen Sie reifen Kompost unter, den Sie oberflächlich einharken. Das auf diese Weise entweder im Herbst oder Frühjahr vorbereitete Beet gilt es nun erneut zu lockern. Verwenden Sie dazu einen Sauzahn, den Sie in diagonalen Linien durch die Erde ziehen. Krümeln Sie dann die Erde mit einer Hacke fein und glätten Sie sie abschließend mit einem Rechen.

Stachelbeermehltau auf reifen Früchten

Gemüsebeet planen

Da im Gemüsebeet zahlreiche, teils stark zehrende Pflanzen auf engem Raum gezogen werden, ist das Einhalten einer Fruchtfolge sinnvoll. Das Prinzip besteht darin, dass sich auf ein und dem selben Beet die Gemüsearten abwechseln. Dazu ist ein planvolles Vorgehen notwendig: An der Stelle des Beetes, an der in einem Jahr stark zehrende Gemüse, in der Regel Kreuzblütler, gedeihen, folgen im anderen Jahr weniger stark zehrende Wurzelgemüse oder Blattgemüse, auf diese folgen im dritten Jahr stickstoffsammelnde Gemüse mit geringem Nährstoffbedarf, die zumeist zur Familie der Schmetterlingsblütler gehören.
Um das Beet sinnvoll zu nutzen, ist es in drei Flächen aufgeteilt. Die Gemüse mit den verschiedenen Nährstoffansprüchen „rutschen" jedes Jahr um eine Fläche weiter. Man spricht entsprechend von erster, zweiter und dritter Folge: Die Gemüse der ersten Folge sind die stark zehrenden Arten, die der zweiten Folge die weniger stark zehrenden und die der dritten Folge die Stickstoffsammler, die mit sehr wenig Nährstoffen auskommen.

Praxistipp

Boden schützen
Bevor Sie mit der Aussaat ins Beet beginnen, sollten Sie Bretter auslegen. Diese dienen dem Schutz des Bodens, damit er durch das Begehen und dem Befahren mit dem Schubkarren nicht unnötig verdichtet.
Durch das Auslegen der Bretter können Sie die Beete leichter bearbeiten und behalten obendrein noch saubere Schuhe.

Gemüse direkt aussäen

Saatrillen ziehen
Zahlreiche Gemüsearten können im Frühjahr sogleich ins Freiland gesät werden. Zu diesem Zweck ziehen Sie über das vorbereitete Beet Saatrillen. Sie können die Saatrillen ganz exakt an einer Schnur entlang ziehen. Die Tiefe der Rillen und den Abstand zwischen den Rillen entnehmen Sie den Herstellerangaben auf der Samentüte.

Samen ausstreuen

Säen Sie nun aus, indem Sie die Samen gleichmäßig in die Rillen streuen. Drücken Sie die Samen mit der Hand oder dem Rücken des Rechens leicht an. Geben Sie dann über die Saatreihen eine dünne Schicht Erde oder Kompost, die Sie behutsam festklopfen. Für die Höhe der Erdschicht gibt es eine einfache Regel: Bedecken Sie die Samen so hoch mit Erde, wie sie selbst dick sind. Nun sollten Sie das Beet gründlich angießen. Benutzen Sie dazu am besten temperiertes Wasser und eine feine Brause, mit der Sie das Beet berieseln. Ein zu starker Wasserstrahl birgt die Gefahr, die Samen wieder auszuschwemmen. Halten Sie den Boden auch in der Folgezeit gut feucht, bis sich mit den ersten grünen Blättchen der Keimerfolg zeigt.

Ausdünnen

Sobald die Sämlinge herangewachsen sind, ist es notwendig, sie auszudünnen. Lässt man sie zu dicht stehen, können sie sich nicht kräftig genug entwickeln und bringen eine nur magere Ernte. Zwischen den Pflanzen sollten daher etwa 15 Zentimeter Platz sein, bei ausladenderen Exemplaren auch mehr. Beim Ausdünnen gehen Sie so vor, dass Sie sich die kräftigen Sämlinge aussuchen und diese behalten. Die übrigen rupfen Sie aus oder knipsen Sie ab. Sie können sie, falls Platz ist, auch in andere Bereiche Ihres Gartens umpflanzen.

Gärtnertipp

Aussaat kennzeichnen

Vergessen Sie nicht, die Aussaat mit Namensschildern zu versehen, denn auch nach dem Aufgehen der Saat sind die verschiedenen Gemüsesorten nicht unbedingt zu erkennen.

Gemüsearten, die sich zur Direktaussaat eignen

Aussaat	Ernte	Fruchtfolge
Blumenkohl *(Brassica oleracea var. botrytis)*		
April bis Anfang Mai	Juli/August bis September	erste Folge
Brokkoli *(Brassica oleracea var. italica)*		
ab Mitte Mai	Juni/Juli bis Oktober	erste Folge
Buschbohnen *(Phaseolus vulgaris var. nanus)*		
ab Mai	Juli bis September	dritte Folge
Feuerbohnen *(Phaseolus coccineus)*		
ab Mai	Juni bis September	dritte Folge
Gurken *(Cucumis sativus)*		
ab Mai	Juli/August bis September	erste Folge
Kohlrabi *(Brassica oleracea var. gongylodes)*		
ab April	Mai/Juni bis Oktober	erste Folge
Kopfsalat *(Lactuca sativa var. capitata)*		
ab Mitte März	acht bis zehn Wochen nach der Aussaat	zweite Folge
Küchenzwiebeln *(Allium cepa)*		
Mitte März bis Mitte April	September/Oktober	zweite Folge
Lauch *(Allium porrum)*		
ab April	Oktober bis Dezember	zweite Folge
Möhren *(Daucus carota ssp. Sativus)*		
ab März	Juli bis Oktober	zweite Folge
Radieschen *(Raphanus sativus var. sativus)*		
ab Mitte März	ab Mai bis Oktober	zweite Folge
Rettich *(Raphanus sativus var. nigra)*		
Ende März bis Mitte Mai	ab Mitte Mai	zweite Folge
Spinat *(Spinacia oleracea)*		
März bis Mai	Mai bis September	zweite Folge
Stangenbohnen *(Phaseolus vulgaris var. vulgaris)*		
ab Mai	Juli bis Oktober	dritte Folge
Wirsing *(Brassica oleracea var. capitata f. alba)*		
ab April	ab Mai	erste Folge
Zuckererbsen *(Pisum sativum convar. axiphium)*		
März bis Juni	Mai bis September	dritte Folge

Pflanztipp

Samenbänder
Das manchmal etwas mühselige Säen lässt sich mit so genannten Samenbändern vereinfachen. Diese sind im Fachhandel erhältlich. Wie herkömmliche Samen kommen auch die Samenbänder in Rillen und werden etwa einen Zentimeter hoch mit Erde bedeckt. Der einzige Nachteil ist der relativ hohe Preis.

Anzucht von Gemüse

Nicht alle Gemüsesorten vertragen es, gleich ins Freiland ausgesät zu werden. Die empfindlicheren Arten sollten erst vorgezogen werden, bevor sie ins Freie gepflanzt werden. Die Anzucht hat noch einen weiteren Zweck. Viele Gemüsesorten werden vorgezogen, obwohl man sie direkt ins Freie aussäen könnte. Unter Glas bzw. Folie oder im Zimmer kann man sie jedoch zu einem früheren Zeitpunkt aussäen als im Freien. Dadurch erreicht man einen Wachstumsvorsprung, der frühere Ernten und damit früheren Gemüsegenuss zur Folge hat.

Anzucht unter Glas

Für eine Anzucht unter Glas benötigen Sie ein so genanntes Frühbeet. Einen Frühbeetkasten können Sie entweder selber bauen oder sich im Fachhandel besorgen. Der Frühbeetkasten ist mit einem Glasdeckel versehen, unter dem sich der Boden rascher erwärmt und der die Wärme festhält. Auf diese Weise entsteht ein temperierter Raum, in dem Sie Gemüsearten für eine bis zu vier Wochen frühere Ernte oder sehr kälteempfindliche Gemüse aussäen können. Platzieren Sie das Frühbeet an der sonnigsten Stelle des Gartens. Der Glasdeckel sollte nach Süden oder Südwesten geneigt sein.
Füllen Sie den Kasten mit guter Erde, der Sie Kompost mit etwas Sand, Steinmehl und Rindenhumus beimischen. Die Aussaat sollte regelmäßig gegossen werden. Zum Schutz vor Austrocknung und unliebsamen Unkräutern sollten Sie den Boden zudem mulchen. Sobald die Saat aufgegangen ist, beginnen Sie, regelmäßig den Glasdeckel für eine gewisse Zeit zu öffnen. Lüften schützt die Pflanzen vor Krankheiten und Schädlingsbefall. Sie sollten den Deckel am Nachmittag wieder rechtzeitig schließen, um einem Wärmeverlust vorzubeugen. Wenn Sie das Frühbeet bereits im zeitigen Frühjahr nutzen, sollten Sie zum Schutz vor Nachtfrösten rings um den Kasten Laub oder Stroh aufschichten. Auch Bretter oder Schilfmatten, die Sie auf den Glasdeckel legen, schützen in sehr kalten Nächten. Um die Sämlinge auf das Auspflanzen ins Freie vorzubereiten, beginnen Sie das Lüften auch auf die Nacht auszudehnen. Dazu sollten die Nächte jedoch frostfrei sein. Die gut abgehärteten Pflanzen werden dann in die Beete umgepflanzt.

Anzucht unter Folie

Eine Alternative zum Frühbeet ist ein Folientunnel, der als wärmendes Dach über jedes normale Beet gestülpt werden kann und im Fachhandel erhältlich ist. Der Folientunnel bringt einen Wachstumsvorsprung und eine entsprechend frühere Ernte von etwa zwei Wochen.

Anzucht auf der Fensterbank

Auch die warme Fensterbank eignet sich zur Vorkultur. Sie benötigen dazu Aussaatgefäße, die mindestens 2,5 Zentimeter tief sind und Abzugslöcher aufweisen. Um eine gute Drainage zu gewährleisten, decken Sie die Abzugslöcher mit Scherben eines zerbrochenen Tontopfes ab, füllen etwas Sand ein und darüber gute Aussaaterde. Darauf streuen Sie den Samen nicht zu dicht aus, bedecken ihn mit einer feinen Schicht Erde und drücken die Oberfläche leicht an. Abschließend besprühen Sie die Aussaat mit einem Wasserzerstäuber. Halten Sie die Erde auch in der Folgezeit gleichmäßig feucht. Damit die Aussaat nicht austrocknet, sollten Sie sie mit Folie abdecken oder eine Plastiktüte überstülpen. Sobald sich die ersten Blätter entwickelt haben und sie so groß sind, dass man sie mit zwei Fingern fassen kann, werden sie vereinzelt. Dazu nehmen Sie die Pflänzchen Stück für Stück aus dem Aussaatgefäß und setzen Sie mit ausreichendem Abstand in Töpfe oder Kisten um, wo sie kompakte Wurzelbal-

Salate im Frühbeet

len bilden. Die Pflänzchen sollen zwar ungehindert wachsen können, dennoch sollte der Abstand zu den Nachbarpflanzen nicht zu groß gewählt werden, da dies die Entwicklung verzögert. Bevor Sie die Pflänzchen ins Freiland umpflanzen, sollten Sie sie schrittweise ans Freie gewöhnen, indem Sie das Zimmer häufig lüften, dann die Pflanzen tagsüber ins Freie tragen und sie schließlich Tag und Nacht im Freien lassen. Sobald sich die Pflänzchen vollständig akklimatisiert haben, pflanzen Sie sie aus.

Jungpflanzen pflanzen

Der Handel hält im Frühjahr ein großes Sortiment an Jungpflanzen bereit, darunter auch zahlreiche Gemüsepflänzchen. Wenn Ihnen die Aussaat und Anzucht zu mühsam sind, können Sie auf diese zurückgreifen und in Ihr Beet einpflanzen.

Kartoffeln anbauen

Wenn man ausreichend Platz hat, kann man den Kartoffelanbau in Erwägung ziehen. Kartoffeln werden schon ab Mitte Juni geerntet; eine Pflanze ergibt etwa ein Kilogramm Kartoffeln. Abgesehen vom Ernteertrag haben Kartoffeln zudem einen positiven Nebeneffekt: Das dichte Laub der Kartoffeln unterdrückt das Nachwachsen des Unkrauts und nach dem Klauben lassen sie einen wunderbar lockeren Boden zurück. Da sie schon so früh das Beet räumen, steht der gut gelockerte Boden für weiteres Gemüse zur Verfügung. Kartoffeln werden nicht aus Samen gezogen. Vielmehr besorgt man sich Saatkartoffeln, die man vorkeimt und ins Beet setzt. Diese sollten Sie bereits ab Januar vorgekeimt haben, damit Sie sie in der ersten Aprilhälfte ins Freiland pflanzen können. Setzen Sie jede Knolle mit den Keimen nach oben etwa zehn Zentimeter tief in die Erde. Der Abstand zwischen den Knollen sollte etwa 40 Zentimeter betragen, der zwischen den Reihen etwa 70 Zentimeter. Haben die Pflanzen eine Höhe von 15 Zentimetern erreicht, häufeln Sie sie mit Erde an.

Gemüse, das vorgezogen werden sollte

Aussaat	Ernte	Fruchtfolge
Blumenkohl *(Brassica oleracea var. botrytis)*		
März	Juli bis September	erste Folge
Brokkoli *(Brassica oleracea var. italica)*		
ab März	Juni bis Oktober	erste Folge
Fenchel *(Foeniculum vulgare var. azoricum)*		
ab März/April	Oktober	zweite Folge
Gurken *(Cucumis sativus)*		
Ende März	Juli bis September	erste Folge
Grünkohl *(Brassica oleracea var. sabellica)*		
ab April	ab September	erste oder zweite Folge
Kohlrabi *(Brassica oleracea var. gongylodes)*		
ab März	Mai bis Oktober	erste Folge
Kürbis *(Cucurbita pepo)*		
März/April	Juli bis Oktober	erste Folge
Lauch *(Allium porrum)*		
März	Juli/August	zweite Folge
Melonen *(Cucumis melo)*		
April	August bis September	erste Folge
Rote Bete *(Beta vulgaris var. conditiva)*		
April	Juni bis September	zweite Folge
Tomaten *(Solanum lycopersicum)*		
März	August bis Mitte Oktober	erste oder zweite Folge
Zucchini *(Cucurbita pepo var. giromontiina)*		
April	Ende Juni bis Anfang Oktober	erste Folge

Unkraut bekämpfen

Unkräuter sind Konkurrenten zu den Nutzpflanzen und nehmen diesen Licht, Wasser und Nahrung weg. Daher müssen sie bekämpft werden. Beachtet man einige Regeln, ist die Unkrautbekämpfung nicht mehr ganz so mühselig: Zur Vorbeugung ist es sinnvoll, den Boden zu mulchen. Wenn Sie Ihr Gemüse in Reihen ausgesät haben, tun Sie sich leichter, die Nutzpflanzen von den Unkräutern zu unterscheiden. Die unerwünschten Pflanzen sollten so früh wie möglich entfernt werden. Sie lassen sich dann leichter herausziehen und haben noch wenig Schaden angerichtet.

Es ist sinnvoll, nach einem Regen Unkraut zu jäten, da sich die unliebsamen Pflanzen dann leichter lösen lassen.

Handelt es sich um tiefwurzelnde Unkräuter wie etwa Löwenzahn oder Distel, müssen Sie beim Jäten sehr sorgfältig vorgehen, damit keine Wurzelreste im Boden bleiben und sie sich immer wieder ausbreiten.

Kräuter

Küchenkräuter sollten in keinem Garten fehlen. Die aromatischen Pflanzen stellen nur wenig Ansprüche an Standort, Boden und Pflege, haben aber einen umso höheren Nutzen, sind sie doch eine Bereicherung nicht nur im Garten, sondern vor allem in der Küche. So sollten die würzigen Gewächse auch möglichst nahe am Haus angebaut werden, damit der Weg von Küche zu Kräutergarten möglichst kurz ausfällt. Das Frühjahr als die typische Sä- und Pflanzzeit ist auch für die Aussaat und Pflanzung von Kräutern der optimale Zeitpunkt.

Kräuter direkt aussäen

Der Boden, in den Sie die Kräuter aussäen wollen, sollte von Unkraut befreit, gelockert und mit dem Rechen geglättet sein (s. S. 48; Bodenvorbereitung Gemüse). Die Bodenansprüche der Kräuter sind relativ bescheiden. Normale Gartenerde, leicht kalkhaltig und mäßig feucht, ist optimal. Kräuter gedeihen jedoch auch auf trockenem, mageren Boden. Ideal ist ein sonniger Standort. Streuen Sie die Samen in Saatrillen, die

Lavendel pikieren

Kräuter, die sich zur Direktaussaat eignen

Aussaat	Ernte	Lebensdauer	Höhe
Beifuß *(Artemisia vulgaris)*			
April	Juli bis Oktober	mehrjährig	100 bis 150 cm
Borretsch *(Borago officinalis)*			
März bis April	den ganzen Sommer über	einjährig	40 bis 50 cm
Dill *(Anethum graveolens)*			
März und Mai	Juni bis September	einjährig	60 bis 100 cm
Estragon *(Artemisia dracunculus)*			
März/April	den ganzen Sommer über	mehrjährig	100 bis 120 cm
Koriander *(Coreandrum sativum)*			
April	Juli/August	einjährig	40 bis 60 cm
Kresse *(Lepidium sativum)*			
ab März	drei bis vier Wochen nach Aussaat	einjährig	10 cm
Kümmel *(Carum carvi)*			
ab März	Juni bis August	zweijährig	100 bis 150 cm
Oregano *(Origanum vulgare)*			
ab Mai	im Juni vor der Blüte	mehrjährig	50 cm
Petersilie *(Petroselinum crispum)*			
März bis Mai	den ganzen Sommer über	zweijährig	30 cm
Majoran *(Origanum majoranum)*			
ab April	Juni/Juli	einjährig	20 bis 30 cm
Thymian *(Thymus vulgaris)*			
ab April	Juni bis August	mehrjährig	20 bis 30 cm
Schnittlauch *(Allium schoenoprasum)*			
ab April	das ganze Jahr über	mehrjährig	40 bis 60 cm
Zitronenmelisse *(Melissa officinalis)*			
April/Mai	den ganzen Sommer über	mehrjährig	60 bis 70 cm

Sie vorher gezogen haben. Geben Sie über die Samen eine dünne Schicht Erde, die Sie behutsam festklopfen. Gießen Sie das Beet gründlich an. Benutzen Sie dazu nicht den Wasserstrahl, sondern eine feine Brause, damit die Samen nicht wieder ausgeschwemmt werden. Vergessen Sie nicht, die Aussaat mit Namensschildern zu versehen.

Sobald die Sämlinge herangewachsen sind, werden sie ausgedünnt. Zwischen den Pflanzen sollte ein Abstand von 15 Zentimetern sein, bei ausladenderen Exemplaren auch mehr. Beim Ausdünnen wählen Sie die kräftigen Sämlinge aus und behalten diese. Die übrigen werden ausgerupft oder abgeknipst.

Kräutergarten mit Beschilderung

Kräuter vorkultivieren

Einige empfindliche Kräuter können nicht gleich direkt ausgesät, sondern müssen vorkultiviert werden. Sie werden erst als Jungpflanzen ins Freie gesetzt. Der Zeitpunkt zum Auspflanzen ist zumeist erst nach den Eisheiligen. Die Vorkultur findet entweder im Frühbeet (unter Glas), unter einem Folientunnel oder auf der Fensterbank statt (s. S. 50). Bevor Sie die Sämlinge nach draußen pflanzen, sollten Sie sie gut auf die Temperaturen im Freien vorbereiten. Stellen Sie die Pflänzchen stundenweise nach draußen, öffnen Sie den Deckel des Frühbeets und schlagen Sie die Folie des Folientunnels zurück. Weiten Sie den Aufenthalt im Freien immer mehr aus, bis die Sämlinge soweit akklimatisiert sind, dass sie den Umzug ins Freie schadlos überstehen.

Pflanzen von Jungpflanzen

Eine Reihe der in der heimischen Küche oft genutzten Kräuter stammen aus wärmeren Regionen. Die Anzucht aus Samen gestaltet sich daher problematisch, wenn nicht gar unmöglich. In diesen Fällen sollten Sie auf das reiche Sortiment an Jungpflanzen zurückgreifen, das der Fachhandel bereithält. Diese sind preiswert und von guter Qualität und Sie ersparen sich viel Mühen und möglicherweise auch Enttäuschung, falls die Anzucht ohne Erfolg bleibt. Wenn Ihnen die Anzucht grundsätzlich zu mühsam und arbeitsintensiv ist, können Sie natürlich auch bei den heimischen Kräutern auf Jungpflanzen aus dem Handel zurückgreifen. Reicht Ihnen von einem bestimmten Kraut eine Pflanze aus, ist es ebenfalls sinnvoller, diese als Jungpflanze zu kaufen. Denn bei der Aussaat erhalten Sie immer mehrere Exemplare.

Gärtnertipp

Wärmespeicher für Kräuterbeete
Die meisten Kräuter sind wärmeliebend und gedeihen besonders gut an sonnigen Standorten. Um die Wärme auch über den Tag hinaus im Kräuterbeet zu halten, können Sie große Steine im Beet verteilen. Diese speichern tagsüber die Wärme und geben sie ab, sobald die Umgebung abzukühlen beginnt. Die nützlichen Steine sind darüber hinaus auch ein schöner Blickfang.

Kräuter düngen

Meist sind die Kräuter mit einem gut vorbereitetem Boden vollauf zufrieden und gedeihen gut. Der weitere Nährstoffbedarf ist gering. Es genügt in der Regel, jedes Jahr im Frühjahr organischen Dünger auszubringen. Dafür eignen sich neben Kompost vor allem Hornspäne und Horn-Knochenmehl. Es gibt jedoch auch Kräuter, die nicht gedüngt werden sollten. Dazu gehören Beifuß, Bohnenkraut, Johanniskraut, Kamille, Pimpinelle und Schafgarbe.

Kräuter, die vorkultiviert werden sollten

Aussaat	Ernte	Lebensdauer	Höhe
Basilikum *(Ocimum basilicum)*			
März	Juni bis September	einjährig	30 bis 60 cm
Bohnenkraut *(Satureja)*			
März	Juni bis September	einjährig	30 bis 40 cm
Lavendel *(Lavandula officinalis)*			
März	Juni bis August	mehrjährig	50 bis 60 cm
Liebstöckel *(Levisticum officinale)*			
März	Juli/August	mehrjährig	200 cm und mehr
Rosmarin *(Rosmarinus officinalis)*			
März	das ganze Jahr über	mehrjährig	50 bis 80 cm
Salbei *(Salvia officinalis)*			
ab April	Mai/Juni	mehrjährig	40 bis 60 cm

Gartenkalender von März bis Mai

Bodenbearbeitung	
Pflege	• Beete vorbereiten: Boden lockern, glatt rechen • Mulchschichten entfernen
Ziergarten	
Aussaat	• Stauden aussäen (Direktaussaat und Vorkultur) • Einjährige Sommerblumen aussäen (Direktaussaat und Vorkultur) • Neurasen aussäen, an kahlen Stellen nachsäen • Balkonbepflanzung aussäen
Pflanzung	• Gehölze pflanzen • Rosen pflanzen • Stauden und Gräser pflanzen • Sommerblühende Zwiebel- und Knollenpflanzen pflanzen • Sommerblumen pflanzen • Frühlingszwiebelblumen, zweijährige Sommerblumen, Balkonsträucher, Nutzpflanzen auf Balkon oder Terrasse pflanzen • Sumpf- und Wasserpflanzen auspflanzen
Vermehrung	• Nadelgehölze durch Aussaat vermehren • Stauden und Gräser durch Stecklinge und Teilung vermehren
Pflege	• Pflanzschnitt für frisch gepflanzte, ballenlose Gehölze • Rückschnitt an Gehölzen bei Frostschäden, Verjüngungsschnitt für frühlingsblühende Gehölze • Von Rosen Winterschutz entfernen, schneiden, düngen, vor Schädlingen und Krankheiten schützen • Von Stauden und Gräsern Winterschutz entfernen, Herbstpflanzungen kontrollieren, überwinterte Stauden und Gräser in Form bringen und düngen • Bei frühjahrsblühenden Zwiebel- und Knollenpflanzen welke Blüten entfernen, Zwiebel und Knollen düngen, zur Aufbewahrung aus dem Beet nehmen • Rasen vertikutieren, düngen, erstmals mähen, Unkräuter entfernen • Überwinterte Kübelpflanzen auf Balkon oder Terrasse stellen, dürre Triebe zurückschneiden, umtopfen, düngen • Gartenteich pflegen
Nutzgarten	
Aussaat	• Gemüse aussäen (Direktaussaat, Vorkultur) • Kräuter aussäen (Direktaussaat, Vorkultur)
Pflanzung	• Obstbäume pflanzen • Beerensträucher pflanzen • Gemüse pflanzen • Kräuter pflanzen
Pflege	• Pflanzschnitt für frisch gepflanzte, ballenlose Obstbäume • Bestehende Obstbäume düngen, den Obstbaumschnitt einstellen, Obstbäume vor Schädlingen schützen, gießen, Fruchtansatz verbessern • Pflanzschnitt bei frisch gepflanzten, ballenlosen Beerensträuchern, gießen, mit Netz überspannen, mulchen, vor Krankheiten und Schädlingen schützen • Unkraut im Gemüsebeet bekämpfen • Kräuter düngen

Mein Garten im Sommer

Das Gartenjahr schreitet seinem Höhepunkt zu, und die Natur zeigt sich von ihrer schönsten Seite. Die letzten Bäume entfalten ihre Blätter und sorgen mit üppigem Grün für den passenden Hintergrund zur Farbenpracht und Blütenfülle im sommerlichen Garten. Die ersten Ernten im Obst- und Gemüsegarten entlohnen für die Mühen mit süßen Früchten und frischen, vitaminreichen Köstlichkeiten.

Der Sommer

Nach dem Kalender beginnt der Sommer am 21. Juni, umfasst die Monate Juni, Juli und August und wird im September vom Herbst abgelöst. Der Sommer ist die Zeit der Superlative: Er ist die Zeit der intensivsten Sonneneinstrahlung, der längsten Tagesdauer und der höchsten Temperaturen.

Der Sommer ist auch die Zeit, in der der Gartenfreund ein wenig aufatmen kann. Nach all den Arbeiten und Mühen, die das Frühjahr fordert, können Sie sich im Sommer ein bisschen auf Ihren Lorbeeren ausruhen, den Anblick all der Pflanzen genießen, die Sie im Frühjahr ausgesät und angepflanzt haben, und sich an der Bereicherung des Speiseplans aus dem Obst- und Gemüsegarten erfreuen. Im Garten stehen vor allem Pflegearbeiten an wie etwa Jäten, Zurückschneiden, welke Blüten entfernen, Gießen, Mulchen etc.

Obwohl der Sommeranfang im Kalender genau festgelegt ist, tun Sie doch gut daran, sich an der Natur zu orientieren, die Ihnen Hinweise gibt, wann der Sommer tatsächlich einsetzt. Nach dem phänologischen Kalender (s. S. 18) trifft der Beginn des Frühsommers mit der Blüte des Schwarzen Holunders zusammen. Die Fruchtreife von Frühapfel und Eberesche zeigt den Beginn des Spätsommers an, der bereits zum Herbst hinführt.

Lindenblüten im Hochsommer

Das Wetter

Das Wetter im Juni

Kalte Nächte mit Spätfrösten, die noch im Mai der Frühlingsblütenpracht den Garaus zu machen drohten, sind nun endgültig vorüber. Die Sonne erreicht ihren höchsten Stand, die Tage sind mit 16 Stunden die längsten im Jahr. Dennoch kann das Wetter im Juni sehr wechselhaft sein. Auf heiße, hochsommerliche Temperaturen folgen oft kräftige Gewitter.

Sehr häufig erreicht meist zu Beginn des Monats die als Schafskälte bekannte kühle Meeresluft aus dem Nordwesten das europäische Festland, die das Wetter bis zu zwei Wochen lang beeinflussen kann. Erst ab der Sommersonnenwende am 21. Juni klettert das Thermometer erneut auf sommerliche Temperaturen, immer wieder unterbrochen durch Abkühlungen und Niederschläge, die durch feuchte, drückenden Luftmassen vom Atlantik her verursacht werden.

Mit Spannung werden von Vielen die letzten Junitage erwartet, die angeblich über das Wetter bis Mitte August entscheiden. Tatsächlich haben langjährige Wetterbeobachtungen gezeigt, dass das Wetter um den 27. Juni, dem so genannten Siebenschläfertag, sehr häufig mit dem weiteren Wetterverlauf übereinstimmt. Ist dieser Tag also regnerisch und kühl, muss man sich auf einen nassen Hochsommer einstellen. Einer anderen Wetterregel zufolge, der ebenfalls mehr als hundert Jahre Wetterbeobachtung zugrunde liegen, folgt auf eine überwiegend heiße erste Junihälfte mit hoher Wahrscheinlichkeit ein regnerischer Hochsommer.

Das Wetter im Juli

Mit dem Juli hält der Hochsommer seinen Einzug. Der Übergang vom Frühsommer zum Hochsommer manifestiert sich in der Natur an der Blüte der Sommerlinde. Der Juli ist durchschnittlich der wärmste Monat des Jahres, mit Temperaturen, die im Mittel zwischen 17°C und 20°C betragen, jedoch auch der niederschlagsreichste. Zwar ist mit wenigen trüben Tagen zu rechnen, dafür umso mehr mit Gewittern als Folge der hohen Temperaturen, die kurz, heftig und sehr ergiebig sind.

Um die Mitte des Monats gibt es die so genannten Hundstage, die heißesten Tage des Monats, die meist noch einmal eine deutliche Steigerung der Temperaturen bringen. Nach den Bauernregeln fallen diese auf die ersten Augusttage. Wetterbeobachtungen haben jedoch gezeigt, dass diese Hitzeperiode sich im Lauf des letzten Jahrhunderts nach vorne verschoben habt. Die Sonne strahlt jetzt mit einer Intensität, die fast sechsmal so stark ist wie im Winter. Temperaturrekorde fallen meist in diesen Zeitraum.

Das Wetter im August

Anfang August zeigt sich der Sommer häufig noch einmal von seiner Schokoladenseite. An heißen Tagen steigt das Thermometer auf hochsommerliche

Temperaturen, während in der Folge weiterhin mit heftigen Gewittern zu rechnen ist. Erst ab der zweiten Monatshälfte beruhigt sich das Wetter.

Die vor allem im Süden bisweilen heftigen Gewitter und Winde lassen nach – ein untrügliches Zeichen für den nahenden Herbst, der sich durch ausgeglichene Wetterlagen und dauerhaftes Hochdruckwetter auszeichnet. Tatsächlich setzt meist in der zweiten Hälfte des August der Spätsommer ein, der an der Fruchtreife von Frühapfel und Eberesche zu erkennen ist. Die Tage werden merklich kürzer, morgendliche Nebelschwaden kündigen das Ende des Sommers an. Die Sonne scheint trotz der kürzer werdenden Tage in der ersten Monatshälfte noch mit unverminderter Intensität. Ab Mitte des Monats nimmt auch sie an Kraft ab. War der Sommer verregnet, bringt auch der August normalerweise keine tiefgreifenden Änderungen mehr. Zwar stabilisiert sich die Wetterlage ab der Monatsmitte, der Hochsommer und damit die heißen Temperaturen sind jedoch vorbei und man kann lediglich auf einen schönen Herbst hoffen.

Ausrüstung

Die Zeit des Säens und Pflanzens ist weitgehend vorbei. Im Sommer geht die Saat auf, die frisch gesetzten Pflanzen gedeihen und zeigen sich in all ihrer Pracht. Für den Gartenfreund stehen Pflegemaßnahmen wie Gießen, Hacken, Mulchen und Verwelktes abschneiden im Vordergrund. Im Nutzgarten können bereits Obst, Gemüse und Kräuter geerntet werden. Die benötigte Ausrüstung besteht dementsprechend aus Gartengeräten und Werkzeugen, mit denen sich die Pflege- und Erntearbeiten durchführen lassen:

- **Hacke** zum Lockern und Lüften des Bodens
- **Grabgabel** zum Aufbringen und Verteilen von Mulchmaterialien sowie zum Ernten von Wurzelgemüse
- **Gartenschere** zum Abschneiden von Verwelktem und Stutzen von Hecken, bei einigen Ziergehölzen zum Durchführen des Sommerschnitts und zum Ernten
- **Gartenmesser** zum Schneiden von Stecklingen und zum Ernten
- **Unkrautstecher** zum leichteren Entfernen der Unkräuter
- **Pflanzschaufel** zum Pflanzen von Jungpflanzen, herbstblühenden Zwiebel- und Knollenpflanzen, Sommerblumen etc.
- **Gießkanne** zum Wässern der Pflanzen bei längeren Trockenperioden
- **Gartenschlauch** zum Wässern bei längeren Trockenperioden
- **Regentonne** zum Sammeln von Regenwasser
- **Stutzstäbe** zum Abstützen hoch wachsender Pflanzen und schwer behangener Obstbaumzweige
- **Erntehilfen** wie geeignete Kisten, Körbe, Kübel
- **Gartenschürze** mit Bauchtasche, die die Ernte in hohen Kronen erleichtert
- **Leitern und Steighilfen** für die Ernte in hohen Bäumen, am besten aus Aluminium
- **Kescher** für die Teichpflege
- **Rasenmäher** zum Schneiden des Rasens
- **Kantenabstecher**, um saubere Übergänge zwischen Rasenflächen und Wegen oder Beeten zu schaffen
- **Gartenhandschuhe** zum Schutz der Hände

Praxistipp

Äste entfernen
Um ältere und bisweilen sehr dicke Zweige zu entfernen brauchen Sie eine Astschere oder eine Säge. Gehen Sie vorsichtig vor, damit Sie kein anderes Holz verletzen.

Der Ziergarten im Sommer

Ziergehölze

Der Sommer ist die Zeit des Genießens. Alles, was Sie gepflanzt haben, sprießt, gedeiht, blüht und wächst – auch die Ziergehölze. Gehölze, die schon länger zu Ihrem Bestand im Garten gehören, zeigen sich ebenfalls von ihrer schönsten Seite: Sie grünen, blühen und haben all ihre Pracht entfaltet.

Sommerschnitt für Frühjahrsblüher

Wird bei den meisten Gehölzen der Auslichtungs- oder Verjüngungsschnitt im Spätwinter durchgeführt, so erhalten frühjahrsblühende Sträucher, deren Blüte im Frühsommer zu Ende geht, nach dem Verblühen einen Sommerschnitt. Sie bilden dann im Sommer neue Blütentriebe fürs nächste Jahr. Dabei werden störende junge Triebe entfernt, zu lange Triebe gekürzt und dürres Holz weggeschnitten. Das Entfernen einiger alter Zweige direkt am Boden fördert außerdem die Entwicklung neuer junger Triebe.

Schwarzer Holunder in voller Blüte

Sommerschnitt

Erziehungsschnitt durchführen

Wird der eben beschriebene Sommerschnitt normalerweise erst etwa vier Jahre nach der Pflanzung erstmals durchgeführt, kann man Jungpflanzen schon früher einen Erziehungsschnitt verpassen. Dieser wird in der Regel bei Bäumen durchgeführt, um eine formschöne Baumkrone zu erreichen. Wachsen die jungen Sträucher wenig verzweigt, kann man durch den Rückschnitt sehr langstieliger Triebe einen buschigem Wuchs fördern. Bei frühjahrsblühenden Sträuchern wird der Erziehungsschnitt ebenfalls nach der Blüte im Sommer durchgeführt.

Gehölze stäben

Für Gehölze, die eine bestimmte Wuchsform oder Wuchsrichtung erhalten sollen, gibt es neben dem Erziehungsschnitt das so genannte Stäben, eine Maßnahme, die im Sommer durchgeführt wird. Dabei werden mit Hilfe von Bambusstäben krumme Stämmchen gerade gerichtet oder nach oben wachsende Seitentriebe abgespreizt. Der Bambusstab wird in den Boden gesteckt oder an einem geraden Stammstück festgebunden. Der gerade zu richtende Stamm oder der abzuspreizende Seitentrieb wird dann daran festgebunden. Kontrollieren Sie die Stäbe regelmäßig und erneuern Sie sie gegebenenfalls, wenn sie sich lockern oder scheuern.

Welke Blütenstände entfernen

Die im Frühjahr blühenden Sträucher sind im Frühsommer bereits wieder verblüht. Die welken Blütenstände sollten dann regelmäßig entfernt werden. Das hat nicht nur optische Gründe, denn die dahin welkende Blüten sind im sommerlichen Garten nicht unbedingt ein schöner Anblick, sondern soll vor allem das kräftezehrende Ansetzen von Samen verhindern.

Gärtnertipp

Welke Blüten entfernen
Wenn Sie bei Kamelie und Rhododendron die welken Blüten entfernen, sollten Sie vorsichtig vorgehen, da direkt hinter den Köpfen die neuen Triebe stehen.

Sommerblühende Gehölze pflanzen

Klafft nach dem Abblühen der frühlingsblühenden Sträucher in Ihrem Garten ein „Sommerloch", lässt sich dieses mit einem sommerblühenden Gehölz attraktiv füllen. Wenn der Juni noch nicht weit fortgeschritten ist und Sie sich beeilen, können Sie noch ein ballenloses Gehölz pflanzen. Wollen Sie ganz sicher gehen, dass Ihr Gehölz nicht welkt oder austrocknet, wählen Sie eine Containerpflanze, die auch das Pflanzen im Sommer schadlos übersteht.

Laubgehölze vermehren

Der Sommer ist die ideale Zeit, um Laubgehölze durch Stecklinge zu vermehren. Während die Vermehrung durch Samen oft langwierig und schwierig ist, lassen sich durch Stecklingsvermehrung relativ einfach schöne Ergebnisse erzielen. Ein weiterer Vorteil bei der Stecklingsvermehrung besteht darin, dass der Nachwuchs der Mutterpflanze in jeder Hinsicht gleicht. Wenn Sie ein Gehölz wegen seiner Früchte, Blüten oder anderer Eigenschaften schätzen und ein weiteres derartiges Exemplar im Garten pflanzen wollen, sollten Sie über Stecklinge vermehren. Meist werden als Stecklinge Seitentriebe verwendet, die Sie mit einem scharfen Messer von der Mutterpflanze abtrennen. Der Steckling sollte zehn bis 15 Zentimeter lang sein und an der Basis schräg angeschnitten sein. Stecken Sie den Steckling dann in einen Topf mit guter Pflanzerde und lassen Sie ihn bewurzeln. Die unteren Blätter sollten vorher abgezupft werden. Um eine hohe Luftfeuchtigkeit zu erreichen, ist es oftmals sinnvoll, eine Plastikfolie über den Topf zu stülpen. Nun gilt es, etwas

Stecklingsvermehrung:
1. Seitentrieb schräg anschneiden

2. In einen Topf mit Pflanzerde stecken

3. Plastikfolie darüberstülpen

Sommerblühende Gehölze

Höhe	Aussehen	Blütezeit
Fingerstrauch *(Potentilla fruticosa)*		
50 bis 150 cm	sommergrüner Kleinstrauch	Juni bis Oktober
Hortensie *(Hydrangea)*		
bis 300 cm	sommergrüner Strauch	Juli bis Oktober
Johanniskraut *(Hypericum)*		
20 bis 120 cm	immergrüner Kleinstrauch	Juli bis Oktober
Liguster *(Ligustrum vulgare)*		
bis 200 cm	sommergrüner Strauch	Juni bis Juli
Rhododendron *(Rhododendron yakushimanum)*		
50 bis 150 cm	immergrüner Kleinstrauch	Mai bis Juni
Sommerflieder *(Buddleia)*		
200 bis 400 cm	sommergrüner Strauch	Juli bis Oktober
Spierstrauch *(Spiraea-Bumalda-Hybriden)*		
60 bis 120 cm	sommergrüner Kleinstrauch	Juni bis September

Buchsbaum in Form schneiden

Geduld zu haben, denn der Neuaustrieb erscheint manchmal erst im darauf folgenden Jahr. Dann können Sie die Jungpflanze weiterkultivieren.

Hecken in Form schneiden

Im Gegensatz zu wild wachsenden Hecken, die lediglich bei Bedarf einmal ausgelichtet werden sollten, müssen Formhecken regelmäßig, d. h. jährlich geschnitten werden. Der richtige Zeitpunkt für einen Formschnitt ist von Anfang Juli bis in den August, wenn die Hecke den Hauptzuwachs vollendet hat und nur noch wenig wächst. Dann wird sie getrimmt, wie der Gärtner sagt. In den ersten Jahren nach der Pflanzung werden dabei lediglich die Seiten der Hecke geschnitten, die Oberseite bleibt unbeschnitten, bis sie die gewünschte Höhe erreicht hat. Ist die Hecke hoch genug, wird sie jährlich zusätzlich zu den Seiten auch oben gestutzt. Achten Sie beim Heckenschnitt auf brütende Vögel und warten Sie gegebenenfalls, bis der Vogelnachwuchs das Nest verlassen hat.

Praxistipp

Hecke schneiden
Schneiden Sie Ihre Hecke immer so, dass sie sich nach oben leicht verjüngt. Auf diese Weise kommt auch an die unteren Teile der Hecke genügend Licht.

Sonderformen schneiden

Buchsbaumkegel, Kugelbuchs oder Eibenpyramide – wer seine Hecken in solche Formen bringen will, sollte dies im Sommer tun. Man geht dabei vor wie bei Formhecken und führt den Schnitt, entweder frei nach Augenmaß oder mit Hilfe einer Schablone, spätestens im August aus.

Rosen

Im Frühsommer hat die Rose ihren großen Auftritt. Wenn sie ihre Blütenpracht entfaltet, erleuchtet ein wahres Feuerwerk an Farben in Ihrem Garten. Die Blume blüht nicht nur in den typischen Farben rot und rosarot, ihr Repertoire umfasst noch ganz andere Farbtöne: Es reicht von weiß über cremefarben, gelb, dunkelgelb, apricot und gelborange bis hin zu kupferfarben und feuerrot. Die Rose bringt mit ihrer Blütenpracht nicht nur Farbe in Ihren Garten. Das Erlebnis der Sinne wird außerdem von einem Wohlgeruch ergänzt, der zart und dezent oder auch intensiv und betörend ausfallen kann. Mit ein bisschen gärtnerischem Geschick und Zuwendung können Sie das Schauspiel wochenlang genießen.

Rosen wässern

Um die Blütenpracht möglichst lange genießen zu können, ist es wichtig, die Rosen richtig zu pflegen. Dazu gehört auch das Wässern der Rosen. Normalerweise müssen Rosen nicht besonders gewässert werden, da sie als Tiefwurzler ausreichend mit Wasser versorgt sind. Während einer längeren Trockenperiode oder an besonders heißen Tagen im Sommer sollten die Rosen jedoch mit Wasser versorgt werden. Damit das Wasser tief genug in den Boden einsickert und die Wurzeln der Rosen auch erreicht, müssen Sie ausreichend wässern. Ein nur

Rose „Burgund“

oberflächliches Gießen nützt den Rosen, die etwa 15 bis 30 Zentimeter tief wurzeln, nichts. Das Wasser durchfeuchtet lediglich die oberen Erdschichten und gelangt nicht weit genug nach unten.

Nach dem Gießen hacken

Idealerweise lockern Sie die Erde durch Hacken ein wenig, nachdem Sie gegossen haben. Dadurch hält sich die Feuchtigkeit länger im Boden und kann von den Wurzeln aufgesogen werden.

Gärtnertipp

Rosen nicht mehr gießen

Damit die Triebe nicht zu spät im Jahr mit dem Wachstum abschließen, sollten Sie Ihre Rosen ab Mitte August nicht mehr gießen. Die neu gebildeten Triebe verholzen sonst nicht rechtzeitig, bevor der Winter einsetzt. Sie sind dann nicht hart genug und anfällig für Frost.

Nach dem Gießen mulchen

Auch Mulchen ist ein probates Mittel, die Feuchtigkeit länger im Boden zu halten. Das Mulchen führen Sie nach dem Wässern durch. Verwenden Sie dazu etwa Grasschnitt und verteilen Sie diesen zwischen den Rosenpflanzen.

Gießhäufigkeit

Wenn Sie unsicher sind, ob Sie Ihre Rosen gießen müssen, gibt es ein einfaches Mittel den Wasserbedarf festzustellen: Wenn sich die Erde zu einer Kugel formen lässt, ohne gleich auseinanderzufallen, ist die Bodenfeuchtigkeit ausreichend. Ist die Erde trocken und krümelig, sollten Sie gießen.

Gießwall errichten

Damit das Gießwasser auch an Ort und Stelle in die Erde einsickert und nicht an der Rose vorbeiläuft, können Sie einen kleinen Gießwall aus Erde errichten.

Richtige Gießzeiten

Nicht zu jeder Tageszeit ist das Gießen sinnvoll. Morgens sollten Sie bis spätestens zehn Uhr das Gießen abgeschlossen haben. Warten Sie den Spätnachmittag ab, bevor Sie gießen. Bei sehr heißen Temperaturen sollten Sie morgens vor acht Uhr und abends erst nach 18 Uhr wässern.

Unkraut entfernen

Damit die Rosenpracht von Dauer ist, brauchen die Pflanzen Nährstoffe, die in normaler Gartenerde ausreichend vorhanden sind. Wachsen jedoch Unkräuter, wird dieses Angebot vermindert. Unkräuter sind Nahrungskonkurrenten, die die Nährstoffe an sich ziehen und für den Eigenbedarf verwenden. Deshalb ist unbedingt darauf zu achten, das Unkraut regelmäßig zu entfernen.

Flach wurzelndes Unkraut lässt sich leicht beseitigen. Bei tief wurzelnden Unkräutern muss man beim Entfernen sehr sorgfältig vorgehen, damit keine Wurzelreste im Boden bleiben, aus denen sich wieder neues Unkraut entwickeln kann. Ein Unkrautstecher erweist Ihnen dabei gute Dienste.

Sommerschnitt

Der Sommerschnitt ist bei allen öfter- und dauerblühenden Rosengruppen wichtig. Die Blühwilligkeit und der Blütenreichtum werden durch das regelmäßige Entfernen der verblühten Rosen positiv beeinflusst.

Abgeblühte Rosenblüten sollten Sie daher immer gleich abschneiden. Nur dann ist gewährleistet, dass das Exemplar ein zweites Mal blüht. Die Nährstoffe werden so zur Bildung einer weiteren Blüte genutzt und fließen nicht in die Fruchtbildung, wie es bei den nur einmal blühenden Wild- und Heckenrosen der Fall ist. Diese schmücken sich nach der Blüte mit aparten, leuchtend roten Hagebutten.

Beim Schneiden gehen Sie folgendermaßen vor: Entfernen Sie die verblühten Köpfe oder Blütendolden bis zum ersten voll entwickelten Laubblatt, das

Praxistipp

Rosen gießen

Ideal ist es, die Rosen mit abgestandenem Regenwasser zu gießen. Bei heißer Witterung ist sehr häufiges Wässern notwendig, so dass das gesammelte Regenwasser nicht ausreichen wird und Sie auf Leitungswasser ausweichen müssen. Gießen Sie die Rosen auf keinen Fall von oben, sondern wässern Sie nur den Boden. Zum einen reagieren die Rosen bei hohen Außentemperaturen extrem empfindlich auf das kalte Leitungswasser, zum anderen können hässliche Wasserflecken auf den Blättern zurückbleiben. Nasse Blätter führen bei Rosen außerdem häufig zu Pilzerkrankungen. Gartenregner im Bereich von Rosen sind deswegen absolut tabu.

Praxistipp

Mulchen
Eine wirkungsvolle Methode, um die Entwicklung von Unkraut zu verhindern, ist das Mulchen. Jäten Sie noch einmal gründlich, bevor Sie eine Schicht Grassschnitt oder Kompost aufbringen. Das Mulchen hat außerdem noch einen positiven Nebeneffekt: Die beginnende Verrottung des Mulchmaterials setzt Nährstoffe frei, die Ihre Rosen zusätzlich versorgen.

sich aus fünf einzelnen Einzelblättchen zusammensetzt. Erst dort sitzen gut entwickelte Augen.

Vor Schädlingen und Krankheiten schützen

Im Sommer, besonders bei feuchten und warmen Wetterlagen, ist die Gefahr des Schädlingsbefall und der Erkrankung an Pilzkrankheiten sehr groß.

Rosenmehltau

Ein niederschlagsreicher, warmer Sommer mit großen Temperaturunterschieden zwischen Tag und Nacht kann zu einem Befall mit Rosenmehltau führen. Dabei bildet sich auf den Blättern, Blütenknospen und Trieben ein typischer mehlig-weißer Belag. In der Folge werden die Blätter braun und fallen ab, die Blütenorgane verkümmern. Zur Bekämpfung sollten Sie die befallenen Pflanzenteile stark zurückschneiden. Verpassen Sie der Rose eine ausgewogene, kalibetonte Düngung. Greifen Sie nur in Notfällen zu einem Fungizid. Sind Ihre Rosen immer wieder von Mehltau befallen, sollten Sie eine Neupflanzung mit widerstandsfähigen Sorten in Erwägung ziehen.

Sternrußtau

Diese Rosenkrankheit befällt die Rosen zumeist bei feuchtem Wetter im Spätsommer und äußert sich durch braun- oder violettschwarze, gezackte oder sternförmige Flecken auf den Blättern. In der Folge verfärben sich die Blätter gelb und fallen ab. Die Rose wird durch den Sternrußtaubefall so geschwächt, dass sie im nächsten Jahr nicht richtig austreibt und weniger Blütenknospen ausbildet. Maßnahmen zur Bekämpfung des Sternrußtaus sind das Einsammeln des Falllaubs, ein kräftiger Rückschnitt des Rosenstocks und eine ausgewogene kalibetonte Düngung. Bei besonders starkem Befall kommen Sie um

Sternrußtau auf Rose „Gruß aus Heidelberg"

den Einsatz eines Pilzbekämpfungsmittels meist nicht herum. Achten Sie bei Neupflanzungen auf widerstandsfähige Sorten.

Gärtnertipp

Biologische Schädlingsbekämpfung
Biologische Schädlings- bzw. Krankheitsbekämpfung kann bei einigen Krankheiten sehr wirkungsvoll eingesetzt werden. Sind Ihre Rosen beispielsweise vom Mehltau geplagt, pflanzen Sie Knoblauch zwischen die Stöcke. Der Knoblauch hilft, Echten Mehltau zu vertreiben.

Stauden

Blühende Stauden, so weit das Auge reicht – die im Frühjahr angelegten Staudenbeete zeigen sich im Sommer in all ihrer Pracht. Geradezu unendlich ist die Farbenvielfalt: Sie reicht von weiß über alle erdenklichen Rosa- und Violetttöne bis hin zu warmen Rot- und Gelbtönen, die Blautöne nicht zu vergessen. Und selbst wenn der Sommer langsam zu Ende geht, halten die Stauden noch eine Reihe von Attraktionen bereit. Die gärtnerischen Aktivitäten im Staudenbeet bestehen im Sommer vor allem in der Pflege.

Stauden pflanzen

Auch im Frühsommer können Sie noch eine Staudenpflanzung anlegen, jedoch nur, wenn Sie Containerpflanzen verwenden. Die optimale Pflanzzeit ist eigentlich das Frühjahr, bei früh blühenden Stauden der Herbst.

Blickfang im Garten: Staudenbeet

Gärtnertipp

Feuchtigkeit halten
Um die Feuchtigkeit im Boden zu halten und die Wasserverdunstung zu minimieren, sollten Sie den Boden nach dem Gießen durch Hacken lockern. Bringen Sie außerdem eine Mulchschicht auf, die aus Gartenabfällen, etwa Grassschnitt, bestehen kann. Diese schützt den Boden vor dem Austrocknen und hat zudem noch einen günstigen Nebeneffekt: Sie verhindert das Wachstum von Unkräutern. Frisch gepflanzte Stauden sollten Sie nicht mit Rindenhäcksel mulchen, da die Rinde zur Verrottung Stickstoff braucht, die den Stauden entzogen wird.

Stauden gießen

Zum Gießen eignet sich am besten abgestandenes Regenwasser. Ist dieser Vorrat aufgebraucht, müssen Sie Leitungswasser verwenden. Gießen Sie stets mit einem sanften Strahl, so verschlämmt die Erde nicht. Damit das Wasser nicht an der Pflanze vorbeifließt, sondern in Wurzelnähe versickert, bietet es sich an, rings um die Pflanze einen kleinen Erdwall zu errichten.

Stauden teilen

Um mehrjährige krautige Pflanzen zu verjüngen, können Sie sie im Sommer nach der Blüte teilen. Gerade ältere Pflanzen verlieren zunehmend an Lebenskraft. Sie sollten Ihre Stauden daher alle drei bis fünf Jahre teilen. Die nach der Teilung frisch gesetzten Pflanzen sind gut feucht zu halten, damit sie zügig heranwachsen.

Stauden stützen

Hoch wachsende Stauden, die im Laufe des Sommers eine beachtliche Höhe erreichen, sollten abgestützt werden. Denn meist sind sie zu hoch, um von selbst zu halten. Gerade bei starken Gewitterböen wie sie im Sommer häufig auftreten drohen die Stauden sonst umgeblasen zu werden. Wenn Sie die Stützen nicht bereits im Frühjahr angebracht haben, wird es jetzt höchste Zeit, damit die Blütenstiele unter ihrer Last und bei Wind nicht umknicken.

Stauden zurückschneiden

Sind einige Ihrer Stauden umgefallen und haben Nachbarpflanzen unter sich begraben, müssen Sie sie umgehend zurückschneiden. Unter Umständen treiben die geschnittenen Stauden noch einmal aus. Auf jeden Fall aber können die betroffenen Nachbarpflanzen nach dem Rückschnitt wieder ungestört gedeihen. Auch Stauden, die auf den Rasen gefallen sind, sollten Sie schnell beseitigen, damit das Grün nicht in Mitleidenschaft gezogen wird.

Stauden düngen

Normalerweise werden die Stauden im Frühjahr mit einem Dünger verwöhnt. Den Herbstblühern unter den Stauden können Sie auch im Sommer noch eine Düngegabe verabreichen. Geben Sie am besten Kompost, Hornspäne oder Horn- und Knochenmehl aufs Beet. Ab August sollten Sie die Düngemaßnahmen jedoch einstellen, sonst besteht die Gefahr, dass die Pflanzen zu triebig in den Winter gehen.

Stauden stützen

Welke Blüten entfernen

Wenn Sie die verwelkten Blüten regelmäßig entfernen, lässt sich die Blütezeit vieler Stauden – etwa von Rittersporn, Türkenmohn, Akelei und Lupinen – verlängern. Die Nachblüte fällt zwar meist nicht mehr ganz so üppig aus, ist aber dennoch ein schöner Anblick. Schneiden Sie die verwelkten Triebe mit einer Schere knapp über dem Boden ab. Entstehen dadurch unschöne Lücken im Beet, kürzen Sie sie nur auf 20 bis 40 Zentimeter. Blütenlose Stängel können Sie stehen lassen. Bei hoch wachsenden Stauden sollten Sie an Stützstäbe denken, damit die Stängel unter dem Gewicht der Blüte oder bei Wind nicht knicken.

Unkraut entfernen

Nahrungskonkurrenten sehen nicht nur unschön aus, sie ziehen auch wichtige Nährstoffe ab, die die Stauden zum Wachsen und Gedeihen brauchen. Damit Ihre Staudenpracht nicht verkümmert, sollten Sie regelmäßig die Beete auf Unkräuter untersuchen und diese gegebenenfalls entfernen. Tief wurzelndes Unkraut wie etwa Löwenzahn sollten Sie besonders sorgfältig jäten, damit keine Wurzelreste im Boden bleiben.

Samen ernten

Wenn Sie Samen ernten wollen, dürfen Sie die verblühten Stauden nicht zurückschneiden. Achten Sie darauf, dass sich die Samenstände nicht öffnen und selbst verstreuen, bevor Sie sie schneiden. Passen Sie also den Zeitpunkt ab, bevor die Saat ausfällt oder ausfliegt, und schneiden Sie dann die reifen Samenstände ab. Wenn Sie den Samen allerdings zu früh ernten, leidet die Keimfähigkeit.

Sammeln Sie die Kapseln bei trockenem Wetter und leeren Sie sie in einen Briefumschlag oder eine Papiertüte. Beschriften Sie diese sogleich, um Verwechslungen zu vermeiden.

Im Anschluss wird das Saatgut gesiebt,

Praxistipp

Pflanzanordnung verbessern
Wenn Ihre Staudenbeete in voller Pracht erblüht sind, können Sie am besten sehen, ob die Pflanzung Ihren Vorstellungen entspricht. Möglicherweise ist die Höhenstaffelung in Ihrem Beet nicht hundertprozentig gelungen oder Sie empfinden die Farbzusammenstellung als zu bunt, zu einseitig oder nicht harmonisch. Vielleicht muss die ein oder andere Staude geteilt werden, weil sie zu sehr wuchert. Notieren Sie sich all Ihre Kritikpunkte, damit Sie die entsprechenden Änderungen sukzessive vornehmen können.

um den Samen von den Schalen und anderen Bestandteilen zu trennen. Der so gewonnene Samen muss völlig trocken sein, damit Sie ihn lagern können. Wählen Sie für die Lagerung einen Aufbewahrungsort, der kühl und trocken ist, damit das Saatgut bis zum nächsten Jahr keimfähig bleibt.

Manche Samen sollten möglichst gleich ausgesät werden, etwa Samen von Scheinmohn, Eisenhut, Rittersporn und Alpenveilchen (s. S. 91). Sie keimen frisch am besten und werden als Sämlinge in einem kühlen Raum über den Winter gebracht.

Stauden vor Schädlingen und Krankheiten schützen

Um Pflanzen vor Schädlingen und Krankheiten zu schützen, ist Vorbeugen besser als den vorhandenen Befall zu bekämpfen. Dazu gehört etwa die Auswahl des richtigen Standorts, die Vorbereitung des Bodens auf die gewünschten Verhältnisse und eine ausgewogene Nährstoffgabe. Achten Sie auf einen naturnahen Garten, in dem das biologische Gleichgewicht stimmt und die Schädlinge von ihren natürlichen Gegenspielern in Schach gehalten werden.

Gerade im Sommer bietet die feuchtwarme Witterung zahlreichen Schädlingen und Pilzerkrankungen den idealen Nährboden. Sind Ihre Pflanzen befallen, greifen Sie nicht gleich zur chemischen Keule, sondern probieren Sie es erst einmal mit umweltschonenden Mitteln.

Bei Pilzerkrankungen gilt es, die befallenen Pflanzenteile rasch zu entfernen, um ein Ausbreiten der Krankheit zu verhindern. Um die Abwehrkräfte der Pflanzen zu stärken, können Sie Schachtelhalm- oder Kieselsäure-Präparate einsetzen. Bei Schädlingsbefall sollten Sie Schmier- oder Kaliseifen-Präparate und Schwefel- oder Kupferpräparate ausprobieren.

Zwiebel- und Knollenpflanzen

Bei den Zwiebel- und Knollenpflanzen sind nun die Sommerblüher an der Reihe, die mehr oder weniger nahtlos die Frühlingsblüher ablösen und für bunten, üppigen Sommerflor sorgen. Gladiolen, Dahlien, Lilien und Ranunkel, um nur einige zu nennen, besiedeln jetzt Ihren Garten und bestechen durch intensive Farben und angenehmen Duft.

Topfpflanzen einsetzen

Um Zwiebeln und Knollen von Sommerblühern zu pflanzen, ist die Zeit mit Beginn des Frühsommers endgültig vorbei. Eventuelle Lücken in der Bepflanzung, die erst nach dem Aufblühen sichtbar werden, lassen sich jedoch auch jetzt noch schließen, indem Sie sich in Töpfen gezogene Zwiebel- oder Knollenpflanzen besorgen und diese auspflanzen. Sie können sie aber auch im Topf belassen und nach dem Einziehen wie trockene Zwiebeln und Knollen behandeln

Herbstblüher pflanzen

Wenn sich die Blütenfülle auch im Herbst fortsetzen soll, ist es im Sommer an der Zeit, die Herbstblüher unter den Zwiebel- und Knollenpflanzen zu pflanzen.

Die beste Pflanzzeit ist Ende Juli/Anfang August. Ein typischer Vertreter der Spätblüher unter den Zwiebel- und Knollenpflanzen ist die Herbstzeitlose, die mit ihren blassrosa Blüten häufig den herbstlichen Rasen ziert. Auch die etwas weniger bekannten Herbstkrokusse werden im Sommer gesteckt und erfreuen bis in den November hinein mit ihren leuchtend farbigen Blüten.

Utensilien zum Ernten von Samen

Wie alle Zwiebel- und Knollenpflanzen bevorzugen auch die Herbstblüher einen feuchteren, aber durchlässigen und leicht kalkhaltigen Boden. Pflanzen Sie die Zwiebeln und Knollen am besten zu mehreren in ein breites Pflanzloch. Legen Sie den Pflanzbereich am besten nicht mit symmetrischen Rändern an, da dies unnatürlich wirkt.
Planen Sie beim Pflanzen ausreichend Platz für die Zwiebeln und Knollen ein. Idealerweise werden sie in zwei- bis dreifacher Zwiebelbreite voneinander entfernt gesetzt. In leichten, sandigen Böden setzen Sie die Zwiebeln und Knollen etwas tiefer, in schweren Böden etwas flacher in die Erde. Nach dem Auffüllen des Pflanzlochs wird die Erde leicht angedrückt, damit keine Lufteinschlüsse bleiben.

Richtige Pflanztiefe

Für gutes Gedeihen ist die richtige Pflanztiefe wichtig. Setzen Sie die Zwiebeln und Knollen etwa zwei- bis dreimal so tief, wie sie dick sind. Ist die Pflanztiefe zu gering, besteht die Gefahr, dass die Zwiebeln vom Frost nach oben gedrückt werden.

Sommerblüher pflegen

Während Sie in all der sommerlichen Blütenpracht schwelgen, sollten Sie die Pflege der attraktiven Blüher nicht vergessen. Wie bereits bei den Frühjahrsblühern beschrieben (s. S. 32), wird auch bei den sommerblühenden Zwiebel- und Knollenpflanzen das Laub nicht gleich entfernt. Warten Sie mit dem Beseitigen, bis die Blätter verwelkt sind, da während des Welkvorgangs wichtige Reservestoffe von den Blättern in die Wurzeln wandern, die in der nächsten Saison für die Entwicklung der Blüten sorgen. Beim sofortigen Abschneiden der Blätter gehen diese Reservestoffe verloren und die Blüte fällt im nächsten Sommer entsprechend kümmerlich aus.

Pflanztipp

Knollen und Zwiebeln richtig pflanzen
In einigen Fällen kann es beim Pflanzen durchaus schwierig sein, zu erkennen, wo bei der Zwiebel oder Knolle oben und wo unten ist. Zwiebel und Knolle sind oben in der Regel flacher und lassen zudem meist Anzeichen eines Triebs erkennen. Im Zweifelsfall können Sie die Zwiebel oder Knolle auch quer einsetzen.

Verwelkte Blüten abschneiden

Nach dem Verblühen sollten Sie die welken Blüten sogleich abschneiden. Zum einen verhindern Sie dadurch die Samenbildung, die die Pflanze sehr viel Kraft kostet. Zum anderen regt ein Rückschnitt die Bildung weiterer Blüten an.

Sommerblüher stützen

Sehr hoch wachsende Exemplare unter den sommerblühenden Zwiebel- und Knollengewächsen, etwa Dahlien, Gladiolen, Kaphyazinthen und Lilien, knicken bisweilen unter der Last ihrer

Praxistipp

Zwiebel- und Knollenpflanzen schneiden
Wenn Sie sich aus Ihrem Bestand an sommerblühenden Zwiebel- und Knollenpflanzen Schnittblumen für die Vase holen wollen, müssen Sie darauf achten, nicht sämtliche Blätter mit abzuschneiden. Das Laub soll nach der Blüte an der Pflanze welken, damit die beim Welkvorgang freigesetzten Stoffe von den Blättern in die Wurzeln wandern können.

Herbstblühende Zwiebelpflanzen

Höhe	Blütezeit	Blütenfarben	Standort	Boden	Pflanzordnung
Gewitterblume (Sternbergia lutea)					
bis 20 cm	September bis Oktober	gelb	vollsonnig	durchlässig, trocken auch für Steingärten geeignet	in kleinen Gruppen
Herbstzeitlose (Colchium autumnale)					
bis 15 cm	August bis Oktober	rosa bis violett	sonnig	durchlässig, kalkhaltig	in Gruppen und locker über den Rasen verteilt
Prachtkrokus (Crocus speciosus)					
bis 15 cm	September bis Oktober	weiß oder blauviolett	sonnig bis halbschattig	durchlässig, humos	in kleinen Gruppen

Blütenpracht oder bei heftigen Gewitterwinden um. Um sie vor dem Umknicken zu schützen, sollten Sie einen Stützstab anbringen, der in der Nähe der Stängelbasis in den Boden gesteckt wird und eine höhenverstellbare Ringhalterung aufweist. Buschige Pflanzen, die auseinander zu fallen drohen, werden durch Stützringe in Form gehalten.

Sommerblüher gießen

Damit Ihre Blütenpracht in der Sommerhitze nicht dahinwelkt, sondern bis in den Herbst hinein üppig gedeiht, ist regelmäßiges Gießen wichtig. Grundsätzlich sollten Sie nur den Boden gießen, Blätter und Blüten aber nicht. Bei Sonnenschein wirken die Wassertropfen auf den Blättern wie Brenngläser. Zudem verdunstet ein Großteil des Wassers, bevor es den Boden überhaupt erreicht hat. Wenn Sie nur den Boden wässern, kann das Wasser bis zu den Wurzeln vordringen, verdunstet nicht bereits vorher und wird außerdem durch den Boden vorgewärmt.

Boden hacken

Eine wichtige Pflegemaßnahme, die Ihren Pflanzen zu Gute kommt, ist das Hacken des Bodens. Dieser wird durch das Hacken gelockert, durchlüftet, es gelangt mehr Sauerstoff an die Wurzeln und die Wasseraufnahme wird verbessert. Durch regelmäßiges Hacken wird zugleich das Unkraut entfernt oder zumindest in seiner Entwicklung gestört.

> **Praxistipp**
>
> **Rasensprenger aufstellen**
> Ein Rasensprenger sollte nur für das Wässern von Rasenflächen verwendet werden und möglichst nicht in der Nähe von Blumenbeeten aufgestellt werden. Das Bewässern von oben schadet den Pflanzen mehr als es ihnen nützt.

Hoch wachsende Dahlien stützen

Unkräuter entfernen

Die unliebsamen Gäste müssen beseitigt werden, da sie den Pflanzen die nötigen Nährstoffe wegnehmen. Jäten Sie am besten nach einem Regen oder nach dem Gießen, wenn die Erde weich ist. Dann lassen sich die Unkräuter leichter ausrupfen. Auf hartem, trockenem Boden sollten Sie lieber mit einem Unkrautstecher arbeiten.

Mulchen

Ein probates Mittel, um das Wachsen von Unkraut zu verhindern, ist das Mulchen. Decken Sie die Bodenfläche zwischen den Pflanzen mit Komposterde, Stroh oder im Garten anfallenden, samenlosen Pflanzenabfällen ab. Mulchen hilft nicht nur gegen Unkraut. Eine Mulchschicht hält den Boden feucht, schützt ihn vor dem Austrocknen, was gerade im Sommer sehr wichtig ist und sorgt für Humusnachlieferung.

Pflanzenschutz

Für die Wühlmaus sind die Zwiebeln und Knollen wahre Leckerbissen. Nehmen die Wühlmäuse in Ihrem Garten überhand, gibt es ein einfaches Mittel, der Plage ein Ende zu bereiten: Der Fachhandel bietet spezielle Pflanzkörbchen an, in die man die Knollen und Zwiebel hineinlegt, bevor man sie in die Erde setzt. Für die gefräßigen Wühlmäuse sind diese Körbchen undurchdringbar.

Sommerblumen

Ein herrlicher Anblick ist das Aufblühen der Sommerblumen, die sich in vielfältigsten Farben, großartigsten Blatt-, Blüten- und Wuchsformen präsentieren. Kein Wunder, haben sie doch nur einen Sommer Zeit, um ihren Fortbestand zu sichern. Damit sie zahlreiche Bienen und Hummeln anlocken, müssen sie sich durch besondere Attraktivität auszeichnen und die Nachbarblumen an optischen Reizen und Anziehungskraft übertrumpfen.

Jungpflanzen einpflanzen

Wenn Sie Ihre Sommerblumen nicht bereits im Frühjahr ausgesät haben, können Sie eine Bepflanzung mit Sommerblumen immer noch mit Jungpflanzen verwirklichen. Auch Lücken in der sommerlichen Bepflanzung, die sich jetzt erst bemerkbar machen, können Sie durch das ergänzende Pflanzen von Jungpflanzen schließen.

Graben Sie mit einer Handschaufel ein Pflanzloch. Nehmen Sie die Jungpflanze vorsichtig aus dem Topf. Ist der Wurzelballen sehr trocken, sollten Sie die Pflanze zurück in den Topf stellen und ein Tauchbad vornehmen, damit sich der Wurzelballen richtig mit Wasser voll saugen kann. Setzen Sie die Pflanze so in das Pflanzloch, dass die Oberfläche des Wurzelballens mit der Erdoberfläche abschließt. Füllen Sie das Pflanzloch wieder zu und drücken Sie die Erde leicht an. Gießen Sie die frisch gepflanzte Blume reichlich und versorgen Sie sie auch in der Folgezeit täglich mit Wasser.

Welke Blüten ausputzen

Die Sommersaison ist für die Sommerblumen die Zeit des Wachsens und Blühens. In dieser Zeit beschränkt sich der Pflanzenschnitt auf das Entfernen welker Blüten. Schneiden Sie diese möglichst umgehend ab, bevor sich die Samen entwickeln. Denn die Samenbildung reduziert die Bildung von Blütenknospen, und Sie wollen doch eine möglichst lange Blühphase. Neigt sich der Sommer langsam dem Ende zu, können Sie die Samen reifen lassen und für die Aussaat im nächsten Jahr gewinnen

Sommerblumen düngen

Um die üppige Blütenpracht hervorbringen zu können, brauchen die Pflanzen Nährstoffe. Zur Hauptblütezeit im Sommer sollten Sie Ihre Schützlinge mit zusätzlichen Nährstoffgaben verwöhnen. Sie werden es Ihnen mit umso größerer Vitalität und Blühfreudigkeit danken. Verabreichen Sie ein organisches Düngemittel, das zum Blühen anregt. Stickstoffhaltigen Düngern sollten Sie nicht verwenden.

Gärtnertipp

Sommerblumen bewässern
Entscheidend für das Gedeihen der Sommerblumen ist während der ganzen Saison eine ausreichende Wasserversorgung. In längeren Trockenperioden sollten Sie der Natur ein bisschen nachhelfen und die Bewässerung mit dem Gartenschlauch oder der Gießkanne vornehmen. Achten Sie jedoch auf einen sanften Wasserstrahl, den Sie auf den Boden, nicht aber auf die Pflanze richten.

Pflanzenschutz

In einem schönen, warmen Sommer ist Pflanzenschutz meist kein Thema. Die Pflanzen bleiben dann weitgehend von den lästigen Schädlingen verschont. Auch Pilzerkrankungen sind sehr selten. Ist das Wetter jedoch schlecht und Dauerregen an der Tagesordnung, finden Schädlinge und Pilzerkrankungen einen guten Nährboden. Auch Wasser- oder Nährstoffmangel können Ursachen für Schädlingsbefall oder Pilzerkrankungen sein. Um tierische Schädlinge zu bekämpfen, sollten Sie es zunächst mit Absammeln und Entfernen der befallenen Pflanzenteile versuchen. Den Einsatz chemischer Mittel sollten Sie vermeiden, da diese immer Nebenwirkungen aufweisen, die das biologische Gleichgewicht auf Dauer stören können. Ist eine Pflanze sehr stark befallen, sollten Sie sie lieber ganz beseitigen und ersetzen. Für Pilzerkrankungen, etwa Mehltau und Rost, gilt das gleiche. Vermeiden Sie den Einsatz chemischer Mittel. Entfernen Sie stattdessen die befallenen Pflanzenteile, achten Sie auf einen luftigen Standort und putzen Sie regelmäßig Verwelktes aus. Achten Sie zudem auf einen ausgeglichenen Nährstoffhaushalt.

Zweijährige Sommerblumen aussäen

Der Sommer ist der richtige Zeitpunkt, um zweijährige Sommerblumen auszusäen, deren Lebenszyklus sich, wie es der Name schon vermuten lässt, über zwei Jahre erstreckt. Im ersten Jahr nach der Aussaat entwickelt sich nur das Laubwerk, im zweiten Jahr bilden sich Blüten und Samen. Danach stirbt die Pflanze ab. Werden die Zweijährigen im Sommer ausgesät, können sie sich bis zum Herbst noch zu kräftigen Exemplaren entwickeln, die den Winter problemlos überstehen. Säen Sie in einen lockeren, feinkrümeligen und unkrautfreien Boden aus. Das Saatbeet sollte im Schatten liegen. Legen Sie Saatrillen an, in die Sie den Samen streuen. Geben Sie etwas Erde über das Saatgut und gießen Sie gut an. Versehen Sie die Aussaat mit einem Namensschild, damit Sie hinterher noch wissen, um welche Pflanze es sich handelt. In den folgenden Wochen sollten Sie die Erde konstant feucht halten, um Trockenschäden an den Keimlingen zu vermeiden. Sind die Keimlinge herangewachsen, werden sie ausgelichtet. Ende August sollten die Jungpflanzen zum Überwintern in ein windgeschütztes Gartenbeet gepflanzt werden. Im Frühjahr des Folgejahres kommen die überwinterten Jungpflanzen an ihren endgültigen Standort.

Pflegetipp

Schädlingsbekämpfung
Stellen Sie für die Bekämpfung von Krankheiten und Schädlingen eine Pflanzenbrühe aus Wermut und Rainfarn her, mit der Sie die befallenen Pflanzen behandeln. Zu diesem Zweck überbrühen Sie 40 Gramm Rainfarn- und Wermutblätter mit zwei Liter kochendem Wasser. Nach zehn Minuten verdünnen Sie den Sud im Verhältnis eins zu drei mit Wasser. Besprühen Sie mit dieser Brühe die betroffenen Pflanzen von allen Seiten. Nach einer halben Stunde sollten Sie die Reste abwaschen.

Rasen

Damit der Rasen den Sommer gut übersteht, braucht er ein bisschen Zuwendung. Legen Sie Ihr Augenmerk also

Zweijährige Sommerblumen

Höhe	Blütezeit	Blütenfarben	Standort	Aussat
Bartnelke (Dianthus barbatus)				
bis 60 cm	Mai bis Juli	weiß, rosa, rot oder violett	sonnig bis halbschattig	Juni
Gartennelke (Dianthus)				
50 bis 60 cm	Juli bis September	weiß, rosa, rot oder gelb	sonnig	Juni
Goldlack (Cheiranthus cheiri)				
bis 50 cm	Mai bis Juni	gelb oder braunrot	sonnig	Juni
Marienglockenblume (Campanula medium)				
bis 80 cm	Juni bis Juli	weiß, rosa oder blau	sonnig	Juni
Stiefmütterchen (Viola wittrockiana tricolor maxima)				
bis 20 cm	Oktober, März bis Mai	weiß, gelb, rot, blau, lila, purpur oder dreifarbig	sonnig bis halbschattig	Juni/Juli
Vergissmeinnicht (Myosotis alpestris)				
bis 20 cm	Mai bis Juni	blau	sonnig bis halbschattig	Juni

nicht nur auf die Pflege der prachtvollen sommerlichen Blumenbeete, sondern auch auf den Rasen. Denn ein ungepflegter Rasen ist kein schöner Anblick, mag das Blumenbeet noch so spektakulär sein. Ein sorgsam gepflegtes Grün hingegen bietet einen reizvollen Kontrast zu all der Blumenpracht und macht Ihren Garten erst vollkommen.

Praxistipp

Rasenkanten versäubern
Der Grenzbereich zwischen Rasen und Blumenbeet wird immer wieder von Gras überwuchert. Das regelmäßige Abstechen der Kanten schafft nur vorübergehend Abhilfe. Wenn Sie eine dauerhafte Lösung für dieses Problem suchen, sollten Sie die Rasenkante mit Pflastersteinen säumen. Eine andere Möglichkeit, die grenzüberschreitenden Gräser in Schach zu halten, sind wenige Millimeter dicke, rostfreie Metallbänder, mit denen Sie den Rasen umsäumen und die kaum zu sehen sind.

Rasen mähen

Um eine schöne, gepflegte Grünfläche zu erhalten, sollten Sie Ihren Rasen etwa ein- bis zweimal wöchentlich mähen. Schneiden Sie ihn jedoch nicht zu kurz. Die Gräser sollten in einem normalen Sommer etwa auf vier Zentimeter gekürzt werden. In trockenen, heißen Jahren sollten sie etwas länger bleiben, um ein Austrocknen des Rasens zu vermeiden. Auch sollte dann die Mähhäufigkeit etwas reduziert werden.

Rasenkanten schneiden

Hohes Gras am Rand der Rasenflächen oder entlang eines Zauns schneiden Sie am besten mit einem Rasentrimmer. Entlang der Wege säubern Sie die Kanten mit einer Handgrasschere, die sich auch ideal an Mauern und Zäunen einsetzen lässt. Das optimale Gerät zur Begradigung von Rasenkanten ist der Kantenstecher, mit dem sich klare Grenzen zwischen Rasen und Blumenbeeten ziehen lassen.

Ein gut gepflegter Rasen wertet Blumenbeete auf

Gärtnertipp

Urlaubsvorbereitung für den Rasen
Bevor Sie in den Sommerurlaub fahren, sollten Sie Ihren Rasen noch einmal mähen. Schneiden Sie ihn jedoch nicht kürzer als sonst – bei zu kurzem Rasen kann an besonders heißen Tagen die Grasnarbe verbrennen. Ist der Rasen nach der Rückkehr aus dem Urlaub zu hoch geworden, suchen Sie sich zum Mähen einen trüben Tag aus. Versuchen Sie nicht, das zu hoch gewachsene Gras auf einmal zu bewältigen. Besser ist es, den Rasenmäher beim ersten Schnitt etwas höher einzustellen und in zwei bis drei weiteren Schnitten im Abstand von einigen Tagen die gewohnte Höhe zu erreichen.

Sonnenschutz für den Rasen

Wenn die Quecksilbersäule in die Höhe klettert und kein Wölkchen den Himmel trübt, ist auch der Rasen für Sonnenschutz dankbar. Aus diesem Grund sollten Sie ihn jetzt mulchen. Am einfachsten geht das mit einem speziellen Mulchmäher. Es gibt auch Rasenmäher, die sich mit einfachen Handgriffen in einen Mulchmäher umrüsten lassen. Diese Geräte kombinieren das Rasenmähen mit dem Mulchen, indem sie beim Mähen des Rasens das Schnittgut ganz fein zerkleinern. Es fällt gleichmäßig verteilt sofort wieder zu Boden und bildet eine perfekte Mulchschicht, die dem Rasen hilft, die sommerliche Hitze und anhaltende Trockenheit unbeschadet zu überstehen.

Rasen beregnen

Rasen düngen

Verwöhnen Sie Ihren Rasen mit einer Düngegabe. Durch die Wärme ist er möglicherweise in Mitleidenschaft gezogen. Das lässt sich leicht durch das Aufbringen eines Flüssigdüngers beheben. Verdünnen Sie den Dünger vorschriftsmäßig mit Wasser und bringen Sie ihn mit der Gießkanne aus. Bereits nach zwei bis drei Tagen sieht der Rasen viel erholter aus.

Rasen gießen

Gießen Sie Ihren Rasen nur, wenn es unbedingt erforderlich ist. Selbst im Hochsommer, wenn die Trockenheit nur durch gelegentliche Gewitter unterbrochen wird, ist das Gießen bei einem gut eingewachsenen Rasen nicht erforderlich. Auch wenn das Grün an manchen Stellen trocken und braun geworden ist, erholt es sich nach einem Regenfall schnell wieder.
Sollte die Trockenheit tatsächlich über Wochen hinweg anhalten, können Sie die Rasenfläche zwischendurch einmal gießen. Besser als täglich ein bisschen zu wässern ist eine gründliche Bewässerung einmal die Woche. Lieber einmal gründlich wässern als ein paar Mal nur die Oberfläche durchfeuchten. Sie sollten sich jedoch überlegen, ob Sie für das Gießen tatsächlich das wertvolle Nass vergeuden wollen. Denn selbst durch und durch gesunde Rasenflächen werden bei hohen Temperaturen braun. Nach dem ersten Regenguss regeneriert sich der Rasen jedoch sehr schnell wieder von selbst.

Praxistipp

Blumenwiese
In vielen Gärten kann man beobachten, dass der Trend vom Englischen Rasen weg geht hin zu einer naturnahen Blumenwiese. Wenn auch Sie Ihr makelloses Grün in eine Blumenwiese verwandeln wollen, sollten Sie das Mähen reduzieren sowie das Düngen und Rasensprengen einstellen. Mit der Aussaat einer Wiesenblumenmischung können Sie der Umwandlung auch ein bisschen nachhelfen.

Neurasen anlegen

Der Sommer ist eine günstige Zeit zur Anlage eines Neurasens. Die Temperaturen sind warm genug, so dass der Samen schnell keimt. Das Wetter sollte jedoch nicht zu trocken sein. Man kann den Rasen auch im Frühjahr oder Herbst säen, der Boden sollte jedoch gut durchwärmt sein, sonst ist die Aussaat nicht von Erfolg gekrönt.
Bei der Anlage Ihres Neurasens können Sie zwischen den unterschiedlichsten Saatgutmischungen wählen. Man unterscheidet Englischen Luxusrasen, Zierrasen, Gebrauchsrasen, Strapazierrasen (Spielrasen) etc. Je nach Nutzungsart entscheiden Sie sich für die entsprechende Saat. Pro Quadratmeter Bodenfläche sollten Sie je nach Mischung 20 bis 50 Gramm rechnen. Nach einer sorgfältigen Vorbereitung des Bodens, die in Lockerung des Bodens, Beseitigung von Unkrautresten und Steinen sowie Glätten und Feinplanieren mit dem Rechen besteht, können Sie mit der Aussaat loslegen.

Bewässerung von Kübelpflanzen

Gehen Sie beim Ausbringen des Samens quadratmeterweise vor. Streuen Sie die empfohlene Saatgutmenge, die Sie den Angaben auf der Samenpackung entnehmen, gleichmäßig aus. Haben Sie eine sehr große Fläche zu bewältigen, ist die Verwendung eines Streuwagens empfehlenswert. Wenn Sie den Samen ausgebracht haben, arbeiten Sie ihn mit dem Rechen leicht in den Boden ein und verdichten die Fläche durch Festtreten. Dann wässern Sie den Boden gründlich. In den folgenden Wochen müssen Sie die Saat gleichmäßig feucht halten. Hat der Rasen eine Höhe von etwa acht Zentimetern erreicht, was nach etwa drei bis vier Wochen der Fall ist, mähen Sie ihn das erste Mal und kürzen ihn auf etwa vier Zentimeter.

Trittplatten im Rasen verlegen

Wenn Sie keinen durchgehenden Weg quer durch Ihren Rasen anlegen wollen, genügen auch einige Trittplatten. Verlegen Sie diese am besten im Sommer, da Sie nach der Verlegearbeit auch gleich den Neurasen rings um die Platten anlegen können. Als günstiger Abstand zwischen den Platten gelten 65 Zentimeter. Testen Sie am besten, ob auch Sie mit diesem Schrittmaß zurechtkommen. Andernfalls verkürzen oder verlängern sie es nach Ihren Wünschen.

Ebnen Sie den Untergrund ein und verlegen Sie die Platten in ein Kiesbett. Die Plattenoberfläche sollte mit dem Geländeniveau abschließen, so dass Sie später einfach darüber hinweg mähen können.

Balkon- und Terrassenpflanzen

Auch auf Balkon und Terrasse hält der Sommer Einzug. Die Frühlingsblüher weichen den Sommerblühern, der Hauptflor nimmt seinen Platz ein und bleibt dort bis zum Ende der Saison. Die Balkonkästen, Töpfe und Kübel zieren sich mit einem Blütenmeer in unterschiedlichsten Farben, Formen und Duftnuancen. Ein schön gestalteter Balkon oder eine Terrasse kann sogar mit dem sommerlichen Garten konkurrieren.

Kübelpflanzen pflegen

Die Kübelpflanzen haben sich inzwischen recht gut auf dem Balkon oder der Terrasse akklimatisiert. Ein Teil blüht jetzt bereits reichlich, andere Pflanzen setzen gerade die ersten Blüten an. Da ist es wichtig, dass die Pflanzen den richtigen Platz auf dem Balkon oder der Terrasse erhalten. Die meisten Kübelpflanzen lieben sonnige, windgeschützte Standorte. Zu heiße Plätze können aber auch schädlich sein, wenn die Pflanzen zu wenig Wasser bekommen. Wenn Sie verreisen, und sei es auch nur für ein paar Tage, ist es sinnvoll, die Kübel ganz in den Schatten zu stellen und dann kräftig zu wässern.

Auf das Gießen der Kübelpflanzen sollten Sie Ihr besonderes Augenmerk legen. Die Menge ist abhängig von der Größe der Pflanze und des Gefäßes Auch die Wurzelbildung im Kübel und nicht zuletzt natürlich die Witterung spielen beim Wasserbedarf eine Rolle. Stark eingewurzelte Pflanzen in einem kleinen Gefäß müssen an heißen Tagen bis zu dreimal gegossen werden, während frisch umgetopfte Kübelpflanzen bei kühler Witterung nur alle zwei bis drei Tage Wasser benötigen.

Wichtig für die Kübelpflanzen ist auch das regelmäßige Düngen. Blühende Pflanzen, die sich im Wachstum befinden, düngen Sie am besten wöchentlich mit einem im Handel üblichen Mehrnährstoffdünger (Blumendünger). Halten Sie sich dabei an die Herstellerangaben.

Der Schnitt der Kübelpflanzen erfolgt im Herbst bzw. Frühjahr. Im Sommer sollten Sie lediglich lange, durchschießende, nicht blühende Triebe schneiden. Wächst etwa die Krone zu dicht, kommt es aus Lichtmangel im beschatteten Bereich zu gelben Blättern. In diesem Fall sollten Sie einige Äste vorsichtig herausschneiden, um die Krone zu lockern. Verpassen Sie der Krone keinen Rundschnitt, bei dem alle frischen Triebe entfernt werden

Am richtigen Standort und bei guter Pflege treten gewöhnlich kaum Schädlinge auf. Kommen tatsächlich einmal Läuse, Weiße Fliege oder Rote Spinne vor, sollten Sie es mit einem Seifenpräparat versuchen.

Gärtnertipp

Kahlstellen

Entdecken Sie nach dem Anlegen kleinere kahle Stellen im neuen Rasen, sollten Sie ein paar Schnitte abwarten. In der Regel schließen sich die Lücken von selbst. Weist der Neurasen größere Kahlstellen auf, muss hingegen nachgesät werden.

Sommerbepflanzung durchführen

Jetzt ist Saison für die ein- oder mehrjährigen Sommerblüher, die mit verschwenderischer Pracht und Üppigkeit blühen, bevor sie im Herbst entweder verwelken und absterben oder zum Überwintern ins Haus gebracht werden.

Wenn Sie sich nicht bereits im Frühjahr um die Sommerbepflanzung gekümmert und die gewünschten Exemplare ausgesät und herangezogen haben, können Sie jetzt immer noch auf Jungpflanzen zurückgreifen, die Sie sich im Gartenfachhandel besorgen.

Zum Einpflanzen in die Balkonkästen verwenden Sie handelsübliche Balkonerde. Setzen Sie die Pflanzen so tief in die Erde, dass die Oberfläche des Wurzelballens mit der Erdoberfläche abschließt. Achten Sie auf einen ausreichenden Abstand zwischen den Pflanzen, der je nach Wüchsigkeit und Größe der Exemplare zwischen zehn und 30 Zentimetern betragen sollte. Halten Sie die Erde nach dem Pflanzen gut feucht.

Balkon- und Terrassenpflanzen für den Sommer

Höhe	Blütezeit	Blütenfarben	Standort
***Begonie** (Begonia semperflorens)*			
bis 30 cm	Juni bis Oktober	weiß, rot oder zweifarbig	sonnig bis halbschattig
***Blaues Gänseblümchen** (Brachycome multifida)*			
bis 30 cm	Juni bis Oktober	blau	sonnig bis halbschattig
***Elfenspiegel** (Nemesia fruticans)*			
bis 50 cm	Juli bis Oktober	weiß, rosa oder blau	sonnig bis halbschattig
***Fleißiges Lieschen** (Impatiens walleriana)*			
bis 40 cm	ganzjährig	violett, rot oder weiß	halbschattig bis schattig
***Fuchsie** (Fuchsia-Hybriden)*			
bis zu 50 cm	Mai bis Oktober	zweifarbig in Weiß-, Rot- oder Blautönen	halbschattig bis schattig
***Geranie** (Pelargonium)*			
bis 50 cm	Mai bis Oktober	rot, rosa, lila oder weiß	sonnig
***Männertreu** (Lobelia erinus)*			
bis 25 cm	Mai bis Oktober	blau	sonnig bis halbschattig
***Pantoffelblume** (Calceolaria integrifolia)*			
bis 30 cm	April bis Oktober	gelb	sonnig bis halbschattig
***Petunie** (Petunia-Hybriden)*			
bis 100 cm	Mai bis Oktober	rot, blau oder weiß	sonnig
***Strauchmargerite** (Argyranthemum syn. Chrysanthemum frutescens)*			
bis 75 cm	Juni bis September	weiß oder gelb	sonnig bis halbschattig
***Tagetes** (Tagetes patula)*			
bis 40 cm	Mai bis Oktober	gelb oder orange	sonnig bis halbschattig
***Wucherblume** (Chrysanthemum mulicaule)*			
bis 30 cm	Juli bis Oktober	weiß oder gelb	sonnig bis halbschattig

Sommerbepflanzung pflegen

Schneiden Sie regelmäßig verwelkte Pflanzenteil ab. Das fördert zum einen den Ansatz neuer Blütenknospen, zum anderen schützt es die Pflanze vor Pilzerkrankungen. Gießen Sie Ihre grünen Schützlinge regelmäßig. An den heißen Tagen brauchen sie besonders viel Wasser und müssen bisweilen zweimal pro Tag (morgens und abends) gegossen werden. Verwenden Sie abgestandenes, lauwarmes Gießwasser, damit die empfindlichen Blüher keinen „Kälteschock" durch kaltes Leitungswasser erleiden. Füllen Sie die Gießkanne nach der Verwendung gleich wieder mit Wasser auf. Eine gute Möglichkeit, auch an heißen Tagen die Feuchtigkeit in den Balkonkästen, Töpfen und Kübeln zu halten, ist

Geranien pflanzen

das Mulchen. Nehmen Sie zum Mulchen der Balkon- und Terrassenpflanzen Kies, Moos oder Muscheln. Die Mulchschicht verhindert zugleich auch den lästigen Unkrautbewuchs.

Nutzpflanzen auf Balkon oder Terrasse pflegen

Haben Sie auch Nutzpflanzen auf Ihrem Balkon oder Ihrer Terrasse ausgesät, können Sie sich im Sommer allmählich ans Ernten machen. Pflücken Sie das Gemüse jedoch nicht von Hand, sondern schneiden Sie es ab. Beim Brechen von Hand können Verletzungen an Blättern und Stielen entstehen, die leicht zu Angriffspunkten für Krankheiten werden können. An trockenen Tagen sollten Sie Ihr Gemüse gründlich wässern, damit das Wachsen und Gedeihen Ihres Gemüses nicht kurz vor der Ernte ins Stocken gerät.
Auch das Mulchen tut Ihren Gemüsepflanzen während der sommerlichen Hitze gut. Denn die Mulchschicht hält die Erde feucht und bewahrt sie vor dem Austrocknen.

Kräuter ernten

Für viele Kräuter ist der Sommer die Erntezeit. Warten Sie zum Ernten einen schönen, sonnigen Tag ab. Ernten Sie am besten morgens, da zu dieser Tageszeit der Anteil an ätherischen Ölen noch sehr hoch ist. Scheint erst einmal die Sonne, entweichen die für das Aroma wichtigen Öle. Nach dem Ernten hängen Sie die Blattkräuter in Bündeln zum Trocknen an einem warmen, trockenen Platz auf. Geerntete Samen, etwa von Dill, Kümmel oder Koriander, breiten Sie zum Trocknen in flachen Holzkisten oder ähnlichen Behältnissen aus.

Gartenteich

Was gibt es Schöneres, als an einem Sommertag ein paar erholsame Stunden im Liegestuhl zu verbringen, mit Blick auf den Gartenteich, die leuchtend rosaroten, gelben und weißen Seerosen und die grünende und blühende Uferbepflanzung. Mit einem Gartenteich im grünen Reich haben Sie Ihr Naherholungsgebiet direkt vor der Haustür.

Kübelpflanzen haben einen hohen Wasserbedarf

Üppig blühende Petunien

Seerosen pflanzen und pflegen

Seerosen dürfen in keinem Gartenteich fehlen, sie machen den Gartenteich erst komplett. Der Star der Gartenteiche läuft im Sommer zu Hochstform auf und entfaltet dann seine ganze Schönheit. Wenn Sie die Seerosen im Frühjahr noch nicht gepflanzt haben, können Sie dies noch immer im Frühsommer nachholen. Die Pflanzen wachsen besonders gut und rasch an, wenn sich das Wasser erwärmt hat. Sie können im Sommer auch Exemplare mit losen Wurzeln pflanzen. Die einfachste Möglichkeit, eine Seerose in Ihrem Teich anzusiedeln, ist die Pflanzung im Korb. Besorgen Sie sich im Fachhandel einen Kunststoffkorb und ein Jutetuch, mit dem Sie den Korb auslegen. Befüllen Sie ihn mit spezieller, ebenfalls im Fachhandel erhältlicher Seerosenerde oder mit

Gärtnertipp

Tauchbad bei Trockenheit
Sind Sie mit dem Gießen Ihrer Balkon- und Terrassenpflanzen einmal ins Hintertreffen geraten, so dass die Erde im Topf völlig ausgetrocknet ist, sollten Sie die Gefäße mit den ausgetrockneten Wurzelballen in ein Tauchbad geben. Halten Sie sie so lange unter Wasser, bis keine Luftbläschen mehr aufsteigen.

Erntetipp

Zwiebeln und Knoblauch
Sind unter den Gemüsesorten, die Sie auf dem Balkon oder der Terrasse gepflanzt haben, auch Zwiebeln und Knoblauch, sollten Sie mit dem Ernten warten, bis das Laub welk geworden ist.

Langzeitdünger angereicherter Lehmerde. Auch Hornspäne eigenen sich als Düngerzugabe. Setzen Sie die Seerose in den Korb, so dass die Oberkante des Wurzelballens mit der Erdoberfläche abschließt. Bringen Sie auf die Erde eine zwei bis drei Zentimeter starke Kiesschicht auf, so dass die Erde nicht aufschwimmen kann. Schneiden Sie das überstehende Jutetuch zurecht.
Gießen Sie die frisch gepflanzte Seerose gründlich und stellen Sie den Korb zunächst in den flachen Bereich des Teichs. Sobald sich neue Blätter gebildet haben, können Sie die Seerose ins tiefere Wasser absenken.

Pflanzlücken schließen

Nicht nur Seerosen, auch viele andere Sumpf- und Wasserpflanzen können noch in den Sommermonaten gepflanzt werden, wenn der Bewuchs nicht dicht genug ist. Sumpfpflanzen können auch bis in den Herbst hinein gepflanzt werden.Günstige Voraussetzungen für eine erfolgreiche Pflanzung sind ein bedeckter Himmel und Windstille, damit die Pflanzen nicht so schnell austrocknen.Denken Sie daran, die Pflanzen, die Sie frisch einsetzen, mit Kieselsteinen gegen das Aufschwimmen zu sichern.
Frostempfindliche Pflanzen, die zum Überwintern aus dem Teich geholt werden müssen, pflanzen Sie am besten in Kunststoffkörben ein. Diese lassen sich zu Beginn der kalten Jahreszeit problemlos aus dem Teich nehmen.

Wasser nachfüllen

Wenn an sehr heißen Tagen und über eine längere Trockenperiode hinweg Wasser aus dem Teich verdunstet und der Wasserstand gefallen ist, sollten Sie dies durch Nachfüllen von Wasser ausgleichen. Damit das Wasser, das Sie nachfüllen, nicht zu kalt ist, wird es mit einer feinen Düse zerstäubt, so dass es von der Luft erwärmt wird.

Sauerstoffgehalt verbessern

Mit zunehmender Sonneneinstrahlung erwärmt sich das Teichwasser. Steigt die Wassertemperatur auf 20°C oder mehr, nimmt der Sauerstoffgehalt ab und ist deutlich geringer als im kühlen Wasser. Als Sauerstoffproduzenten dienen die Wasserpflanzen. Aber auch Wasserspiele wie kleine Fontänen, Wasserspeier oder Quellsteine tragen zur Steigerung des Sauerstoffanteils im Wasser bei. Da die Pflanzen zur Sauerstoffproduktion des Sauerstoffs Licht brauchen, stellen sie nachts die Produktion ein. Daher sollten Sie gerade im Sommer die Wasserspiele auch während der Nacht in Betrieb lassen.

Wasserqualität kontrollieren

Wenn sich das Teichwasser im Sommer erwärmt, werden die Algen zu regem Wachstum angeregt. Die unerwünschten Gäste lassen sich ganze einfach abfischen, wobei Sie bei dieser Gelegenheit auch gleich abgestorbene Pflanzenteile mit entfernen können. Um übermäßiger Algenbildung vorzubeugen, können Sie Unterwasserpflanzen einsetzen, die die Algenbildung unterdrücken. Auch Wasserflöhe und Wasserschnecken ernähren sich gerne von Algen.

Pflanzen pflegen

Bei heißem lang anhaltenden Sommerwetter sollten die Pflanzen im Uferbereich regelmäßig gegossen werden, am besten mit Regenwasser.
Zu den Pflegemaßnahmen, die im Sommer durchgeführt werden sollten, gehört auch das Auslichten stark wachsender Pflanzen im Uferbereich. Verwenden Sie dazu ein Messer oder eine Schere. Abbrechen oder Herausreißen würde die Pflanze verletzen und sie anfällig für Schädlinge und Krankheiten machen. Schwimmpflanzen, die sich stark ausbreiten wie etwa Wasserlinse oder Froschbiss werden abgefischt. Von Pflanzen, die sich selbst leicht aussäen, etwa Froschlöffel und Simse, sollten Sie vor

Seerose in Kunststoffkorb setzen

Seerose gegen Aufschwimmen sichern

Praxistipp

Pflanzdichte
Als Richtlinie für die richtige Bepflanzungsdichte kann gelten: Pro Quadratmeter sind im Flachwasserbereich etwa zehn kleinere Pflanzen im Abstand von 20 bis 30 Zentimetern zu setzen. Im Tiefwasserbereich und bei größeren Pflanzen sind drei bis fünf Pflanzen pro Quadratmeter im Abstand von 30 bis 40 Zentimetern ausreichend.

der Reife die Samenstände entfernen. Stark wuchernden Pflanzen sollten Sie Einhalt gebieten, indem Sie die Wurzelausläufer eindämmen. Kontrollieren Sie die Teichpflanzen auf Schädlinge und Pilzerkrankungen. In einem gesunden Teich werden jedoch die Pflanzen recht selten von derartigen Plagen befallen.

Praxistipp

Chemische Bekämpfungsmittel vermeiden
Den Einsatz chemischer Bekämpfungsmittel sollten Sie im und um den Gartenteich unbedingt vermeiden. Denn alle Gifte verbreiten sich über das Wasser, schädigen nützliche Kleinstlebewesen und bringen das biologische Gleichgewicht durcheinander.

Teich sichern

Gehören Kleinkinder zur Familie, sollte man sich Gedanken über die Teichsicherung machen. Gerade im Sommer, wenn sich die Kinder häufig im Garten aufhalten, ist der Teich eine sehr ernst zu nehmende Gefahrenquelle.
Erwägen Sie, ob Sie nicht für die Zeit, in der die Kinder noch nicht schwimmen können, den Teich zum Sandkasten umfunktionieren und die Teichpflanzen vorübergehend ausquartieren. Das geht jedoch nur bei einem Fertigteichbecken, nicht bei einem Folienteich, da durch die Nutzung als Sandkasten die Folie beschädigt werden könnte.
Einen Folienteich müssen Sie entweder einzäunen oder abdecken. Wählen Sie einen möglichst unauffälligen Zaun, den Sie nach einigen Jahren mühelos wieder entfernen können. Vergessen Sie nicht, für einen Zugang zum Teich zu sorgen. Wenn Sie sich für eine Gitterauflage entscheiden, wird diese entweder aus Holz oder Metallgewebe bestehen. Achten Sie darauf, dass das Gitter entsprechend engmaschig ausfällt.

Seerosen

Der Nutzgarten im Sommer

Obstbäume

Während sich die Obstbäume im Frühjahr mit einem Meer an weißen und rosa Blüten schmücken, sind es jetzt die verlockenden Früchte, die die Blicke auf sich ziehen. Beim bloßen Anschauen muss es glücklicherweise nicht bleiben, denn viele der Früchte sind im Sommer bereits reif und warten nur darauf, gepflückt und verspeist zu werden.

Containerpflanzen einpflanzen

Während für wurzellose Obstbäume die Pflanzzeit vorbei ist, können Containerpflanzen auch jetzt noch gepflanzt werden. Achten Sie auf eine ausreichend große Pflanzgrube und stellen Sie die Obstbäume vor der Pflanzung einige Stunden ins Wasser. Setzen Sie am besten vor der Pflanzung die zum Stützen des jungen Baumes notwendigen Stützpfähle. Wässern Sie den frisch gepflanzten Baum gründlich und halten Sie ihn auch in der Folgezeit gut feucht.

Apfel „Elstar"

Obstbäume pflegen

Obstbäume wurzeln in der Regel sehr flach, die Wurzeln entwickeln sich sehr dicht unter der Bodenoberfläche. Gras- und Unkrautbewuchs stellen daher besonders bei jungen Obstbäumen eine starke Nährstoffkonkurrenz dar und sollten regelmäßig entfernt werden.
Beim Unkrautjäten müssen Sie allerdings sehr vorsichtig vorgehen, um die Baumwurzeln nicht zu verletzen. Eine gute Alternative ist regelmäßiges Mulchen. Verwenden Sie dazu Grasschnitt, gehäckseltes Stroh, Laub, Rinde oder Kompost.

Fruchtbehang ausdünnen

Bisweilen bereits Ende Mai, meist aber im Juni setzt der so genannte Junifruchtfall ein. Dieser natürliche Vorgang des Abwerfens unreifer Früchte sorgt dafür, dass der Baum nicht mehr Früchte trägt als er ernähren kann. Sie können dem Fruchtfall auch ein bisschen nachhelfen und all die Früchte ausdünnen, die zu dicht stehen, die krank oder beschädigt sind oder die Ihnen mengenmäßig zu viel werden.

Praxistipp

Früchte ausdünnen
Besonders bei Apfel- und Birnbäumen können Sie sehr stattliche Exemplare ernten, wenn Sie die Früchte so ausdünnen, dass sie im Abstand von mindestens zehn Zentimetern stehen bleiben.

Obstbaumzweige stützen

Im Sommer stellen die vielen Früchte oft eine große Belastung für die Äste dar. Gerade bei älteren Bäumen sind die reich tragenden Äste bruchgefährdet, daher sollten Sie die Äste abstützen. Als Stützhilfe verwenden Sie einen gegabelten Holzstab oder eine Metallstange in T-Form. Dorthinein bzw. in die Gabelung des Holzstabes betten Sie den Ast. Um zu verhindern, dass die Rinde gequetscht und aufgescheuert wird, umwickeln Sie die Auflage mit Schaumstoff.

Obstbäume gießen

Wenn die Temperaturen im Sommer kräftig ansteigen und sich viele trockene Tage ohne Regenguss aneinander reihen, sollten Sie gerade stark tragende Obstbäume mit genügend Wasser versorgen. Bei starker Trockenheit werfen diese die angesetzten Früchte sonst wieder ab. Es ist besser, die Bäume nur einmal in der Woche gründlich zu wässern, so dass der Wurzelbereich tiefgründig durchnässt wird, als dies täglich oberflächlich zu tun. Wenn Sie sich nicht sicher sind, ob das Gießwasser auch den Wurzelbereich erreicht und ausreichend durchfeuchtet, können Sie eine Spatenprobe machen. Dadurch erkennen Sie, wie tief der Boden befeuchtet ist.

Obstbäume vor Schädlingen und Krankheiten schützen

Es gilt die Devise: Vorbeugen ist besser als Bekämpfen. Beachten Sie daher folgende Regeln, um sich später nicht mit allerlei Schädlingen und Pilzkrankheiten herumschlagen zu müssen:
Bevorzugen Sie robuste, möglichst gegen Pilzerkrankungen widerstandsfähige Sorten. Sorgen Sie für einen geeigneten Standort, fachgerechte Bodenpflege und ausgewogene Pflanzenernährung.
Auch regelmäßige Schnittmaßnahmen sind eine wirksame Vorbeugung gegen Krankheiten und Schädlinge. Sorgen Sie dafür, dass sich natürliche Feinde der Schädlinge ansiedeln. Maßnahmen zur Förderung dieser Nützlinge sind etwa die Bereitstellung von Nisthilfen für Vögel und das Schaffen von Unterschlupfmöglichkeiten für Ohrwürmer und Florfliegen.
Um Obstmaden abzufangen und sie am Hinaufklettern der Obstbäume zu hindern, können Sie von Juni bis August Fanggürtel aus Wellpappe um den Stamm legen, die Sie öfter erneuern.

Süßkirschen

Gärtnertipp

Informationsmaterial
Der Bayerische Landesverband für Gartenbau und Landespflege hält für interessierte Gärtner Merkblätter bereit, die über besonders robuste Obstsorten informieren. Bei Interesse wenden Sie sich an den Bayerischen Landesverband für Gartenbau und Landespflege e.V., Herzog-Heinrich-Strasse 21,
80336 München,
Tel. 089 / 54 43 05 - 0

Sommerschnitt durchführen

Direkt nach der Ernte ist ein günstiger Zeitpunkt, um die Kronen von Steinobstbäumen auszulichten. Ziel der Schnittmaßnahmen ist es immer, die Krone so zu formen, dass an alle Äste gleichermaßen Licht und Luft kommen kann. Dabei werden kranke oder abgestorbene Äste geschnitten, die entweder unbelaubt geblieben sind oder verfärbte oder verformte Blätter aufweisen. Ebenso werden störende Äste, die entweder zu dicht oder nach innen wachsen, entfernt, zu lange Triebe eingekürzt und zur Verzweigung angeregt. Schnittmaßnahmen bei Obstbäumen sind nicht ganz einfache Maßnahmen, die Fachkenntnis und Erfahrung bedürfen. Ziehen Sie eventuell einen Fachmann hinzu.

Früchte ernten

Der Sommer ist die Erntezeit für eine Reihe von Obstsorten wie etwa besonders frühe Äpfel, Birnen, Pflaumen und

Pfirsiche. Warten Sie bei der Ernte jedoch den richtigen Zeitpunkt ab. Die Früchte sollten eine kräftige Färbung aufweisen und sich leicht von den Stängeln abdrehen lassen. Bringen Sie genug Geduld auf, dann werden Sie mit vollreifen, süßen, wohlschmeckende Früchten belohnt. Bei Aprikosen und Pflaumen ist es besonders wichtig, mit der Ernte abzuwarten, bis die Früchte voll ausgereift sind. Werden diese Obstsorten zu früh geerntet, reifen sie nicht mehr richtig nach und entfalten nicht ihren vollen Geschmack. Obstsorten, die erst spät im Jahr reifen, werden gepflückt, wenn sie sich leicht vom Stängel drehen lassen, auch wenn sie noch etwas blass in der Farbe und säuerlich im Geschmack sind. Bringen Sie sie zum Lagern in einen kühlen, frostfreien und luftigen Raum. Geschmack und kräftige Färbung bekommen sie dann durch die Lagerung. Während man die meisten Obstsorten vorsichtig vom Baum nehmen sollte, lassen sich Pflaumen einfach durch Schütteln des Baumes ernten, da sie beim Herabfallen kaum Schaden nehmen.

Obst lagern

Oft erntet man solche Mengen, dass man die Früchte nicht auf einmal bewältigen kann. Dann kommt es auf eine

Apfelbaum stützen

sachgemäße Lagerung an, damit die Ernte auch weiterhin genießbar bleibt. Beachten Sie daher einige Grundsätze zur Lagerung:

Bewahren Sie Obst prinzipiell nur nebeneinander liegend auf. Beschädigte, faulige oder wurmige Früchte sollten Sie entweder sofort verbrauchen oder beseitigen. Auf keinen Fall dürfen Sie sie lagern, da sie die anderen Exemplare anstecken könnten. Kontrollieren Sie Ihr Lager regelmäßig und sortieren Sie beschädigte, faulige oder wurmige Früchte aus. Achten Sie darauf, dass Ihr Lagerraum kühl, frostfrei, luftig und trocken ist. Ideal sind Temperaturen um 5°C.

Praxistipp

Erste Früchte entfernen

Fachleute raten, im ersten Jahr der Pflanzung die Früchte zu entfernen, damit der junge Obstbaum seine gesamte Kraft in die Entwicklung von Krone und Wurzeln stecken kann. Wenn Sie Ihren jungen Baum jedoch ausreichend hegen und pflegen, können Sie auch im ersten Jahr die wenigen sich entwickelnden Früchte ausreifen lassen. Im dritten Jahr nach der Pflanzung ist in der Regel die erste größere Ernte möglich.

Beerenobst

Während Sie von Ihren Erdbeeren bereits im späten Frühjahr naschen konnten, reifen die übrigen heimischen Beeren im Laufe des Sommers heran und ergänzen Ihren Speiseplan. Sie sind jedoch nicht nur wohlschmeckend und lassen sich zu köstlichen Dingen verarbeiten, sie sind mit den kräftigen, leuchtenden Farben überdies auch hübsch anzuschauen.

Beerensträucher wässern

An trockenen Sommertagen ist es unbedingt notwendig, die Beerensträucher gründlich zu wässern. Denn wenn die Sträucher unter Wassermangel leiden, ist die Fruchtreife gefährdet. Gießen Sie einmal pro Woche gründlich, so dass der Wurzelbereich gut durchfeuchtet ist.

Beerensträucher mulchen

Für gutes Wachstum und das Heranreifen großer Beeren ist ausreichende Feuchtigkeit unabdingbar. Um die notwendige Feuchtigkeit im Boden zu halten und die Beerensträucher vorm Austrocknen zu schützen, kann man ihren Standort mit einer Mulchschicht abdecken. Als Mulchmaterial eignen sich frisches Gras, Laub und halb verrotteter Kompost.

Beerenobst ernten

In der Regel ist das Beerenobst erntereif, wenn es sich leicht vom Stiel lösen lässt. Früchte, die länger am Strauch bleiben, beginnen einzutrocknen und abzufallen.

Erdbeeren

Die köstlichen roten Früchte reifen ab Juni und werden mehrmals durchgepflückt. Die reifen Erdbeeren werden samt Kelchblättern vorsichtig vom Stiel gelöst.

Haben Sie eine mehrmals tragende Sorte oder kleinfrüchtige Monatserdbeeren gepflanzt, können Sie bis zum Frosteintritt ernten.

Gärtnertipp

Fallobst aufsammeln

Sammeln Sie heruntergefallene Früchte möglichst umgehend auf, damit die Obstmaden nicht erneut die Bäume hochklettern und intakte Früchte befallen können.

Johannisbeeren
Je nach Sorte fällt die Erntezeit in den Juni, Juli oder August. Die Früchte sollten voll, rund und prall sein. Um bei der Ernte keine Früchte zu verletzen, werden Johannisbeeren am besten mit der Schere abgeschnitten.

Rote Stachelbeeren

Himbeeren
Normalerweise beginnt die Himbeerernte Ende Juni/Anfang Juli. Probieren Sie aus, ob sich die Früchte leicht vom Stiel ablösen lassen. Am besten ernten Sie Himbeeren in den frühen Morgenstunden. Mit zunehmender Tageswärme verlieren die roten Früchte an Masse. Wenn Sie sie nachmittags oder abends ernten, fallen sie rasch zusammen. Haben Sie eine zweimal tragende Sorte gepflanzt, können Sie sich im September/Oktober nochmals auf leckere Früchte freuen.

Brombeeren
Je nach Sorte sind die schwarzen Früchte ab Juli, spätestens August reif. Brombeeren besitzen ein feines Aroma und sind besonders gesund. Sie werden durch Drehen vorsichtig vom Stiel gelöst.

Praxistipp

Himbeer- und Brombeerblätter
Bei der Ernte der Himbeeren und Brombeeren sollten Sie nicht nur die Früchte, sondern auch die Blätter ernten. Eine Mischung der getrockneten Blätter ergibt einen aromatischen, wohlschmeckenden Tee.

Stachelbeeren
Stachelbeeren können auch unreif geerntet werden, sie eignen sich dann zum Einkochen. Das frühe Ernten ist eine gute Maßnahme bei sehr reich tragenden Sträuchern. Ernten Sie die Hälfte ab und verarbeiten Sie sie zu Marmelade. Die übrigen am Strauch verbliebenen Früchte reifen dann besonders gut und sind außerordentlich wohlschmeckend.

Beerensträucher zurückschneiden

Damit die Beerensträucher viele Jahre lang eine üppige Ernte liefern, unterzieht man sie jährlich nach der Erntezeit einem Rückschnitt. Dabei nimmt man einen Teil der älteren Zweige heraus, da diese erfahrungsgemäß nicht mehr so gut fruchten. Auf diese Weise halten Sie die Sträucher jung.

Himbeersträucher
Bei den Himbeersträuchern werden gleich nach der Ernte die abgeernteten Ruten dicht über dem Boden abgeschnitten. Denn nur die jungen Triebe der Himbeersträucher werden im nächsten Jahr Früchte tragen. Gleichzeitig können Sie die zu schwachen und beschädigten der zu dicht stehenden Neutriebe herausschneiden. Nach dem Rückschnitt sollte jeder erwachsene Himbeerstrauch aus fünf bis sieben starken Neutrieben bestehen, bei jungen Stöcken reichen zwei bis drei. Trägt Ihr Himbeerstrauch zweimal im Jahr, ist der beschriebene Rückschnitt der abgeernteten Ruten erst im Frühjahr durchzuführen.

Johannisbeer- und Stachelbeersträucher
Auch Johannisbeersträucher werden im Sommer direkt nach der Ernte zurückgeschnitten. Mehr als vier Jahre alte Triebe fruchten nicht mehr so gut und sollten daher entfernt werden, um Jungtrieben Platz zu machen. Schneiden Sie die alten Triebe dicht über dem Boden ab. Es sollten pro Strauch fünf bis sieben Haupttriebe stehen bleiben. Bei einem jährlich richtig durchgeführten Rückschnitt erhalten Sie einen Strauch, der aus je einem Drittel ein-, zwei- und dreijähriger Triebe besteht. Quer wachsende oder kranke Zweige werden ebenfalls entfernt. Wenn Sie außerdem noch etwas für die Optik tun wollen, schneiden Sie über die Kontur hinausragende Triebspitzen zurück, damit eine harmonische Wuchsform entsteht.

Beerensträucher düngen

Abgeerntete Beerensträucher legen noch im Sommer die Blütenknospen für das nächste Jahr an. Damit sie für diese Aufgabe ausreichend gewappnet sind und über genügend Nährstoffe verfügen, sollten Sie die Sträucher mit einer Düngegabe verwöhnen. Ideal sind Kompost oder Hornspäne. Diese eignen sich auch für die Frühjahrsdüngung.

Erdbeeren für das nächste Jahr pflanzen

Ein günstiger Zeitpunkt, Erdbeeren für die kommende Saison zu pflanzen, ist Anfang bis Mitte August. Später sollte nicht mehr gepflanzt werden, da sich der Blütenansatz dann nicht mehr richtig entwickelt und damit die Ernte im nächsten Jahr geringer ausfällt. Der Boden, in den gepflanzt wird, sollte locker und humos sein. Bereiten Sie den Boden entsprechend vor und pflanzen Sie die Erdbeerpflanzen in Reihen. Achten Sie auf einen Abstand zwischen den Reihen von etwa 60 Zentimetern, der Abstand der Pflanzen untereinander sollte etwa 25 bis 30 Zentimeter betragen. Bei den kleineren Monatserdbeeren genügt ein Reihenabstand von 30 bis 35 Zentimetern, zwischen den Pflanzen von 20 Zentimetern. Werden die Pflanzen zu eng gesetzt, fällt die Versorgung mit Licht nicht ausreichend aus. Dadurch entwickeln sich die Früchte nicht gut. Nach der Pflanzung brauchen die jungen Erdbeeren besonders viel Wasser, damit sie gut anwachsen und die Blütenbildung gut funktioniert. Das Erdbeerbeet muss alle zwei bis vier Jahre erneuert wer-

Gärtnertipp

Monatserdbeeren
Wenn Sie keine große Erdbeerernte erzielen wollen, können Sie auch Monatserdbeeren pflanzen. Diese blühen bis weit in den Herbst hinein und verwöhnen Sie immer wieder mit zuckersüßen Früchten. Die aromatischen Monatserdbeeren eignen sich gut als Beeteinfassung.

den, da die Stauden mit zunehmenden Alter nicht mehr so produktiv sind und kleinere Früchte hervorbringen. Zur Erneuerung können Sie sich Jungpflanzen im Fachhandel besorgen oder auf Ableger zurückgreifen, die die Mutterpflanze bildet. Trennen Sie diese vorsichtig von der Mutterpflanze ab und setzen Sie sie in das vorbereitete Beet.

Erdbeeren vor Grauschimmel schützen

Grauschimmel ist eine Pilzerkrankung, an der Erdbeeren häufig erkranken. Bei Befall zeigen die Früchte oft noch im unreifen, grünen Zustand braune Flecken. Die reifen Beeren sind von einem grauen Schimmelbelag überzogen, der innerhalb weniger Tage zum Totalausfall der Ernte führen kann. Versuchen Sie, dem Befall vorzubeugen, indem Sie die Pflanzen in ausreichendem Abstand zueinander setzen.
Entfernen Sie regelmäßig welke Blätter und sorgen Sie so für lockeren, luftigen Bestand. Gießen Sie die Erdbeerpflanzen besonders nach der Blüte nicht von oben, sondern stets nur den Boden unter der Pflanze. Entfernen Sie erkrankte Früchte umgehend, um eine Ausbreitung zu verhindern.

Beerenobst lagern und konservieren

Frisches Beerenobst hält sich nach der Ernte nicht besonders lang. Man sollte die Beeren entweder gleich konsumieren oder zu Obstkuchen, Kompott, Marmelade, Saft oder Likör verarbeiten. Wenn Sie die Früchte nicht gleich verzehren oder verarbeiten wollen, können Sie sie gut einfrieren und haben dann selbst im obstarmen Winter frische Beeren.

Gemüse

Der Sommer ist Erntezeit im Gemüsegarten. Jetzt können Sie die Früchte Ihrer Mühen genießen und die erntefrischen Bohnen, Erbsen, Gurken, Möhren, Blumenkohl, Brokkoli, Radieschen, Rettich, Spinat etc. aus dem eigenen Garten mit auf den Speiseplan nehmen. Doch bei allem Genießen und Schwelgen sollten Sie die Zweitaussaat für die Spätsommer- und Herbsternte nicht vergessen.

Tomaten mit Grasmulch

Gemüsebeete pflegen

Damit die Ernte erfolgreich ausfällt, sollten Sie Ihre Gemüsebeete gut pflegen:
An trockenen Tagen gießen Sie Ihr Gemüsebeet gründlich, damit Ihre Schützlinge nicht kurz vor der Ernte noch verkümmern. Wässern Sie keinesfalls von oben, sondern nur den Boden. Achten Sie darauf, den Boden gut zu durchfeuchten, damit das Wasser auch die Wurzeln erreicht. Wenn Sie zwischen den Gemüsereihen eine Mulchschicht aufbringen, können Sie sich das Gießen sparen. Wässern Sie den Boden vor dem Mulchen gründlich, die Mulchschicht hält den Boden langfristig feucht und bewahrt ihn vor Verkrustung. Als Mulchmaterial eignen sich Gartenabfälle wie etwa Gras-

Erdbeerpflanzen mulchen

Frisch gesetzte Erdbeerpflanzen

schnitt, Laub, Stroh oder Rinde. Eine Mulchschicht verhindert zudem das Wachstum von Unkräutern, so dass Sie sich das lästige Unkrautjäten sparen können.

Wenn zwischen den Gemüsereihen keine Mulchschicht erwünscht oder möglich ist, sollten Sie regelmäßig den Boden mit einer Hacke lockern. Dadurch bleibt zum einen der Boden länger feucht, zum anderen kann die krümelige Oberfläche mehr Wasser speichern und zu den Wurzeln ableiten, wo es benötigt wird.

Einige Pflanzen wie etwa Tomaten, Gurken, Kohl und Bohnen werden standfester und bilden zusätzliche Wurzeln, wenn Sie rings um die Pflanze Erde anhäufeln und an der Sprossbasis andrücken.

Gemüsepflanzen stärken

Um Gemüsepflanzen nachhaltig zu stärken, weniger anfällig für Pilzerkrankungen zu machen und sie zu Wachstum anzuregen, sind Kräuterbrühen sehr gut geeignet. Diese können etwa aus Brennnesseln, Rainfarn oder Ackerschachtelhalm bestehen und lassen sich leicht selbst herstellen.

Blaue Bohnen

Gärtnertipp

Hülsenfrüchte und Zwiebelgewächse düngen
Vorsicht bei Bohnen, Erbsen, Zwiebeln und Knoblauch: Diese sollten nicht mit Kräuterbrühen behandelt werden, da sie die stickstoffreiche Düngung nicht gut vertragen.

Um eine Kräuterbrühe aus Ackerschachtelhalm herzustellen, legen Sie 500 Gramm des Krauts für zwölf Stunden in fünf Liter Wasser. Dann kochen Sie die Mischung kurz auf und sieben Sie ab. Lassen Sie die Brühe erkalten und verdünnen Sie sie im Verhältnis 1:5 mit Wasser.

Wenn Sie eine Kräuterbrühe aus Brennnesseln herstellen wollen, gehen Sie genauso vor: Nehmen Sie dieselben Mengen, lassen Sie sie ebenfalls 12 Stunden ziehen, kochen Sie die Brühe jedoch nicht auf.

Gießen Sie die Brühe entweder direkt in den Wurzelbereich der Pflanzen oder besprengen Sie die Blätter mit der Brühe.

Tomaten pflegen

Ist ein Sommer sehr verregnet, leiden viele Gemüsearten, besonders aber die wärmebedürftigen Tomaten. Sie mögen zwar nasse Füße, aber keinesfalls einen nassen Kopf. Ist der Sommer also sehr regenreich, sollten Sie empfindlichen Pflanzen in Folienhäusern Unterschlupf bieten, die es im Fachhandel als Bausätze gibt.

Gemüse ernten

Bei der Gemüseernte sollten Sie darauf achten, dass das Gemüse auch tatsächlich reif ist und dass Sie die Früchte beim Ernten nicht verletzen. Bei den verschiedenen Gemüsearten gibt es unterschiedliche Hinweise auf die Reife:

***Bohnen** (Phaseolus)*
Bohnen sind dann reif, wenn sie beim Biegen brechen. Seien Sie vorsichtig beim Pflücken, halten Sie die Stängel fest, damit Sie die flach wurzelnden Pflanzen nicht mit herausrupfen.

***Brokkoli** (Brassica oleracea var. italica)*
Brokkoli wird geerntet, wenn sich der Blütenstand des Haupttriebs zu einem festen, runden Kopf entwickelt hat.

***Gurke** (Cucumis sativus)*
Gurken werden geerntet, wenn sie die richtige Größe erreicht haben. Wenn Sie die Gurken einmachen wollen, sollten Sie sie bei einer Größe von sechs bis neun Zentimeter Länge ernten. Trennen Sie die Gurken vorsichtig mit einem Messer von der Pflanze ab. Die flach wurzelnden Pflanzen könnten sonst mit herausgerissen werden.

***Kartoffel** (Solanum tuberosum)*
Kartoffeln lassen sich mit der Grabgabel viel leichter aus der Erde lösen. Ernten Sie zunächst die sich gelb färbenden Pflanzen.

***Kohlrabi** (Brassica alferaceae var. gongylodes)*
Warten Sie, bis der Kohlrabi einen Knollendurchmesser von etwa sechs Zentimetern erreicht hat, dann können Sie ihn ernten.

***Küchenzwiebel** (Allium cepa)*
Küchenzwiebeln sind dann reif, wenn sich die Blätter gelb-bräunlich färben, umzuknicken beginnen und wenn die Zwiebel ausreichend fest ist. Zum Ernten verwenden Sie eine Grabgabel.

***Möhre** (Daucus carota ssp. sativus)*
Möhren werden geerntet, wenn sie groß genug sind. Gerade aus trockenen Böden lassen sich die reifen Möhren nur schwer herausziehen. Verwenden Sie eine Grabgabel. Mit dieser stechen Sie neben der Möhre in die Erde und lockern sie durch Hin- und Herrütteln, bis sich das Wurzelgemüse herausnehmen lässt.

Gärtnertipp

Weißer Blumenkohl
Damit Ihr Blumenkohl schön weiß bleibt und nicht kurz vor der Ernte durch die Sonneneinstrahlung gelb gefärbt wird, können Sie zum Beschatten einige der oberen Kohlblätter über dem Kopf abknicken bzw. zusammenbinden.

Rote Bete *(Beta vulgaris var. conditiva)*
Rote Bete wird geerntet, wenn sie die gewünschte Größe erreicht hat. Achten Sie beim Ernten unbedingt darauf, sie nicht zu verletzen, da sie sonst „ausblutet". Das Kraut dürfen Sie außerdem nicht abschneiden, sondern abdrehen.

Zucchini *(Cucurbita pepo var. giromontiina)*
Zucchini werden geerntet, wenn sie zwischen zehn und 20 Zentimetern groß sind. Lassen Sie sie nicht zu groß werden, sonst schmecken sie nicht mehr so gut wie im jungen, zarten Zustand. Ernten Sie auch die großen, gelben Blüten, die Sie füllen können oder in feine Streifen geschnitten zu Suppen oder Salat geben können. Ernten Sie sie am besten am Morgen, wenn sie sich gerade öffnen.

Frisch gepflanzter Feldsalat

Gemüse, das im Sommer erneut ausgesät wird

Aussaat
Brokkoli *(Brassica oleracea var. italica)* Mitte bis Ende Juli
Blumenkohl *(Brassica oleracea var. botrytis)* Mitte bis Ende Juli
Feldsalat *(Valerianella locusta)* Anfang August
Kohlrabi *(Brassica oleracea var. gongylodes)* Ende Juli/Anfang August
Lauch *(Allium porrum)* Juli/August
Rettich *(Raphanus sativus var. nigra)* Anfang Juli bis Anfang August

Zweitaussaat von Gemüsen

Wenn Sie auch in der zweiten Jahreshälfte frisches Gartengemüse auf Ihrem Tisch haben möchten, sollten Sie die Zweitaussaat für eine erneute Ernte im Herbst nicht versäumen. Manche Gemüsearten lassen sich im Sommer ein zweites Mal aussäen und werden dann im Herbst geerntet. Bevor Sie neu aussäen, sollten Sie den Boden gut vorbereiten. Befreien Sie ihn von allen Pflanzenresten, lockern und glätten Sie ihn. Ziehen Sie Saatrillen, in die Sie den Samen ausstreuen. Drücken Sie den Samen leicht an und bedecken Sie ihn mit einer dünnen Schicht Erde. Wenn die Keimlinge etwas herangewachsen sind, bringen Sie zwischen die Pflänzchen reifen Kompost aus.

Kräuter

Ein sonniges Plätzchen im Garten, das für die Kräuter reserviert ist, bietet vor allem im Sommer einen sehr attraktiven Blickfang und ein ganz besonderes Dufterlebnis. Wenn das Gartenjahr auf seinen Höhepunkt zuschreitet, haben auch die Kräuter Hochsaison. Viele der aromatischen und heilkräftigen Pflanzen sind jetzt erntebereit und können gesammelt, konserviert und gelagert werden.

Kräuter pflegen

Kräuter sind in der Regel sehr pflegeleicht, trotzdem sollte man sich für ein gutes Gedeihen ein bisschen um die aromatisch duftenden Pflanzen kümmern. Die meisten Kräuter vertragen eine kurzzeitige Trockenheit völlig problemlos.

Ist der Sommer jedoch sehr heiß und besteht eine langanhaltende Trockenheit, sollten Sie doch zur Gießkanne greifen. Wie die meisten Pflanzen wollen auch Kräuter nicht von oben gegossen werden.
Kräuter sind sehr bescheiden, was den Bedarf an Nährstoffen angeht. Auf normaler Gartenerde ist eine Düngung der Kräuter normalerweise nicht notwendig.
Um Kräuter vor Schädlingsbefall und Krankheiten zu schützen, gilt es, die richtigen Vorbeugemaßnahmen zu ergreifen: Wählen Sie den richtigen Standort, dadurch erhalten Sie kräftige und widerstandsfähige Pflanzen. Kontrollieren Sie Ihre grünen Schützlinge regelmäßig auf Krankheiten und Schädlinge. Wenn Sie einen Befall bemerken, sollten Sie die betroffenen Pflanzenteile sofort abschneiden. Entfernen Sie auch stets alle verwelkten und vertrockneten Blätter und Zweige.
Um Ihre Kräuter zu stärken und gegen Schädlinge und Krankheiten besonders widerstandsfähig zu machen, können Sie sie auch durch eine Behandlung mit Pflanzenbrühen aus Ackerschachtelhalm oder Brennnesseln (s. S. 78) stärken.

Kräuter im Kasten

Praxistipp

Schädlingsbekämpfung
Sollten Ihre Kräuter dennoch von Schädlingen oder Krankheiten befallen sein, dürfen Sie nicht zu chemischen Pflanzenschutzmitteln greifen, da die Kräuter zur Verwendung im Haushalt und zum Verzehr bestimmt sind. Befallene einjährige Kräuter sollten Sie besser vernichten, bei mehrjährigen Kräutern können Sie es mit Lockfallen oder verträglichen Pflanzenschutzmitteln, etwa auf Schmierseifenbasis, versuchen.

Kräuterhecken pflanzen

Pflanzen Sie Kräuterhecken rund um Ihr Gemüsebeet. Das ist auch noch im Frühsommer möglich. Die Kräuterhecken sind ein hübscher Anblick und überdies nützlich. So kann man zum einen von der Kräuterhecke ernten, zum anderen tragen die Kräuter zum Schutz vor Schnecken bei. Pflanzen Sie pro Meter etwa fünf bis acht Jungpflanzen nebeneinander, damit die Hecke auch schön dicht wird.

Kräuter vermehren

Wenn Sie Ihre Kräuter abernten, müssen Sie für Nachschub sorgen. Da sich Kräuter sehr leicht vermehren lassen, können Sie immer wieder neue Pflanzen heranziehen.
Eine Methode, zu Nachwuchs zu kommen, ist die Stecklingsvermehrung. Dazu eignen sich mehrjährige Kräuter, deren älteres Kraut verholzt. Der beste Zeitpunkt zur Stecklingsvermehrung ist Juli und August. Trennen Sie von der Mutterpflanze einjährige, gesunde Triebe ab. Verwenden Sie dazu ein scharfes Messer. Die abgeschnittenen Triebe stecken Sie mehrere Zentimeter tief in feuchte Anzuchterde, mit der Sie einen Topf oder ein anderes Pflanzgefäß befüllt haben. Wenn Sie das Behältnis mit Folie überspannen, bildet sich das für das Keimen förderliche Treibhausklima. Die kleinen Pflänzchen, die sich daraus entwickeln, werden aussortiert. Die kräftigsten unter ihnen kommen im Frühsommer des nächsten Jahres ins Kräuterbeet in Ihrem Garten.

Kräuter ernten

Für den Frischverbrauch in der Küche können die erntereifen Kräuter ständig in kleinen Mengen geerntet werden. Wollen Sie einen größeren Vorrat anlegen, um damit Schlechtwetterperioden und die Wintermonate zu überbrücken, müssen Sie die Kräuter abernten, konservieren und lagern. Verwenden Sie zur Ernte der Kräuter ein scharfes Messer, pflücken Sie die Kräuter nicht von Hand. Dabei könnten Sie Blättern und Stängeln Verletzungen zufügen, die zu Angriffspunkten für Krankheiten werden könnten.
Die Kräuter müssen trocken sein, wenn Sie sie ernten. Regentage eignen sich nicht zur Ernte. Die beste Sammelzeit ist ein sonniger Vormittag, wenn der Tau verdunstet ist und Blüten und Blätter trocken sind. Auch während der heißen Mittagssonne sollte nicht geerntet werden, da der Gehalt an ätherischen Ölen, die das Aroma binden, zu diesem Zeitpunkt am geringsten ist.
Achten Sie darauf, die Kräuter bei der Ernte weder zu quetschen noch zu drücken, da dadurch die Qualität vermindert wird. Der nebenstehende Sammelkalender zeigt Ihnen, wann Sie welche Kräuter und welchen der Pflanzenteil ernten können.

Gärtnertipp

Stecklingsvermehrung
Folgende Kräuter lassen sich sehr gut durch Stecklinge vermehren: Bohnenkraut, Estragon, Lavendel, Majoran, Oregano, Rosmarin, Salbei und Thymian.

Sammelkalender für Kräuter

Ernte	verwendeter Teil
Basilikum *(Ocimum basilicum)* Juni bis September	Blätter
Beifuß *(Artemisia vulgaris)* Juli bis Oktober	Kraut
Bohnenkraut *(Satureja)* Juni bis September	Kraut
Borretsch *(Borago officinalis)* den ganzen Sommer über	Blätter
Dill *(Anethum graveolens)* Juni bis September	Blätter
Koriander *(Coreandrum sativum)* Juli/August	Früchte
Kümmel *(Carum carvi)* Juni bis August	Früchte
Lavendel *(Lavandula officinalis)* Juni bis August	Blüten
Liebstöckel *(Levisticum officinale)* Juli/August	Blätter
Majoran *(Origanum majoranum)* Juni/Juli	junge Triebe vor der Blüte
Oregano *(Origanum vulgare)* im Juni vor der Blüte	Blätter
Petersilie *(Petroselinum crispum)* den ganzen Sommer hindurch	Blätter
Rosmarin *(Rosmarinus officinalis)* ganzjährig	Blätter
Salbei *(Salvia officinalis)* Mai/Juni	Blätter
Thymian *(Thymus vulgaris)* Juni bis August	Blätter

Kräuter konservieren und aufbewahren

Trocknen

Eine Methode, die geernteten Kräuter für die Vorratshaltung zu konservieren, ist, sie zu trocknen. Dazu bündeln Sie die Kräuter an den Stielenden und hängen Sie in kleinen Sträußen kopfüber auf. Alternativ können Sie die Kräuter zum Trocknen auch auslegen. Am besten verwenden Sie dazu Korbgeflechte. Stehen diese nicht zur Verfügung, breiten Sie sie auf Krepppapier aus. Der richtige Ort zum Trocknen ist ein warmer, jedoch schattiger Platz, etwa eine überdachte Terrasse, ein Balkon oder auch ein Speicher.

Einfrieren

Zahlreiche Kräuter können zum Konservieren auch eingefroren werden. Zu diesem Zweck entfernen Sie von den frisch geernteten Kräutern die Stiele und frieren die Kräuter entweder im Ganzen oder zerkleinert und in Plastiktüten verpackt ein. Zum Einfrieren eignen sich etwa Basilikum, Estragon, Schnittlauch, Petersilie, Majoran, Liebstöckl, Dill und Thymian.

Konservieren in Essig und Öl

Um das Aroma von Kräutern zu bewahren, können Sie sie auch in Essig oder Öl einlegen. Für diese Art der Konservierung eignen sich besonders: Estragon, Dill, Lavendel, Liebstöckl, Rosmarin und Thymian.

Aufbewahren

Nach dem Trocknen müssen Sie darauf achten, dass die Kräuter keine Luftfeuchtigkeit aufnehmen. Um dies zu verhindern, wird das Trockengut unverzüglich in Gläser gefüllt. Diese sollten am besten farbig sein. Lichtdurchlässige Gläser müssen Sie in Schränken verstauen, damit die Kräuter nicht dem Tageslicht ausgesetzt sind. Durch den Einfluss des UV-Lichts verlieren die Kräuter nicht nur ihre Farbe und werden unansehnlich, sondern erleiden einen Vitaminverlust. Beschriften Sie die Gläser und versehen Sie sie mit einem Datum.

Gartenkalender von Juni bis August

Ziergarten	
Pflanzung	· Sommerblühende Gehölze pflanzen · Stauden pflanzen · Herbstblühende Zwiebel- und Knollenpflanzen pflanzen · Sommerblumen pflanzen · Auf Balkon oder Terrasse Sommerbepflanzung durchführen · Seerosen im Gartenteich pflanzen, Pflanzlücken im und rund um den Gartenteich schließen
Aussaat	· Zweijährige Sommerblumen aussäen · Rasen aussäen
Vermehrung	· Laubgehölze vermehren · Stauden teilen
Pflege	· Sommerschnitt für frühjahrsblühende Ziergehölze, welke Blütenstände entfernen · Erziehungsschnitt für junge Ziergehölze, stäben · Hecken in Form schneiden, Sonderformen schneiden · Rosen wässern, Boden hacken, mulchen, Gießwall errichten, Unkraut entfernen, Sommerschnitt durchführen, vor Schädlingen und Krankheiten schützen · Stauden gießen, stützen, zurückschneiden, düngen, welke Blüten entfernen, Unkraut entfernen, vor Schädlingen und Krankheiten schützen · Sommerblühende Zwiebel- und Knollenpflanzen pflegen, verwelkte Blüten abschneiden, Pflanzen stützen, gießen, Boden hacken, Unkraut entfernen, mulchen, vor Schädlingen schützen · Sommerblumen pflegen, welke Blüten ausputzen, düngen, vor Schädlingen und Krankheiten schützen · Rasen mähen, Rasenkanten schneiden, Mulchschicht aufbringen, düngen, gießen · Auf Balkon oder Terrasse Kübelpflanzen pflegen, Sommerbepflanzung pflegen, Nutzpflanzen pflegen · Seerosen im Gartenteich pflegen, Wasser nachfüllen, Sauerstoffgehalt verbessern, Wasserqualität kontrollieren, Pflanzen im und rund um den Gartenteich pflegen
Ernte	· Samen von Stauden ernten
Nutzgarten	
Aussaat	· Zweitaussaat von Gemüse
Pflanzung	· Obstbäume pflanzen · Erdbeeren pflanzen
Vermehrung	· Kräuter durch Stecklinge vermehren
Pflege	· Obstbäume pflegen, Unkraut jäten, mulchen, Fruchtbehang ausdünnen, Obstbaumzweige stützen, gießen, vor Schädlingen und Krankheiten schützen, Sommerschnitt durchführen · Beerensträucher wässern, mulchen, zurückschneiden, düngen, vor Schädlingen und Krankheiten schützen · Gemüsebeete pflegen, gießen, mulchen, mit Kräuterbrühen stärken · Kräuter pflegen, gießen, mit Pflanzenbrühen stärken
Ernte	· Obst ernten · Beerenobst ernten · Gemüse ernten · Kräuter ernten · Nutzpflanzen auf Balkon oder Terrasse ernten

Mein Garten im Herbst

Mit warmen, kräftigen Farben verzaubert der Herbst Ihren Garten. Zum Saisonausklang zeigt die Natur noch einmal, was sie kann und entfaltet eine Farbenpracht, die der sommerlichen Vielfalt in nichts nachsteht. Die leuchtenden Gelb-, Orange- und Rottöne erhellen so manchen trüben Herbsttag und verscheuchen jeden Anflug von Novemberdepression. Im Obst- und Gemüsegarten bringt der Herbst nochmals eine reiche Ausbeute an wohlschmeckenden, gesunden Früchten.

Nutzgarten im Herbst

Der Herbst

Nach dem Kalender beginnt der Herbst am 23. September, umfasst die Monate September, Oktober und November und geht dann in den Winter über. Der Herbst ist eine überaus stimmungsvolle Jahrezeit: Die warmen Farben, die angenehm wärmende Sonne, das milde Licht, die würzige Herbstluft, das sich färbende Laub – der Herbst bringt noch einmal alle Sinne auf Touren, bevor das Feuerwerk an Farben erlischt und die Winterruhe einkehrt.

Für den Gartenfreund bedeutet der Herbst ein bisschen Arbeitsaufwand. Der Garten muss auf den Winter und die kalten Temperaturen vorbereitet werden. Im Herbst werden außerdem viele Grundlagen für das kommende Frühjahr geschaffen. So gilt der Herbst wie auch das Frühjahr als gute Pflanzzeit. Im Obst- und Gemüsegarten müssen die letzten Ernten eingebracht, konserviert und gelagert werden, damit Sie sich auch im Winter an Ihren garteneigenen Produkten erfreuen können.

Der Übergang vom Spätsommer zum Herbst vollzieht sich natürlich nicht so exakt wie der Kalender das vorgibt. Nach dem phänologischen Kalender, der den Beginn des Herbstes nicht an einem speziellen Datum, sondern am Entwicklungsstand einer bestimmten Pflanze festmacht, startet der Frühherbst mit der Fruchtreife des Schwarzen Holunders. Der Vollherbst setzt mit der Fruchtreife von Stieleiche oder Rosskastanie ein.

Das Wetter

Das Wetter im September

Die Wetterstabilisierung, die sich Ende August bereits angebahnt hat, setzt sich im September meist fort. Die wechselhafte Witterung, die noch im August Hitze im Wechsel mit heftigen Gewittern mit sich brachte, beruhigt sich und leitet zu einer Schönwetterlage im ersten Septemberdrittel über. Die oft heftigen Winde im August legen sich, und die Sonne wärmt angenehm, ohne vom Himmel zu brennen, wie das noch im August der Fall ist. Um die Monatsmitte wird es oft regnerisch und kalt, während das letzte Monatsdrittel meist wieder schönes Wetter zeigt.

Die Tage werden kürzer – im September sind die Tage und die Nächte etwa gleich lang –, was kühle Nachttemperaturen zur Folge hat. Zum Monatsende hin können sie bereits die Null-Grad-Marke erreichen. Überhaupt fallen die Temperaturunterschiede zwischen Tag und Nacht im September am größten aus.

Da der September zu den niederschlagsärmsten Monaten des Jahres zählt, sollten Sie Trockenschäden vorbeugen und Ihre Pflanzen regelmäßig gießen. Der Frühherbst lässt viele Früchte im Obst- und Gemüsegarten reifen, die Sie möglichst umgehend ernten sollten. Während die Pflegeaufgaben im Vergleich zum Sommer abnehmen, stehen im Herbst wieder reichlich Pflanzarbeiten an.

Das Wetter im Oktober

Mit dem Oktober setzt der Vollherbst ein, die Natur entfaltet ihren letzten Zauber und färbt die Blätter in feurigen Tönen. Mit Beginn des Oktobers wüten jedoch auch häufig die ersten heftigen Herbststürme, besonders an der Küste und im Bergland, und machen der Farbenpracht ein jähes Ende.

Das zweite Oktoberdrittel erweist sich oft als schön und mild. Doch bilden sich verstärkt Inversionslagen, die sich durch trübes, feuchtes Wetter und Nebel in den tiefen Landesteilen auszeichnen, während in Hochlagen strahlendes

Himbeeren

Herbstwetter mit angenehmen milden Temperaturen herrscht. Wenn gegen Ende des Monats schlechtes Wetter einsetzt, kann es im Bergland bereits zum ersten Schneefall kommen.
Der Oktober ist immer noch eine günstige Pflanzzeit etwa für Gehölze und Rosen. Der Boden ist noch warm genug, so dass die Pflanzen rasch anwachsen und Wurzeln bilden. Allmählich wird es höchste Zeit, die Ernte einzuholen, damit der Frost den Früchten keinen Schaden zufügt. Auch der letzte Rasenschnitt fällt in der Regel in den Oktober.

Das Wetter im November

Der Herbst geht nun mit Riesenschritten auf den Winter zu. Meist gibt es die ersten starken, über mehrere Nächte andauernden Fröste, die der Vegetationsphase endgültig ein Ende setzen. Typisch für das Wetter im November sind nasse Kälte, anhaltender Nebel und ein drastischer Rückgang der Sonnenstunden auf zwei Stunden täglich. Nicht umsonst hat der November das Image des grauen, trüben Monats. Mitte des Monats herrscht oft Hochdruckwetter. Doch durch die Hochnebeldecke dringt meist kein Sonnenstrahl, so dass das schöne Wetter den Hochlagen vorbehalten bleibt. Die Niederschlagshäufigkeit nimmt gegenüber dem September und Oktober deutlich zu. An den Küsten erreicht die monatliche Niederschlagshäufigkeit das Jahresmaximum. Der Regen geht allmählich in Schnee über, oft gibt es für ein paar Tage bereits eine geschlossene Schneedecke. Schneiden Sie die letzten Blumen und verwenden Sie sie als Zimmerschmuck. Harken Sie das abgefallene Laub zusammen, damit es auf dem Rasen keine hässlichen Flecken hinterlässt. Solange der Boden noch nicht gefroren ist, können Sie sich der Bodenvorbereitung für die neue Gartensaison widmen. Entfernen Sie letzte Blatt- und Wurzelreste, hacken und lockern Sie den Boden und machen Sie ihn jetzt schon fit für das Frühjahr.

Kolkwitzie im Herbstkleid

Ausrüstung

Wie das Frühjahr, so ist auch der Herbst eine günstige Pflanzzeit. Die weiteren Arbeiten im herbstlichen Garten gelten der Ernte und der Vorbereitung auf den Winter. Die Ausrüstung besteht daher aus den Geräten, die Sie für die Vorarbeiten zum Pflanzen und das Pflanzen selbst benötigen:

Rechen zum Einebnen und Glätten des Bodens vor dem Pflanzen
Spaten zum Ausstechen eines Pflanzlochs
Pflanzschaufel zum Pflanzen von Jungpflanzen und Setzen von Zwiebeln und Knollen
Pflanzholz zum Einpflanzen von Sämlingen und Jungpflänzchen
Kreuzhacke zum Aushebeln von Pflanzlöchern
Blumenzwiebelstecher zum Ausheben gleichmäßig großer, sauber gestochener Löcher, vor allem zum Setzen von Zwiebeln und Knollen
Gießkanne mit Brauseaufsatz zum Wässern der Aussaat und der frisch gesetzten Pflanzen
Schubkarre zum Befördern von Erdreich
Gartenschere für den Pflanzschnitt
Grabgabel zum Ernten, etwa von Wurzelgemüse
Gartenmesser zum Ernten
Erntehilfen wie zum Beispiel geeignete Kisten, Körbe, Kübel
Gartenschürze mit Bauchtasche, die die Ernte in hohen Kronen erleichtert
Leitern und Steighilfen für die Ernte in hohen Bäumen, am besten aus Aluminium
Stutzstäbe zum Abstützen schwer behangener Obstbaumzweige
Mulchmaterialien, etwa Stroh, Laub, Rinde oder Grasschnitt, als Winterschutz frostempfindlicher Pflanzen
Reisig als Winterschutz frostempfindlicher Pflanzen
Rasenmäher zum Schneiden des Rasens
Vertikutierer zum Belüften des Rasens
Kescher für die Teichpflege
Netz für den Teich zum Schutz vor Laubfall
Regale und Kisten zur Lagerung von Obst und Gemüse
Lichtundurchlässige Gefäße zur Aufbewahrung von Kräutern
Gartenhandschuhe zum Schutz der Hände

Der Ziergarten im Herbst

Ziergehölze

Während Nadelgehölze und immergrüne Bäume und Sträucher unverdrossen weitergrünen – auch wenn sich das Gartenjahr dem Ende zuneigt, und den einzigen Blickfang im winterlich kahlen Garten darstellen – trumpfen die sommergrünen Laubgehölze vor dem Sai-

Wilder Wein…

sonende noch einmal so richtig auf. Von aufsehenerregender Leuchtkraft ist das Herbstlaub mit seinen intensiven Gelb-, Orange- und Rottönen und stellt damit so manche Sommerblüte in den Schatten. Doch mit den Herbstwinden und den ersten kalten Nächten fallen die Blätter und setzen dem Farbspektakel ein Ende.

Gehölze pflanzen

Wie das Frühjahr, so ist auch der Herbst die ideale Pflanzzeit für Gehölze. Der genaue Pflanzzeitpunkt richtet sich nach der Art des Gehölzes. Während Sie sommergrüne Laubgehölze erst etwa ab Oktober pflanzen sollten, wenn diese das Laub abgeworfen haben, beginnt die Pflanzzeit für immergrüne Laubgehölze und Nadelgehölze bereits im September. Sie brauchen einen Zeitvorsprung, damit sie vor Beginn des Winters möglichst gut eingewurzelt sind. Denn nur so können die Wurzeln den Wasser- und Nährstoffbedarf der Pflanze decken. Dieser ist bei sommergrünen Gehölzen, die sich während des Winters in der Ruhephase befinden, nicht so hoch.

Immergrüne Gehölze und Nadelgehölze pflanzen

Immergrüne Laubgehölze und Nadelgehölze werden immer mit Ballen gepflanzt. Die Temperaturen sollten gemäßigt sein und der Wetterbericht sollte Regen angekündigt haben, damit die frisch gesetzten Pflanzen genügend Feuchtigkeit abbekommen. Sollte der Regen ausbleiben, müssen Sie nachhelfen und regelmäßig wässern.

Heben Sie ein Pflanzloch aus, das doppelt so groß wie der Ballen sein sollte. Lockern Sie den Boden in der Pflanzgrube.

Setzen Sie die Pflanze ein und richten Sie sie aus. Das Gehölz sitzt richtig, wenn die Oberkante der Wurzelballen mit der Erdoberfläche abschließt.

Vergessen Sie nicht, das Ballentuch aufzuknoten, bevor Sie das Pflanzloch wieder mit Erde auffüllen. Sofern es aus Naturfasern besteht, müssen Sie es nicht entfernen, da es verrottet. Handelt es sich bei der Umhüllung des Wurzelballens um verzinkten Draht oder Kunststoff, müssen Sie diese selbstverständlich entfernen.

Wenn Sie das Pflanzloch wieder aufgefüllt haben, treten Sie die Erde gut an. Wässern Sie gründlich, damit eine gute Verbindung zwischen den Wurzeln und dem Erdreich entsteht.

Gärtnertipp

Pflanzschnitt

Ballenlose Gehölze brauchen einen Pflanzschnitt, bei dem die oberirdischen Pflanzenteile um etwa ein Drittel gekürzt werden. Auf diese Weise können die wenigen Wurzeln die Versorgung besser bewältigen. Ein Pflanzschnitt wird jedoch ausschließlich im Frühjahr durchgeführt. Warten Sie also das nächste Frühjahr ab, bevor Sie zur Schere greifen. Schneiden Sie vor dem Austrieb.

Praxistipp

Pflanztiefe

Pflanzen Sie die Gehölze so tief wie sie in der Baumschule standen. Sie können an der bräunlichen Verfärbung am Wurzelhals erkennen, wie weit die Erde reichte.

Große Gehölze brauchen in der Zeit des Anwachsens eine Stütze. Diese können Sie bereits vor dem Pflanzen in die Erde treiben. Wollen Sie das Gewächs erst nach dem Pflanzen mit einer Stütze versehen, müssen Sie sehr vorsichtig vorgehen, um die Wurzeln nicht zu verletzen.

Sommergrüne Gehölze pflanzen

Junge, sommergrüne Gehölze werden in der Regel ohne Ballen gepflanzt. Wenn man sie im Herbst pflanzen will, wartet man, bis sie ihr Laub abgeworfen haben.

Bevor Sie mit dem Pflanzen beginnen, stellen Sie das Gehölz in ein Tauchbad, damit sich die Wurzeln ausreichend mit Wasser vollsaugen können.

Beim Pflanzen gehen Sie genauso vor wie bei den Containerpflanzen

…und Fächerahorn im Herbst

Gehölze umpflanzen

Wenn Sie feststellen, dass einige Ihrer Sträucher zu eng stehen, können Sie diesen im Herbst nach dem Laubfall einen neuen Platz zuweisen. Gemäß dem Sprichwort „Einen alten Baum verpflanzt man nicht“, sollten die Gewächse jedoch nicht mehr als vier bis fünf Jahre an ihrem alten Standort verbracht haben. Versuchen Sie, einen möglichst großen Wurzelballen auszugraben, um möglichst viele Feinwurzeln zu erhalten.

Wie bei gekauften Containerpflanzen umwickeln Sie den Ballen fest mit einem Jute- oder Leintuch und können das Gehölz so gut transportieren.

Am neuen Standort angelangt, setzen Sie das Gehölz in das vorbereitete Pflanzloch.

Damit der durch das Umpflanzen kleiner gewordenen Wurzelballen mit der Versorgung der Pflanze nicht überfordert ist, sollten Sie die Triebe ein wenig zurückschneiden.

Hecken pflanzen

Hecken bieten Schutz vor neugierigen Blicken, dämpfen den Straßenlärm, filtern Staub und dienen als Windschutz und Schattenspender. Hecken haben vielerlei Funktionen und sind aus den meisten Gärten nicht wegzudenken. Der Herbst ist die optimale Pflanzzeit für Hecken.

Hecken, die aus sommergrünen Gehölzen bestehen, werden am besten im Oktober gepflanzt. Der Boden ist zu diesem Zeitpunkt noch warm genug, dass sich rasch neue Wurzeln bilden können und die Sträucher gut anwachsen. Dadurch ist auch gewährleistet, dass die Hecke den Winter ohne Schaden übersteht.

Hecken aus immergrünen Laubgehölzen oder Nadelgehölzen werden bereits im September gepflanzt, damit sie vor Beginn des Winters gut eingewurzelt sind. Denn nur so sind sie vor Vertrocknungserscheinungen im Winter ausreichend geschützt.

Magnolie pflanzen

Heckenpflanzen

Höhe	Strauchart
Berberitze *(Berberis)*	
50 cm bis 2,5 m	Immergrüne Arten und rotlaubige Formen
Buche (Fagus silvatica)	
bis 30 m	Sommergrünes Laubgehölz
Buchsbaum *(Buxus)*	
bis 6 m	Immergrüner Strauch
Deutzie *(Deutzia)*	
70 cm bis 3 m	Blütenstrauch
Eibe *(Taxus)*	
2 bis 3 m	Nadelgehölz
Fichte *(Picea)*	
30 cm bis 50 m	Nadelgehölz
Hainbuche *(Carpinus)*	
bis 20 m	Sommergrünes Laubgehölz
Heckenkirsche *(Lonicera nitida)*	
40 cm bis 3 m	Immergrüner Strauch
Kolkwitzie *(Kolkwitzia amabilis)*	
bis 2 m	Blütenstrauch
Liguster *(Ligustrum vulgare)*	
bis 5 m	Sommergrüner Strauch (auch wintergrüne Arten)
Spierstrauch *(Spiarea)*	
40 bis 80 cm	Blütenstrauch
Thuja *(Thuja occidentalis)*	
bis 15 m	Nadelgehölz

Formschnitt bei Hainbuchenhecke

Wenn Sie sich für eine Formhecke und keine frei wachsende Hecke entschieden haben, sollten Sie je nach Wuchsstärke und Größe des Gehölzes zwei bis fünf Stück pro laufenden Meter Hecke einplanen. Das Pflanzen entspricht der üblichen Vorgehensweise beim Einpflanzen von Gehölzen. Die Pflanzgruben sollten in Tiefe und Breite etwa zweimal so groß sein wie das Wurzelwerk bzw. der Wurzelballen. Die Wurzeln werden vor dem Pflanzen nicht geschnitten. Nur angebrochene oder verletzte Wurzeln werden entfernt.

Nach dem Wiederauffüllen des Pflanzlochs drücken Sie die Erde mit dem Spaten leicht an oder treten sie fest. Abschließend gießen Sie ausreichend. Übertreiben Sie es aber nicht, überreiches Wässern kann nämlich in Verbindung mit stark festgetretener Erde dazu führen, dass die Pflanzen regelrecht einbetoniert werden und sich die Wurzeln nur langsam entwickeln.

Praxistipp

Kastanienlaub

Kastanienlaub dürfen Sie nicht in Ihrem Garten liegen lassen, sondern sollten es aufsammeln und entfernen. Denn bei Kastanienblättern besteht die Gefahr, dass sie von der Miniermotte befallen sind. Daher dürfen sie weder auf den Kompost noch als Winterschutz verwendet werden.

Herbstlaub nutzen

Wenn die Herbststürme das Laub von den Bäumen fegen, türmen sich die Blätter im Garten. Beseitigen müssen Sie das Herbstaub eigentlich nur vom Rasen, für Pflanzen und Boden ist der Blättersegen hingegen ein wertvoller Humuslieferant, der zudem vor Frost und Nässe schützt.

Schnee abschütteln

Im Oktober oder November kann bereits der erste Schnee fallen. Die weiße Pracht sieht auf den Pflanzen zwar sehr hübsch aus, kann jedoch gerade für zarte Gehölze zur Last werden. Damit keine Äste und Zweige abbrechen, sollten Sie die Pflanzen vom Schnee befreien, indem Sie ihn abschütteln.

Rosen

Rosen sind eine echte Bereicherung für jeden Garten. Die edle Blume bringt nicht nur Farbe in Ihren Garten, sondern betört auch durch ihren mal dezenten, mal intensiven Duft. Im Herbst ist wieder Pflanzzeit für die Rose. Nehmen Sie die Gelegenheit wahr und legen Sie ein spezielles Rosenbeet an oder schließen Sie Bepflanzungslücken mit der edlen Blütenpracht.

Standort planen

Wählen Sie den richtigen Standort, damit sich Ihre Rosen wohl fühlen und optimal gedeihen können. Nicht zuletzt trägt der richtige Standort auch dazu bei, Pilzerkrankungen und Schädlingsbefall vorzubeugen.

Rosen bevorzugen sonnige, luftige Standorte ohne Staunässe im Erdreich und wachsen besonders gut auf locker-krümeligem und humusreichen Boden.

Auch optische Kriterien sind bei der Standortwahl zu berücksichtigen. Die neu gepflanzten Rosen sollen mit der übrigen Bepflanzung farblich harmonieren. Je nach Wuchshöhe und -breite werden sie entweder nach vorne oder hinten gesetzt, als Lückenfüller zwischen zwei Pflanzen oder an den Rand gepflanzt.

Rosen kombinieren

Um Rosen optisch in Szene zu setzen, haben Sie vielerlei Gestaltungsmöglichkeiten. Sie können ein reines Rosenbeet anlegen, in dem die Rosen unter sich bleiben, oder Sie können die edlen Blüher mit anderen Pflanzen kombinieren. Schöne Kombinationsmöglichkeiten sind etwa:

Rosen und Stauden

Dieses Zusammenspiel wirkt besonders harmonisch, wenn Sie schwach wachsende Stauden mit Beetrosen kombinieren.

Rosen und Gräser

Die Bepflanzung hat eine unterschiedliche Wirkung, je nachdem ob Sie hoch wachsende oder niedrige Gräser wählen. Niedrige Gräser umrahmen die Rosen, ohne optisch hervorzutreten. Hoch wachsende Gräser sollten einzeln zwischen die Rosen gesetzt werden, damit sie den Rosen nicht die Schau stehlen.

Rosen im Rasen

Rosen im Rasen sind ein hübscher Blickfang. Das Grün des Rasens bildet einen reizvollen Kontrast zu den leuchtenden Blütenfarben.

Rosen und Gehölze

Rosen kommen auch sehr schön zur Geltung, wenn man sie unter Obst- oder Laubbäume pflanzt.

Rosen und Lavendel

Hierbei handelt es sich um ein Kombination der besonderen Art: Das Zusammenspiel mit Lavendel bietet nicht nur

Rose pflanzen: 1. Rückschnitt

2. Pflanztiefe prüfen

3. Rose einsetzen

einen hübschen Anblick. Der Lavendel schützt die Rosen gleichzeitig vor Ameisen, Blattläusen und Blutläusen. Sie können anstelle des Lavendel – oder selbstverständlich auch zusätzlich – Knoblauch, Salbei oder Thymian pflanzen. Knoblauch schützt die Rosen wirkungsvoll gegen den Echten Mehltau. Salbei und Thymian vertreiben die Schnecken.

Rosen pflanzen

Der Herbst ist die ideale Pflanzzeit für Rosen. Der Boden hat noch Wärme vom vergangenen Sommer gespeichert, was sich auf das Anwachsen und die Bildung neuer Wurzeln sehr günstig auswirkt.

Der Herbst wird gegenüber dem Frühjahr als Pflanzzeit bevorzugt, weil sich die Pflanze nur auf die Wurzelentwicklung konzentrieren muss und ihre Kräfte nicht zugleich auch für den Austrieb einsetzen muss wie im Frühjahr. Das Frühjahr als Pflanzzeit für Rosen ist eigentlich nur in kalten Lagen vorzuziehen, wo frühe und sehr frostige Winter zu erwarten sind. Der günstigste Zeitpunkt für das Pflanzen im Herbst ist Mitte Oktober bis Ende November.

Bodenvorbereitung

Bevor Sie mit dem Pflanzen beginnen, müssen Sie den Boden vorbereiten. Dieser sollte nährstoffreich, locker und tiefgründig sein, da die meisten Rosen Tiefwurzler sind.

Wässern

Stellen Sie die Rosen vor dem Pflanzen ins Wasser, damit die Wurzeln ausreichend Feuchtigkeit aufnehmen können. Im Gegensatz zum Frühjahr brauchen die Rosen nicht so viel Wasser, daher müssen Sie sie nicht eine ganze Nacht lang wässern. Zwei bis drei Stunden genügen.

Rückschnitt vor dem Pflanzen

Wenn Sie ballenlose Rosen einsetzen wollen, sollten Sie die Triebe auf etwa 15 bis 20 Zentimeter zurückschneiden und die Wurzeln auf etwa 20 Zentimeter einkürzen. Gebrochene Triebe und verletzte Wurzeln müssen ebenfalls entfernt werden.

Pflanzloch vorbereiten

Die Pflanzgrube sollte so groß sein, dass die Pflanze bis zum Ansatz der Verzweigung hineinpasst.

Praxistipp

Rosen kaufen

Wenn Sie Rosen für Ihre neue Pflanzung kaufen, sollten Sie auf die Qualitätskennzeichnung achten. A-Qualität bedeutet, dass die Rosen mindestens drei gesunde Triebe aufweisen, B-Qualität, dass nur zwei gesunde Triebe vorhanden sind. Optimale Qualität garantiert Ihnen zudem das ADR-Prüfsiegel (Anerkannte Deutsche Rose), das nur den Exemplaren verliehen wird, die eine erfolgreiche Rosenprüfung hinter sich gebracht haben. Folgende Kriterien sollten die in Betracht gezogenen Rosen zudem erfüllen: Das Holz sollte dunkelgrün, glatt, riss- und fleckenfrei sein. Die Wurzeln sollten kräftig ausgebildet sein. Wenn Sie leicht mit dem Fingernagel daran kratzen, sollte das weiße Wurzelinnere zu sehen sein.

Astern

Gärtnertipp

Standortauswahl

Bei der Standortwahl Ihrer neuen Rosen sollte Sie berücksichtigen, dass man an die Stelle, an der bereits Rosen standen, keine neuen setzen sollte. Das Phänomen der so genannten Bodenmüdigkeit, das in diesem Fall auftritt, ist von den Fachleuten nicht eindeutig geklärt. Tatsache ist aber, dass Neupflanzungen an Standorten, an denen bereits Rosen standen, nicht so gut gedeihen und es häufig zu Minderwuchs kommt. Ist der alte Standort die einzig mögliche oder eine besonders schöne Stelle, um Rosen zu pflanzen, bleibt Ihnen nur die Möglichkeit, den Boden etwa zwei Spaten tief auszukoffern, d. h. die Erde auszutauschen, und der Bodenmüdigkeit dadurch vorzubeugen.

Einsetzen

Setzen Sie die Rose in die Pflanzgrube. Die deutlich sichtbare Veredelungsstelle am Wurzelhals sollte etwa fünf Zentimeter unter der Erdoberfläche liegen. Dann verteilen Sie die Erde locker mit der Hand über die Wurzeln. Mengen Sie pro Pflanze eine Hand voll Hornspäne bei.

Auffüllen

Füllen Sie das Pflanzloch wieder mit Erde auf, drücken Sie sie fest und formen Sie eine Gießmulde um die Pflanze.

Angießen

Füllen Sie die Gießmulde langsam mit Wasser auf. Bei trockenem Boden sollten Sie den Vorgang wiederholen. Warten Sie jedoch, bis das Wasser versickert ist.

Anhäufeln

Häufeln Sie die Rose mit Erde an, so dass rings um die Pflanze ein kleiner Erdhügel entsteht. Vor dem ersten Frost sollten Sie die Pflanze ein weiteres Mal mit Erde bedecken, so dass nichts mehr von Ihrer Rose zu sehen ist. Auf diese Weise schützen Sie die Pflanze vor Sonne, Wind und Frost.

Rosen gießen

Sollte nach der Pflanzung der Rosen über längere Zeit hinweg der Regen ausbleiben, sorgen Sie für ausreichend Feuchtigkeit und gießen Sie die frisch gepflanzten Rosen regelmäßig.

Rosen pflegen

Die Pflege der Rosen im Herbst besteht darin, verwelkte Blüten und abgestorbenes Holz zu entfernen. Schneiden Sie bei Beetrosen lange Triebe einheitlich bis auf Kniehöhe ab. Der eigentliche Schnitt erfolgt jedoch erst im Frühjahr.

Rosenlaub entfernen

Wenn die Herbststürme nicht nur das Laub von den Bäumen fegen, sondern auch die Rosen kahlblasen, sollten Sie das Rosenlaub nicht liegenlassen. Sammeln Sie es auf und entfernen Sie es aus Ihrem Garten. Nur so verhindern Sie, dass Krankheitserreger etwa von Echtem Mehltau oder Sternrußtau in Ihrem Garten überwintern und im Folgejahr erneut Unheil anrichten.

Stauden

Während Sommerblumen und die meisten Zwiebel- und Knollenblumen längst verblüht sind, bietet das Staudenbeet eine wunderbare Farbenpracht zum Saisonausklang. Sonnenhut, Herbst-Fetthenne, Oktober-Silberkerze, Astern und Herbstchrysanthemen in allen Variationen schmücken den Garten bis in den November hinein und lassen keinerlei Anflug von herbstlicher Tristesse aufkommen. Während Sie sich an der herbstlichen Farbenvielfalt erfreuen, sollten Sie jedoch nicht vergessen, bereits die Staudenpracht für das kommende Frühjahr zu planen und zu pflanzen.

Stauden pflanzen

Der Herbst (September) ist der richtige Zeitpunkt, um Stauden zu pflanzen, die im nächsten Frühjahr oder Frühsommer blühen.

Bepflanzung planen

Eine gelungene Bepflanzung erreichen Sie, wenn Sie den Stauden den passenden Standort geben und auf den richtigen Pflanzabstand achten. Bei sehr wuchskräftigen Stauden genügt es, zwei Stauden pro Quadratmeter zu pflanzen. Bei kleinen Pflanzen setzen Sie bis zu zehn Exemplare auf einen Quadratmeter. Um ein optisch schönes Ergebnis zu erlangen, sollten Sie die Höhe der Stauden berücksichtigen. Im Hintergrund des Beetes stehen die hoch wachsenden Pflanzen, im Zentrum die mittelhohen Stauden und in der ersten Reihe befinden sich die niedrigen Stauden.

Bodenvorbereitung

Der Boden, in den gepflanzt wird, sollte locker und humos sein. Gegebenenfalls müssen Sie den Boden durch Lockern mit der Grabgabel und Bodenverbesserungsmaßnahmen vorbereiten. Die notwendige feinkrümelige Struktur und eine glatte Fläche erreichen Sie durch Bearbeitung mit dem Rechen.

Einpflanzen

Bevor Sie zur Tat schreiten, können Sie die Stauden, die Sie pflanzen wollen, probehalber auf der Beetfläche verteilen, um die Wirkung zu beurteilen. Wässern und lockern Sie die Wurzelballen vor dem Pflanzen. Dann positionieren Sie die Stauden in die dafür vorbereiteten Pflanzlöcher. Setzen Sie sie so tief, wie sie vorher in den Töpfen standen. Wenn Sie die Pflanzlöcher wieder mit Erde aufgefüllt haben, drücken Sie die frisch gepflanzten Stauden fest und gießen Sie sie gründlich an. Sorgen Sie auch in den folgenden Wochen stets für einen feuchten Boden.

Stauden aussäen

Möchte man Stauden nicht als Jungpflanzen im Fachhandel kaufen, kann man sie auch selbst aussäen und heranziehen. Die übliche Aussaatzeit ist das Frühjahr. Es gibt jedoch eine Reihe von Stauden, die nur keimen, wenn sie Temperaturen um den Gefrierpunkt ausgesetzt sind. Es sind dies die so genannten Kaltkeimer. Diese werden nicht erst im Frühjahr, sondern bereits im Herbst ausgesät.

Für das Aussäen stellen Sie Aussaatkistchen bereit, die mit guter Aussaaterde befüllt sind. Streichen Sie die Oberfläche glatt und ziehen Sie kleine Rillen. In diese verteilen Sie die Samen. Drücken Sie die Aussaat leicht an und überstreuen Sie sie dann mit Erde. Befeuchten Sie abschließend die Aussaat.

Stauden, die im Herbst gepflanzt werden

Höhe	Blütezeit	Blütenfarben	Standort
Funkie *(Hosta-Arten/Sorten)*			
bis 60 cm	ab Juli	hellviolett bis lila	halbschattig bis schattig
Mädchenauge *(Coreopsis grandiflora)*			
bis 90 cm	ab Juni	gelb	sonnig
Phlox *(Phlox paniculata)*			
80 bis 100 cm	ab Juni	weiß, rosa, rot, lila oder zweifarbig	sonnig
Rittersporn *(Delphinium)*			
bis 200 cm	ab Juni	blau, violett, rosa oder weiß	sonnig
Sonnenbraut *(Helenium x hybridum)*			
100 bis 120 cm	ab Juli	gelb, rot, samtbraun oder bronzefarben	sonnig

Kaltkeimer unter den Stauden, die im Herbst gesät werden

Höhe	Blütezeit	Blütenfarben	Standort
Christrose *(Helleborus niger)*			
bis 25 cm	ab Januar	weiß	halbschattig bis schattig
Eisenhut *(Aconitum)*			
bis 150 cm	ab Juli	violettblau	halbschattig bis schattig
Enzian *(Gentiana)*			
80 bis 100 cm	ab Juni	weiß, rosa, rot, lila oder zweifarbig	sonnig
Phlox *(Phlox paniculata)*			
bis 200 cm	ab Juni	blau, violett, rosa oder weiß	sonnig
Veilchen *(Viola)*			
100 bis 120 cm	ab Juli	gelb, rot, samtbraun oder bronzefarben	sonnig

Stellen Sie die Aussaatkistchen mit den Kaltkeimern über den Winter in ein Frühbeet. Im Frühjahr erscheinen dann die Keimlinge, die Sie vereinzeln und auspflanzen können.

Im Spätsommer und Herbst blühende Stauden pflegen

Damit die leuchtende Farbenpracht der Stauden tatsächlich bis in den Spätherbst hinein währt und auch im nächsten Jahr wiederkehrt, sollten die Pflanzen ein bisschen gehegt werden.
Um die herbstblühenden Stauden zu lang währender Blütenpracht anzuregen, sollten Sie verwelkte Blüten regelmäßig entfernen oder Blumen für die Vase abschneiden. Auf diese Weise fördern Sie das Wachstum und regen die Stauden zur Blühwilligkeit an.
Lassen Sie bei herbstblühenden Stauden die Blütenstände bis in den Winter hinein stehen. Im kahlen Winter stellen sie eine besondere Zierde im Garten dar. Es genügt, im Februar zur Schere zu greifen und sie zurückzuschneiden.

Staudenbeet mit Astern

Gräser

Im Herbst ist auch für die Ziergräser ihre Zeit gekommen. Sie fungieren als aparte Begleiter im Staudenbeet, oft spielen sie sogar dort die Hauptrolle. Mit ihren dekorativen Samenständen ziehen sie die Blicke auf sich und machen den Stauden berechtigte Konkurrenz.

Gräser pflegen

Gräser sind außerordentlich bescheiden in ihren Ansprüchen und brauchen kaum Pflege. Lassen Sie die im Herbst herangereiften Gräser einfach stehen und schneiden Sie sie nicht zurück. Ein Rückschnitt im Herbst würde im Gegenteil die Gefahr von Frostschäden erhöhen, da die Grashalme den Wurzeln einen natürlichen Frost- und Nässeschutz bieten. Gräser sind winterhart und überstehen den Winter ohne aufwändige Vorkehrungen. Der Rückschnitt erfolgt erst im folgenden Frühjahr.

Gräser zum Schutz zusammenbinden

Praxistipp

Stauden stehen lassen
Selbst wenn der Herbst sehr verregnet ist und Ihre Staudenpracht in sich zusammenfallen lässt, können Sie das ein oder andere Exemplar stehenlassen. Denn die meist sehr formschönen Stauden bilden im Winter die Grundlage für zauberhafte Raureif-Kulissen.

Gräser vermehren

Wenn Sie die Ziergräser aus Ihrem eigenen Bestand vermehren wollen, sollten Sie einige Ähren abschneiden und den Samen herauspulen.
Den gewonnenen Samen säen Sie in sandige Aussaaterde aus und stellen das Saatgefäß im Haus an einen hellen Standort.
Bei Zimmertemperatur dauert es etwa drei bis vier Wochen, bis sich die ersten Keimlinge zeigen.
Sobald die kleinen Pflänzchen zwei bis drei Blätter aufweisen, werden sie vereinzelt und jeweils in einen eigenen Topf umgesetzt.
Stellen Sie die Töpfe an einen hellen, kühlen, frostfreien Ort, etwa in die Garage, und warten Sie mit dem Auspflanzen ins Freie das Frühjahr ab.

Samen reinigen und lagern

Sie können die gewonnenen Samen auch bis zum Frühjahr kühl und trocken lagern und erst im Frühjahr aussäen. Damit die Samen jedoch unbeschadet über den Winter kommen, sollten sie vorher gründlich gereinigt werden.
Um Samen zu gewinnen, die von weichen Schalen und Fruchtfleisch umgeben sind, werden die Schalen in einem Tuch leicht zerdrückt und das Fruchtfleisch unter fließendem Wasser fortgespült.
Ist das die Samen umgebende Fruchtfleisch von härterer Konsistenz, schälen Sie dieses mit einem Küchenmesser ab.

Gärtnertipp

Gräser zusammenbinden
Damit die Halme der Ziergräser nicht auseinanderfallen oder vom Wind niedergedrückt werden, sollten Sie sie im Herbst zusammenbinden. Das Verschnüren bewirkt überdies einen Schutz gegen die winterliche Kälte.

Die letzten Reste, die Sie nicht abbekommen haben, entfernen Sie unter fließendem Wasser mit einer Bürste oder weichen sie in Wasser ein.
Samen, die in Schoten oder Hülsen sitzen, werden sorgfältig herausgepult. Entfernen Sie alle Schoten- oder Hülsenreste von den Samen, da Reste davon zu Fäulnis führen können.

Zwiebel- und Knollenpflanzen

Die herbstblühenden Zwiebel- und Knollenpflanzen bringen zum Saisonausklang noch einmal hübsche Farbtupfer in Ihren Garten. Der bekannteste Vertreter ist die Herbstzeitlose, die in Gruppen gepflanzt und locker über den Rasen verteilt mit ihren blassrosa Blüten eine hübsche Zierde im herbstlichen Garten ist. Doch auch für die Zwiebel- und Knollenpflanzen geht die Gartensaison langsam zu Ende. Damit pünktlich nach der Winterpause mit dem Frühlingserwachen die Schneeglöckchen, Winterlinge und Krokusse aus der Erde spitzen, müssen jetzt die Blumenzwiebeln für die Frühjahrsblüher ausgepflanzt werden.

Pflanzung frühjahrsblühender Zwiebel- und Knollenpflanzen planen

Bevor Sie die Zwiebeln und Knollen pflanzen, sollten Sie sich einige Gedanken über Ihre Pflanzung machen. Soll die Pflanzung natürlich wirken, sollten Sie für eine gewisse Zufälligkeit der Gruppierung sorgen und regelmäßige Pflanzabstände zwischen den Exemplaren vermeiden.
Zwiebel- und Knollenpflanzen werden selten alleine, sondern meist in Kombination mit Gehölzen oder Stauden gepflanzt. Im Staudenbeet sorgen die Frühjahrblüher für einen ersten Blütenhöhepunkt. Setzen Sie die Zwiebeln nicht alle in die erste Reihe, sondern verteilen Sie sie über das Beet. Die später austreibenden Stauden können auf diese Weise die nach der Blüte verwelkenden Blätter, die man aus Nährstoffgründen nicht entfernen soll, verdecken.
Damit sich ein harmonischer Anblick ergibt, sollten sie die verschiedenen Sorten nicht mischen, sondern in Gruppen pflanzen. Es genügt, wenn es an den Berührungpunkten zu Überschneidungen kommt.

Frühjahrsblühende Zwiebel- und Knollenblumen pflanzen

Der Herbst ist Pflanzzeit für die Frühjahrsblüher unter den Zwiebel- und Knollenblumen. Der ideale Pflanzzeitpunkt ist September und Oktober, wenn der Boden noch vom vergangenen Sommer angewärmt ist und die Zwiebeln bzw. Knollen die angenehmen Bodentemperaturen zur Wurzelbildung und zum Anwachsen nutzen können. Denn nur wenn die Zwiebeln und Knollen vor Einsetzen der kalten Jahreszeit kräftige Wurzeln entwickelt haben kommen sie gut über den Winter und erfreuen bereits im zeitigen Frühjahr mit reicher Blütenpracht. Bei gut eingewurzelten Pflanzen sind auch Schäden durch Winternässe seltener.
Der ideale Boden für gutes Gedeihen der frühblühenden Zwiebel- und Knollenpflanzen sollte durchlässig, locker und leicht kalkhaltig sein. Schweren, feuchten Böden sollte Sand oder Kies, sandigen, leichten Böden gut zersetzter

Zwiebeln pflanzen

Gartenkompost beigegeben werden.
Heben Sie ein Pflanzloch aus, in das Sie die Zwiebeln und Knollen setzen. Wie tief das Loch ausgegraben wird, richtet sich nach der Größe der Zwiebeln. Die Pflanztiefe sollte etwa zwei- bis dreimal der Zwiebel- bzw. Knollendicke entsprechen. Sie können die Pflanzen einzeln setzen, Sie können jedoch auch ein breit angelegtes Pflanzloch ausheben, in das Sie gleich mehrere Exemplare setzen.
Halten Sie zwischen den Pflanzen ausreichend Abstand ein, damit sie sich ausbreiten können. Der ideale Abstand beträgt etwa die zwei- bis dreifache Zwiebelbreite.
Füllen Sie das Pflanzloch wieder mit Erde auf und drücken Sie diese leicht an, damit keine Lufteinschlüsse bleiben.

Gärtnertipp

Pflanztiefe
Vermeiden Sie eine zu geringe Pflanztiefe. Die Zwiebeln und Knollen können sonst vom Frost nach oben gedrückt werden.

Zwiebeln im Rasen pflanzen

Die richtigen Pflanzwerkzeuge

Mit diesen Werkzeugen geht das Pflanzen von Zwiebeln und Knollen leichter:

Spaten

Mit dem Spaten stechen Sie in die Erde und öffnen einen Spalt, in den Sie die Zwiebel bzw. die Knolle einsetzen können. Sie können mit dem Spaten auch ein groß angelegtes Pflanzloch ausstechen, in das Sie mehrere Zwiebeln oder Knollen setzen.

Blumenzwiebelstecher

Mit diesem Gerät lassen sich gleichmäßig große, sauber gestochene Löcher ausheben, in die Sie die Zwiebeln bzw. Knollen einsetzen.

Frühjahrsblühende Zwiebel- und Knollenpflanzen

Höhe	Blütezeit	Blütenfarben	Standort	Überwinterung
Anemone *(Anemone)*				
bis 25 cm	März bis Juni	weiß, rot, blau oder zweifarbig	absonnig bis halbschattig	winterhart
Blaustern *(Scilla sibirica)*				
10 bis 30 cm	März	blau	absonnig bis halbschattig	winterhart
Hundszahnlilie *(Erythronium dens-canis)*				
20 cm	April/Mai	weiß oder zartrosa	sonnig bis halbschattig	winterhart
Frühlingsalpenveilchen *(Cyclamen coum)*				
10 cm	Februar bis März	rosa oder rot	absonnig bis halbschattig	Winterschutz erforderlich
Frühlingssternblume *(Brodiaea)*				
bis 40 cm	März bis Mai	weiß oder blau	sonnig	Winterschutz erforderlich
Hyazinthe *(Hyazinthus orientalis)*				
bis 25 cm	März bis Mai	weiß, gelb, rosa, rot, blau oder lila	sonnig	Winterschutz erforderlich
Iris *(Iris)*				
bis 50 cm	März bis Juni	blau, gelb, weiß oder zweifarbig	sonnig	Winterschutz erforderlich
Kaiserkrone *(Fritillaria)*				
bis 100 cm	April	gelb oder orange	sonnig	winterhart
Krokus *(Crocus vernus)*				
bis 15 cm	März	weiß oder blau	sonnig bis halbschattig	winterhart
Narzisse *(Narcissus)*				
bis 70 cm	März bis Mai	weiß, orange-weiß, gelb oder gelb-orange	sonnig bis halbschattig	winterhart
Schneeglöckchen *(Galanthus nivalis)*				
bis 10 cm	Februar bis März	weiß	sonnig bis halbschattig	winterhart
Tulpe *(Tulipa)*				
bis 60 cm	April bis Mai	viele	sonnig	winterhart
Winterling *(Eranthis hiemalis)*				
bis 5 cm	Februar bis März	gelb	sonnig bis halbschattig	winterhart

Pflanzkelle
Die Pflanzkelle ist eine kleine, stumpfe Pflanzschaufel, mit der Sie Zwiebeln und Knollen in Beete pflanzen können.

Zwiebeln und Knollen in Rasenflächen setzen

Ein besonders hübscher Anblick sind früh blühende Zwiebel- und Knollenpflanzen wie etwa Krokusse, Schneeglöckchen, Narzissen oder Tulpen, die in der Wiese wachsen und deren leuchtende Blütenfarben mit dem frischen Grün des Rasens kontrastieren.
Wollen Sie größere Zwiebelblumen in die Wiese pflanzen, sollten Sie die Pflanzlöcher einzeln ausheben, da die Pflanzen einen ausreichenden Seitenabstand benötigen. Benutzen Sie dazu einen Blumenzwiebelstecher. Mit diesem Gerät können Sie saubere, tiefe Löcher stechen. Das Pflanzloch wird nach dem Pflanzen mit gelockerter Erde und der ausgestochenen Grassode verfüllt.
Beim Pflanzen kleinerer Zwiebelblumen, die weniger tiefe Pflanzlöcher und geringen Seitenabstand brauchen, stechen Sie mit dem Spaten eine Grassode ab und klappen sie um. Lockern Sie den Untergrund mit einer Handgabel und legen Sie die Zwiebeln aus. Achten Sie darauf, dass trotz des geringen Abstands der Zwiebeln diese nicht übereinander liegen. Klappen Sie die Grassode wieder darüber und drücken Sie sie leicht an.

Frisch gepflanzte Zwiebeln und Knollen mit Winterschutz versehen

Manche der frühjahrsblühenden Zwiebeln und Knollen, die Sie frisch gepflanzt haben, brauchen einen Winterschutz, damit sie gut über den Winter kommen und im Frühjahr mit schöner Blütenpracht aufwarten. Nicht ganz winterhart sind etwa Frühlingssternblume, Hyazinthe und Iris. Versehen Sie diese mit einer dicken Mulchschicht aus Gartenkompost, etwa Laub oder Grasschnitt.

Blühende Ringelblumen im Herbst

Pflanzstelle kennzeichnen

Kennzeichnen Sie die Stellen, an denen Sie Zwiebeln oder Knollen ausgepflanzt haben, damit Sie beim Hacken und Lockern des Bodens im zeitigen Frühjahr nicht versehentlich die Zwiebeln und Knollen, von denen noch keine Triebspitzen zu sehen sind, verletzen.

Sommerblumen

Trotz ihres Namens beschränkt sich die Blütezeit der Sommerblumen nicht nur auf den Sommer, sondern reicht bis weit in den Herbst hinein. Farbenfroh und vielfältig in Blatt- und Blütenformen zieren sie den herbstlichen Garten, so üppig und schön, dass man vom nahenden Ende der Gartensaison noch nichts merkt. Im September, spätestens Oktober neigt sich die Pracht jedoch unweigerlich dem Ende zu. Die Einjährigen unter den Sommerblumen beenden mit der Saison auch ihre Lebensdauer. Nach der Samenbildung sterben sie ab. Doch auch die ausdauernden Sommerblumen sind meist nicht winterhart und müssen im kommenden Frühjahr erneut ausgesät werden. Die frisch gesäten zweijährigen Sommerblumen werden auf den Winter vorbereitet.

Sommerblumenbeete räumen

Wenn im Herbst die ersten Fröste auftreten, ist es an der Zeit, die einjährigen Sommerblumen von den Beeten zu räumen. Das anfallende Material können Sie auf dem Kompost entsorgen.

Samen gewinnen

Bevor Sie die Reste der abgeblühten Sommerblumen auf den Kompost werfen, können Sie die Samenstände sicherstellen. Aus diesen lassen sich Samen für die Aussaat im kommenden Frühjahr gewinnen. Sie können die gewonnenen Samen bis zum Frühjahr aufheben, wenn Sie sie kühl und trocken lagern. Damit die Samen unbeschadet über den Winter kommen, sollten sie vorher gründlich gereinigt werden.
Samen, die von weichen Schalen und Fruchtfleisch umgeben sind, werden leicht in einem Tuch gedrückt, damit sich Schalen und Fruchtfleisch lösen. Die Reste werden unter fließendem Wasser fortgespült.

Gärtnertipp

Zwiebeln und Knollen pflanzen
Bevor Sie die Zwiebel oder Knolle in das Pflanzloch einsetzen, bringen Sie auf den Boden des Lochs eine Sand-Hornspäne-Mischung auf. Diese verringert die Gefahr von Staunässe und liefert zudem wichtige Nährstoffe.

Samenstand der Ringelblume

Ist das die Samen umgebende Fruchtfleisch von härterer Konsistenz, schälen Sie dieses mit einem Küchenmesser ab. Die letzten Reste entfernen Sie unter fließendem Wasser mit einer Bürste oder weichen sie in Wasser ein.
Samen, die in Schoten oder Hülsen sitzen, werden sorgfältig herausgepult. Entfernen Sie alle Schoten- oder Hülsenreste von den Samen, da die Reste zu Fäulnis führen können.

Ausdauernde Sommerblumen überwintern

Wollen Sie Ihre ausdauernden, nicht winterharten Sommerblumen vor dem Erfrieren retten, müssen Sie sie rechtzeitig vor den ersten Frösten aus dem Beet holen und zur Überwinterung ins Haus bringen.

Gärtnertipp

Sommerblumen überwintern
Bevor Sie die ausdauernden Sommerblumen zum Überwintern ins Haus bringen, sollten Sie sie kräftig zurückschneiden. Der Rückschnitt dient zum einen der Verjüngung der Pflanzen, zum anderen fördert er die Ausbildung einer schönen, buschigen Wuchsform.

Die Pflanzen brauchen einen hellen, kühlen, aber frostfreien Raum. Sie sollten sie regelmäßig gießen, damit die Wurzelballen nicht austrocknen.
Achten Sie darauf, dass das Winterquartier nicht zu warm ist. Die Sommerblumen fangen sonst vorzeitig an auszutreiben und bringen schwächliche, lange Triebe hervor.
Ist Ihnen der Aufwand, die ausdauernden Sommerblumen im Haus zu überwintern, zu groß, können Sie sie auch einfach im nächsten Jahr neu aussäen.

Zweijährige Sommerblumen auf den Winter vorbereiten

Die im Sommer ausgesäten zweijährigen Sommerblumen haben sich rechtzeitig vor Beginn des Winters zu robusten Jungpflanzen entwickelt. Diese sollten Sie, wenn Sie das im Spätsommer noch nicht getan haben, zum Überwintern in ein windgeschütztes Gartenbeet pflanzen. Erst im Frühjahr übersiedeln die Pflänzchen an ihren endgültigen Standort.

Zweijährige Sommerblumen mit einem Winterschutz versehen

Damit die zweijährigen Sommerblumen im kommenden Jahr ihre volle Schönheit entfalten können, müssen Sie dafür Sorge tragen, dass sie gut über den Winter kommen. Mit dem windgeschützten Standort allein ist es noch nicht getan. Zum Schutz vor Frost und Kälte sollten Sie die Jungpflanzen mit locker aufgelegtem Nadelreisig abdecken. Damit dieses nicht vom Wind abgetragen werden kann, sollten Sie die Enden in den Boden stecken.

Im Frühsommer blühende Sommerblumen aussäen

Der frühe Herbst ist die richtige Zeit, um Sommerblumen auszusäen, die bereits im Frühsommer zu blühen beginnen. Diese einjährigen Sommerblumen werden auch als Winterannuelle bezeichnet und überdauern als Jungpflanzen den Winter.
Die Ansprüche, die die Sommerblumen an den Boden stellen, sind nicht besonders groß. Sie bescheiden sich mit normaler Gartenerde, die gut gelockert und frei von Unkraut sein sollte.
Legen Sie Saatrillen an, in die Sie die Samen ausstreuen. Nachdem Sie etwas Erde über das Saatgut verteilt haben, gießen Sie gründlich. Auch in den folgenden Wochen sollte die Erde feucht gehalten werden, damit die Saat erfolgreich keimt.
Wenn die Keimlinge zwei bis drei Blätter aufweisen, werden sie ausgelichtet. Lassen Sie nur die kräftigsten Pflänzchen stehen, von denen Sie sicher sind, dass sie den Winter sicher überstehen.

Aussaat planen

Bevor Sie zur Aussaat schreiten, sollten Sie sich überlegen, wie und wo die Sommerblumen gedeihen sollen. Hier einige Anregungen und Tipps:
Nur sehr wenige Sommerblumen eignen sich als Solitärpflanzen. Pflanzen Sie sie besser in Gruppen. Mehrere Ex-

Samenstand des Schwarzkümmels

emplare einer Sorte, im notwendigen Abstand nebeneinander gesetzt, ergeben einen hübschen Anblick.
Kombinieren Sie die Winteranuellen mit frühblühenden Zwiebel- und Knollenpflanzen. Dadurch erhalten Sie ein im Frühjahr und Frühsommer üppig blühendes Beet.
Sommerblumen eignen sich auch als Unterpflanzung von Gehölzen. Gerade bei jungen Obstbäumen, die den Bewuchs der Baumscheibe mit Gras nicht gut vertragen, sind Sommerblumen ein schöne und nützliche Alternative.
Schaffen Sie Blumeninseln im Rasen, die Sie mit Sommerblumen bepflanzen, um das mitunter monotone Grün des Rasens wirkungsvoll zu unterbrechen.
Achten Sie auf ein gelungenes Farbzusammenspiel und auf entsprechende Höhenstaffelung, damit kleine Blumen nicht von großen verdeckt werden.

Frisch ausgesäte Winterannuelle mit Winterschutz versehen

Die Jungpflanzen der Winterannuellen brauchen einen zuverlässigen Schutz vor Eis und Kälte, damit sie unbeschadet über den Winter kommen.
Wie bei den zweijährigen Sommerblumen eignet sich als Winterschutz eine Abdeckung mit Nadelreisig. Die Zweige haben eine isolierende Wirkung und schützen die Pflanzen überdies vor der Wintersonne und Schneedruck. Damit das Tannenreisig nicht vom Wind weggetragen wird, stecken Sie die Zweige mit den Enden in den Boden.
Eine Laubschicht, die auch häufig als Winterschutz Verwendung findet, ist nicht so gut geeignet, da Sie damit nur den Boden, nicht aber die empfindlichen Pflänzchen abdecken können. Diese würden unter der Laubschicht zu faulen beginnen.

Stiefmütterchen-Jungpflanzen

Rasen

Der Herbst ist die ideale Zeit, sich verstärkt um die Pflege des Rasens zu kümmern. Haben die sommerlichen Temperaturen Ihren Rasen sehr mitgenommen, können Sie ihn jetzt bei abgekühlten Temperaturen ein bisschen aufpeppeln und fit machen für die bevorstehende Winterkälte. Verwenden Sie Ihre Mühe nicht nur auf die Blumenpracht oder die Gemüse- und Obsternte. Ein gepflegter Rasen trägt wesentlich zum Gesamteindruck des Gartens bei. Wirkt das Grün ungepflegt und vernachlässigt, ist auch das üppigste Blumenbeet in seiner Wirkung beeinträchtigt. Ein schöner Rasen rundet das Bild perfekt ab.

Rasen nach dem Sommerurlaub mähen

Ist Ihr Rasen während Ihres Urlaubs sehr in die Höhe geschossen, ist das nicht weiter schlimm. Es bedeutet für die nächste Zeit lediglich ein bisschen mehr Pflegeaufwand durch häufigeres Rasenmähen. Denn Ihr überlang gewachsener Rasen sollte nicht in einem

Im Frühsommer blühende Sommerblumen (Winteranuelle)

Höhe	Blütezeit	Blütenfarben	Standort
***Flockenblume** (Centaurea)*			
60 bis 80 cm	ab Juni	weiß, rosa, lila oder blau	sonnig bis halbschattig
***Goldmohn** (Eschscholtzia californica)*			
bis 40 cm	Mai bis Oktober	gelb oder orange	sonnig
***Kreuzblume** (Clarkia elegans plena)*			
50 bis 60 cm	Juni bis September	weiß oder zartrosa	sonnig bis halbschattig
***Schwarzkümmel** (Nigella damascena)*			
bis 60 cm	Juni bis September	blassblau	sonnig
***Stiefmütterchen** (Viola wittrockiana tricolor maxima)*			
bis 20 cm	März bis Mai	weiß, gelb, rot, blau, lila, purpur oder dreifarbig	sonnig bis halbschattig

Schritt gekürzt werden. Da Rasengräser ihre Nährstoffe in den Blättern und nicht in den Wurzeln speichern, würde ein Radikalschnitt einen längeren Wachstumsstillstand nach sich ziehen. Dies würde wiederum das Wachstum von Unkräutern und Moos begünstigen. Gehen Sie deswegen folgendermaßen vor: Mähen Sie zunächst nur ein Drittel der vorhandenen Rasenhöhe ab und dann je ein weiteres Drittel im Abstand von vier bis fünf Tagen. Am besten geht das mit einem Rasenmäher, der über eine komfortable Einstellung der Schnitthöhe verfügt.

Rasen düngen

War der Sommer sehr trocken, ist der Rasen dankbar für ein bisschen Zuwendung. Je gestärkter und kräftiger er in den Winter geht, desto besser wird er die kalte Jahreszeit überstehen. Tun Sie dem Rasen etwas Gutes und düngen Sie die ausgelaugten Grünflächen. Verwenden Sie am besten einen speziellen Kalidünger (keinen Stickstoffdünger), der die Gräser stärkt und weniger anfällig gegen Frostschäden und Krankheiten macht.

Rasen vertikutieren

Versorgen Sie Ihren Rasen mit Luft. Das erreichen Sie durch sorgfältiges Vertikutieren, eine Pflegemaßnahme, durch die der Wurzelfilz im Bereich der Grasnarbe entfernt wird. Der Wurzelfilz, der im Laufe der Zeit durch sich anhäufendes abgestorbenes Pflanzenmaterial entsteht, überzieht wie ein dichter Sperrgürtel den Boden und schnürt den Gräsern gewissermaßen die Luft ab. In der Folge werden die Halme nicht mehr richtig belüftet und das Oberflächenwasser nicht mehr richtig abgeleitet, was wiederum Moos und Unkraut entstehen lässt.

Um ein nachhaltiges Ergebnis zu erreichen, sollten Sie zwei Arbeitsgänge vorsehen: Bearbeiten Sie den Rasen zunächst in Längsrichtung, dann in Querrichtung. Dadurch arbeiten Sie sehr effizient und entfernen sehr viel von dem lästigen Rasenfilz.

Erschrecken Sie nicht über den Anblick Ihres Rasens nach getaner Arbeit. Wo vorher der Filz für eine dichte Fläche sorgte, klaffen nach dem Vertikutieren unter Umständen große Lücken. Normalerweise erholt sich der Rasen jedoch ziemlich schnell wieder von der Prozedur des Vertikutierens und präsentiert sich dann schöner als je zuvor.

Schließen sich die Lücken nicht von selbst wieder, können Sie durch Nachsäen für Abhilfe sorgen.

Rasenanlage

Motorbetriebenen Vertikutierer verwenden

Die motorbetriebene Ausführung des Vertikutiers empfiehlt sich für größere Flächen. Die rotierenden Messer, die der motorbetriebene Vertikutierer aufweist, schneiden den Rasen und die Bodenoberfläche bis zu einer Tiefe von maximal drei bis fünf Zentimetern auf. Durch die Rotation wird der gelöste Rasenfilz nach oben gebracht und kann dann abgerecht werden.

Praxistipp

Vertikutierhilfen
Den Vertikutierer gibt es als manuelles Gerät, das für kleine Rasenflächen genügt. Wenn Sie keinen Vertikutierer zur Verfügung haben, können Sie den Rasen auch mit einem Fächerbesen bearbeiten.

Rasen ansäen

Neurasen anlegen

Auch im zeitigen Herbst besteht die Möglichkeit, Rasensamen auszusäen. Im September ist der Boden noch warm genug, so dass der Samen schnell keimt. Über den September hinaus sollte jedoch kein neuer Rasen mehr angelegt werden.

Ideale Voraussetzungen bietet ein gelockerter, von Unkraut und Steinen befreiter, mit dem Rechen geglätteter Boden.

Auf diesem bringen Sie den Samen aus, wobei Sie quadratmeterweise vorgehen und die vom Samenhersteller empfohlene Menge ausstreuen.

Arbeiten Sie den ausgebrachten Samen mit dem Rechen leicht in den Boden ein und verdichten Sie die Fläche durch Festtreten oder Walzen.

Wässern Sie die Fläche und halten Sie die Saat auch in den folgenden Wochen feucht.

Jungen Rasen mähen

Wenn der Samen schnell keimt und bald die ersten Grashalme sprießen, kann der junge Rasen gegebenenfalls vor dem Winter noch gemäht werden. Kürzen Sie ihn maximal auf drei Zentimeter, kürzer sollte der letzte Herbstschnitt auf keinen Fall ausfallen.

Rollrasen

Rollrasen legen

Fertigrasen verlegen

Die Alternative zur Aussaat ist das Verlegen von Fertigrasen. Dieser ist als Rolle oder in Fliesenform erhältlich. Fertigrasen hat den Vorteil, dass Sie sofort eine fertige Grünfläche haben.

Bereiten Sie den Boden wie zur Aussaat vor. Lockern Sie ihn, befreien Sie ihn von Steinen und Unkraut und glätten Sie ihn mit einem Rechen.

Beginnen Sie mit dem Auslegen an einer Kante oder spannen Sie eine Schnur, an der Sie sich orientieren.

Rollen Sie den Rasen an der Kante oder Schnur entlang aus oder verlegen Sie Fliese für Fliese, wobei Sie darauf achten sollten, keine Lücken zu lassen.

Die zweite Reihe lassen Sie dicht an der ersten anschließen. Bei Fliesen dürfen keine Kreuzfugen entstehen, d. h. Sie müssen die Fliesen versetzt zueinander auslegen.

Wenn die gesamte Fläche mit Rasen belegt ist, drücken Sie die Nahtstellen mit dem Rücken des Rechens fest an oder walzen Sie ihn.

Gärtnertipp

Stickstoffdüngung
Normalerweise empfiehlt sich nach einer Rasenansaat eine Gabe stickstoffhaltigen Düngers, da Rasen generell viel Stickstoff benötigt. Ab Mitte September sollte man mit Stickstoffgaben jedoch sehr zurückhaltend sein, da der winterliche Rasen dadurch anfälliger für den gefürchteten Schneeschimmel wird.

Schließt die Rasenfläche nicht mit einer geraden Kante ab, markieren Sie den Verlauf mit einer Schnur und stechen an dieser entlang den Rasen mit einem Kantenstecher sauber ab.

Wässern Sie den neu angelegten Rasen gründlich. Versorgen Sie ihn auch in der Folgezeit regelmäßig mit Wasser.

In den ersten vier bis fünf Wochen sollte die Rasenfläche so wenig wie möglich strapaziert werden.

Rasenmähen allmählich einstellen

Da das Gräserwachstum sich im Herbst allmählich verlangsamt, sollten Sie entsprechend seltener mähen. Gleichzeitig sollten Sie auch die Schnitthöhe verringern, da zu kurz geschnittener Rasen anfälliger für Krankheiten wird und leichter Moos ansetzt.

Rasen auf den Winter vorbereiten

Wie beim jungen Rasen gilt: Schneiden Sie die Grünfläche vor Beginn des Winters auf etwa drei Zentimeter zurück, das ist die ideale Länge, damit der Rasen ohne größere Schäden über den Winter kommt.

Rechen Sie den letzten Grasschnitt im Jahr unbedingt ab, da er im nassen Winter zu faulen beginnt.

Ab Mitte September sollte der Rasen keinesfalls mehr mit Stickstoff gedüngt werden.

Laub von Rasenflächen entfernen

Die Rasenflächen sollten Sie vor dem Winter unbedingt von Laub befreien.

Praxistipp

Erdboden schonen
Treten Sie nicht auf den vorbereiteten Erdboden, sondern arbeiten Sie von der bereits verlegten Rasenfläche aus. Zur Schonung legen Sie ein Brett auf dem Rasen aus.

Der Blättersegen, der den Boden und die Pflanzen vor der Nässe und Kälte schützt, wird vom Rasen nicht vertragen. Das darunter befindliche Gras bekommt nicht genug Licht und stirbt in der Folge ab. Auch Krankheitserreger können sich ansiedeln. Fegen Sie deshalb die Blätter mit einem Fächerbesen oder dem Rechen unter die Hecken und Sträucher oder auf die Staudenbeete.

Balkon- und Terrassenpflanzen

Wie im Garten, so stehen auch auf Ihrem Balkon oder Ihrer Terrasse die Blumen in herbstlicher Blüte. Es dominieren leuchtende Farbtöne in Gelb, Orange und Rot und lassen Balkon und Terrasse in warmem Licht erstrahlen. Genießen Sie nach der sommerlichen Hitze die angenehmen Temperaturen, das milde Sonnenlicht und die würzige Luft, bevor die Herbststürme und die ersten Fröste dem Zauber ein Ende bereiten.

Herbstbepflanzung durchführen

Für die Herbstbepflanzung, die die Sommerblumen auf dem Balkon ablösen soll, eignen sich vor allem winterharte Stauden. Wenn Sie diese nicht bereits im Sommer ausgesät haben, können Sie auf Jungpflanzen zurückgreifen, die Sie im Gartenfachhandel besorgen und auf dem Balkon auspflanzen. Zum Einpflanzen verwenden Sie handelsübliche Balkonerde. Halten Sie die Erde nach dem Pflanzen gut feucht.

Praxistipp

„Herbstzauber"
Für all diejenigen, die unschlüssig sind, welche Pflanzen sie für eine Herbstbepflanzung auf dem Balkon oder der Terrasse verwenden sollen, gibt es im Fachhandel unter der Bezeichnung „Herbstzauber" eine Auswahl von winterharten Stauden. Mit diesen lässt sich ein schöner Herbstschmuck auf Balkon oder Terrasse zusammenstellen.

Kübelpflanzen auf den Winter vorbereiten

Der zeitige Herbst ist meist warm genug, dass die Kübelpflanzen, die Ihren Balkon oder Ihre Terrasse zieren, noch im Freien ausharren können. Nutzen Sie jeden Tag, den Sie sie im Freien stehen lassen können. Denn die Frischluft stärkt die Konstitution der Kübelpflanzen, damit sie die Überwinterung schadlos überstehen. Dennoch sollten Sie sie durch zusätzliche Maßnahmen auf den Winter vorbereiten.

Ab September dürfen die Pflanzen, die überwintert werden sollen, nicht mehr gedüngt werden, damit die vorhandenen Triebe bis zum Winter hinreichend ausreifen und keine neuen mehr dazukommen, die nicht mehr rechtzeitig verholzen und im Winter Schaden nehmen.

Verwelktes sollten Sie regelmäßig ausputzen. Außer Form geratene Pflanzen werden durch einen Rückschnitt korrigiert, abgebrochene und vertrocknete Triebe werden ebenfalls entfernt.

Oleander

Kübelpflanzen vor Herbststürmen sichern

Wenn im Laufe des Herbstes die typischen kräftigen Stürme über den Balkon und die Terrasse fegen, die Temperaturen jedoch noch nicht den Gefrierpunkt erreicht haben, können Sie Ihre Kübelpflanzen noch auf dem Balkon oder der Terrasse belassen, vorausgesetzt Sie machen sie wind- und wetterfest: Versehen Sie die Kübelpflanzen mit schweren Übertöpfen, damit der Wind sie nicht mitnehmen kann. Eine breite Basis bewahrt die Pflanzen vor dem Umkippen. Kleine und leichte Töpfe kann man mit Steinen beschweren. Hochstämmchen bindet man am Balkongitter fest.

Sommerblumen versorgen

Einjährige Sommerblumen entsorgen

Die einjährigen Sommerblumen, die den Balkon oder die Terrasse während des Sommers mit ihrer Pracht zierten, können grundsätzlich in ihren Kästen ausharren, bis sie absterben. Vermutlich werden Sie sie jedoch schon vorher entsorgen, wenn sie anfangen, unansehnlich zu werden.

Mehrjährige Sommerblumen

Die mehrjährigen Sommerblumen hingegen erfreuen auch das nächste Jahr wieder mit aparten Blüten. Sie müssen jedoch vor den ersten Frösten ins Haus geholt werden, da sie den Winter im Freien nicht überstehen würden. Je nach Lage und Klima müssen manche der Mehrjährigen schon ab Ende September ins Haus gebracht werden.

Gärtnertipp

Düngestopp
Wie die Kübelpflanzen sollten auch die mehrjährigen Sommerblumen ab Anfang September nicht mehr gedüngt werden, da sie neue Triebe hervorbringen, die nicht rechtzeitig bis zur Überwinterung ausreifen. Auch das Gießen sollte bis zum Einwintern schrittweise reduziert werden.

Mehrjährige Sommerblumen auf die Überwinterung vorbereiten

Bevor Sie die zu überwinternden Sommerblumen ins Winterquartier bringen, sollten Sie sie noch einmal unter die Lupe nehmen, Verwelktes ausputzen, sie auf Schädlinge oder Krankheiten hin untersuchen und gegebenenfalls befallene Pflanzenteile entfernen. Sie können außerdem die Gelegenheit gleich nutzen und die Pflanzen kräftig zurückschneiden.

Praxistipp

Sturmschutz
Die Herbststürme testen nicht nur die Standfestigkeit der Kübelpflanzen aus, die heftigen kalten Böen kühlen sie überdies aus, reißen an den Blättern und verletzen diese. Um die Kübelpflanzen auf dem Balkon vor diesen Unbilden zu schützen, können Sie das Balkongeländer mit Planen oder Strohmatten versehen.

Geranien im Haus überwintern

Zwiebeln und Knollen setzen

Damit Sie sich bereits im zeitigen Frühjahr an üppig blühenden Frühlingsboten vor Ihrem Fenster erfreuen können, sollten Sie im Herbst Zwiebel- und Knollenpflanzen in Ihre Kästen und Töpfe für Balkon oder Terrasse setzen. Pflanzen Sie sie im September, spätestens Oktober. Die Zwiebeln bzw. Knollen sollten vor dem Einsetzen der kalten Jahreszeit kräftige Wurzeln ausgebildet haben. Dann kommen sie gut über den Winter und entwickeln die erhoffte reiche Blütenpracht.

Verwenden Sie für das Pflanzen der Zwiebeln und Knollen normale Blumenerde.

Das Loch, in das Sie die Zwiebeln und Knollen setzen, sollte zwei- bis dreimal so tief sein wie die Zwiebel bzw. Knolle dick ist.

Achten Sie darauf, dass Ihre Pflanzgefäße ausreichend tief und mit einem guten Wasserabfluss versehen sind. Staunässe vertragen die Zwiebeln und Knollen nicht, sie verfaulen dann.

Pflanzen Sie die Zwiebeln und Knollen wie im Gartenbeet grüppchenweise. Stecken Sie die großen Exemplare zuerst, dann folgen die kleineren.

Nutzpflanzen auf Balkon oder Terrasse versorgen

Gemüse

Je nach dem, welche Gemüsesorten Sie auf Ihrem Balkon oder Ihrer Terrasse gepflanzt haben, können Sie diese im Herbst ernten. Dann werden die Kästen geleert und über den Winter verstaut, bis sie im nächsten Frühjahr wieder zum Einsatz kommen.

Tomatenpflanze im Kübel

Das Gemüse, das Sie von Ihrem Balkon oder Ihrer Terrasse ernten, fällt normalerweise nicht in so großen Mengen an wie in einem Gemüsegarten. Es lohnt sich daher in der Regel nicht, es zu konservieren und zu lagern. Verbrauchen Sie es lieber sofort und bereichern Sie Ihren Speisezettel damit.

Kräuter

Haben Sie ausdauernde, winterharte Kräuter – etwa Thymian oder Lavendel – auf Ihrem Balkon oder Ihrer Terrasse, können diese auch im Winter über im Freien bleiben. Unter Umständen tun Sie gut daran, gerade in raueren Regionen, sie mit etwas Reisig zu schützen. Sie können diese Kräuter auch in

Mehrjährige Sommerblumen, die im Haus überwintert werden

Höhe	Blütezeit	Blütenfarben
Fuchsie *(Fuchsia-Hybriden)*		
bis 50 cm	Mai bis Oktober	zweifarbig in Weiß-, Rot- und Blautönen
Geranie *(Pelargonium)*		
bis 50 cm	Mai bis Oktober	rot, rosa, lila oder weiß
Mittagsgoldblume *(Gazania-Hybriden)*		
bis 25 cm	Juli bis September	weiß, gelb, rosa oder rot
Strauchmargerite *(Argyranthemum syn. Chrysanthemum frutescens)*		
bis 75 cm	Juni bis September	weiß oder gelb
Vanilleblume *(Heliotropium arborescens)*		
bis 50 cm	Juli bis September	violett
Wandelröschen *(Lantana-Camara-Hybriden)*		
bis 50 cm	Juli bis September	gelb, orange, gelb-rot oder weiß

Praxistipp

Früchte reifen lassen

Wenn der Winter naht und einige Ihrer Gemüse- oder Obstsorten, die Sie auf Balkon oder Terrasse ziehen, noch nicht ganz reif sind, stellen Sie diese mitsamt dem Kübel in einen Wintergarten, ein Gewächshaus oder einen anderen kühlen, hellen Raum. Dort kommen die Früchte nach einigen Tagen oder Wochen zur vollen Reife.

Laubfangnetz spannen

Ihre Winterbepflanzung integrieren.
Nicht frostharte mehrjährige Kräuter, etwa Rosmarin, und Ysop, werden zum Überwintern ins Haus gebracht. Stellen Sie sie in ihren Töpfen oder Balkonkästen an Küchenfenster. Sie können die Kräuter den ganzen Winter über verwenden.

Gartenteich

Auch der herbstliche Teich ist ein reizvoller Anblick: Von der milden Herbstsonne beschienen glitzert das Wasser, das die letzten Sonnenstrahlen reflektiert. Die umgebende Uferbepflanzung leuchtet in warmen Gold- und Rottönen, mit denen die Natur die Pflanzen im Herbst überzieht. Genießen Sie den Saisonausklang, doch vergessen Sie darüber nicht, den Teich winterklar zu machen.

Gartenteich vor Laubfall schützen

Selbst wenn Sie keinen Baum direkt an Ihrem Teich stehen haben, bleibt das Gewässer nicht von hineinfallendem Laub verschont. Denn die Herbststürme wirbeln die herabfallenden Blätter durch den ganzen Garten.
Fischen Sie die hineingeratenen Blätter möglichst umgehend mit einem Kescher wieder heraus. Im Teich verbleibende Blätter entziehen dem Wasser beim Zersetzen Sauerstoff, der den anderen Teichbewohnern fehlt und zu Algenwachstum und Faulschlammbildung führen kann. Damit erst gar kein Laub hineinfallen kann, sollten Sie rechtzeitig vor dem Laubfall ein Netz über den Teich spannen. Dieses sollte möglichst kleinmaschig sein, so dass auch kleine Blätter nicht durchfallen können. Sie können das Netz am Ufer mit Ziegelsteinen beschweren oder mit Haken befestigen.

Nicht winterharte Wasserpflanzen

Aussehen	Überwinterung
Feenmoos (Azolla mexicana) Pfenniggroße Blätter, rötliche Herbstfärbung	hell und kühl
Muschelblume (Pistia stratiotes) Rosettenartige Wasserstaude, auch unter dem Namen Wassersalat bekannt	in einem hellen, warmen Wasserbecken im Haus
Schwimmfarn (Salvinia natans) Echte Farnpflanze mit filzigen Blättchen, bevorzugt stehende Gewässer in sonniger Lage	frostfrei im Wintergarten oder Gewächshaus
Wasserhyazinthe (Eichhornia crassipes) helllila Blüten; Blütezeit August bis Oktober	hell und kühl bei 10°C bis 15°C

Praxistipp

Teichbewohner
Damit Amphibien wie etwa Kröten ins oder aus dem Wasser gelangen können, sollten Sie bei Ihrer Bespannung Löcher vorsehen.

Abgestorbene Pflanzenteile abfischen

Genauso wie das verrottende Laub den Teich schädigt, wenn man es im Wasser belässt, tun das auch abgestorbene Pflanzenteile von Wasserpflanzen. Entfernen Sie diese daher ebenfalls im Herbst. Falls Sie die entsprechenden Pflanzen nur schlecht erreichen können, sollten Sie sich eine Schere mit langen Holmen zulegen, wie man sie auch beim Rückschnitt von Gehölzen verwendet. Zum Herausfischen verwenden Sie dann einen Rechen.

Nicht winterharte Wasserpflanzen überwintern

Holen Sie sich von den nicht winterharten Wasserpflanzen einige Exemplare ins Haus, die Sie überwintern.
Damit sie den Winter schadlos überstehen, sollten sie in Bottichen oder Aquarien an einem hellen Standort überwintern.
Ideal zur Einquartierung der Wintergäste sind Wintergärten, frostfreie Gewächshäuser oder helle Keller.
Die Gefäße, in denen die Wasserpflanzen den Winter verbringen, sollten etwa 20 bis 30 Zentimeter hoch, mit etwa zehn Zentimetern Erde und mit Wasser aufgefüllt sein.
Die Temperaturen im Winterquartier sollten idealerweise zwischen 10°C und 15°C betragen.
Die im Teich verbliebenen Wasserpflanzen fischen Sie heraus und entsorgen sie. Wenn Sie sie im Teich belassen, verrotten sie und richten den selben

Laub sollte abgefischt werden

Wasserhyazinthen überwintern

Schaden im Teich an wie hineingefallene Blätter oder abgestorbene Pflanzenteile.

Teiche mit nur geringer Wassertiefe

Wenn Sie Besitzer eines Teichs mit sehr geringer Wassertiefe sind, müssen Sie darauf gefasst sein, dass Ihr Gewässer komplett durchfriert. Daher müssen alle in Körben gesetzte, nicht winterharte Pflanzen aus dem Teich genommen werden und in ein adäquates Winterquartier gebracht werden. Beim Zufrieren werden die Wurzeln hart gefroren, was keine noch so robuste Pflanze verkraftet.

Manche Fachleute raten auch dazu, kleine, flache Teiche im Winter auszuleeren, mit Laub zu füllen und abzudecken.

Pumpe aus dem Teich entfernen

Da man als Teichbesitzer davon ausgehen muss, dass das Gewässer bei extremer Kälte bis zu einer Tiefe von 60 Zentimetern zufriert, sollten Teichpumpen, die nicht tiefer als 60 Zentimeter stehen, nach gründlicher Reinigung an einem frostfreien Platz, etwa im Keller oder in der Garage, überwintern. Lagern Sie die Pumpe nicht trocken, sondern geben Sie sie in einen gefüllten Wassereimer, sonst geht sie zu schnell kaputt.

Gartenteich neu anlegen

Der Herbst ist wie das Frühjahr eine günstige Jahreszeit, um einen Gartenteich neu anzulegen. Wenn Sie die Frage des Standorts, der Größe und der Gestaltung geklärt haben, können Sie zur Tat schreiten.

Markieren Sie die Teichform und erledigen Sie den Aushub, wobei Sie die unterschiedlichen Zonen für Sumpf- und Wasserpflanzen berücksichtigen.

Je nach dem, ob Sie einen Folienteich anlegen oder ein Fertigbecken benutzen, verlegen Sie die Folie oder passen das Becken ein.

Der Teichboden wird mit einem Substrat aus Sand oder einem Gemisch aus Sand und Kies bedeckt. Normale Gartenerde ist nicht geeignet, da sie zu nährstoffreich ist.

Die Bepflanzung kann ebenfalls noch im Herbst erfolgen. Für das Pflanzen von Sumpf- und Wasserpflanzen ebenso wie das Anlegen der Rand- und Uferbepflanzung ist der Herbst eine geeignete Pflanzzeit.

Uferbepflanzung durchführen

Stauden und Gräser pflanzen

Wenn Sie einen neuen Gartenteich angelegt haben, können Sie sich im Herbst auch gleich um die Staudenpflanzung im Uferbereich kümmern. Denn der Herbst ist wie das Frühjahr eine günstige Pflanzzeit für Stauden und Gräser, die das Ufer zieren.

Wenn Ihr Gartenteich bereits besteht, können Sie den Uferbereich im Herbst gegebenenfalls durch das Pflanzen von Stauden und Gräsern vervollkommnen.

Überprüfen Sie Ihre bestehende Staudenpflanzung. Breiten sich einige Exemplare zu sehr aus und bedrängen oder behindern die Nachbarpflanzen in ihrer Entfaltung, sollten Sie diese teilen oder durch Abstechen in die Schranken weisen.

Zwiebel- und Knollenpflanzen pflanzen

Wollen Sie in der Randbepflanzung des Teiches ein paar Frühlingsboten, die im zeitigen Frühjahr das Ufer mit Farbenpracht und Blütenzauber verschönern,

Gartenteich

Gärtnertipp

Pflanzzeit
Häufig müssen Sie sich mit dem Pflanzen von Wasser- und Sumpfgewächsen bis zum Frühjahr gedulden, da der Fachhandel im Herbst oftmals nichts mehr bereithält.

sollten Sie früh blühende Zwiebel- und Knollenpflanzen pflanzen. Für diese ist der Herbst die richtige Pflanzzeit.

Gräser und Stauden nicht zurückschneiden

Gräser sind winterhart und überstehen die kalte Jahrezeit ohne aufwändige Vorkehrungen.
Lassen Sie die Gräser im Uferbereich stehen und schneiden Sie sie nicht zurück. Ein Rückschnitt im Herbst erhöht die Gefahr von Frostschäden, da die Grashalme den Wurzeln einen natürlichen Frost- und Nässeschutz bieten. Erst im Frühjahr erfolgt der Rückschnitt.
Damit die Halme der Ziergräser nicht auseinander fallen oder vom Wind niedergedrückt werden, sollten Sie sie im Herbst zusammenbinden. Das Verschnüren bewirkt überdies einen besonderen Schutz gegen die winterliche Kälte.

Teich mit Gräsern im Herbst

Auch die Stauden in der Uferbepflanzung werden nicht zurückgeschnitten. Wie bei den Gräsern wirken sie als Schutz vor Frostschäden an den Wurzeln.
Überdies stellen die Stauden und Gräser als einziger Blickfang im winterlich kahlen Garten eine besondere Zierde dar. Die meist sehr formschönen Stauden und Gräser sind, besonders mit Raureif überzogen, ein wunderschöner Winterschmuck.

Der Nutzgarten im Herbst

Obstbäume

Der Herbst ist die klassische Erntezeit. Nun wird Ihr Arbeitsaufwand mit reifen, wohlschmeckenden Früchten entlohnt. Überall in Ihrem Nutzgarten warten sie nur darauf, geerntet zu werden. Das reife Obst ist jedoch auch ein untrügliches Zeichen für das nahende Ende des Gartenjahrs – höchste Zeit also, den Garten nach der Ernte aufzuräumen, auf den Winter vorzubereiten und sich schon Gedanken für das kommende Gartenjahr zu machen.

Obstbaumzweige stützen

So manch zierlicher Obstbaum scheint unter der Last der reifen Früchte schier zusammenzubrechen. Damit dies nicht wirklich passiert, können Sie besonders schwer tragende Äste entlasten, indem Sie sie mit Stäben oder Stangen abstützen.

Fallobst auflesen

Wenn Früchte vom Baum fallen, ist das meist ein Hinweis auf Schädlingsbefall oder Erkrankungen. Lesen Sie das Fallobst regelmäßig auf und entsorgen Sie es, damit die Schädlinge nicht auf die gesunden Früchte übergehen bzw. sie mit Krankheiten infizieren.

Apfelernte

Obst ernten

Im Herbst werden Äpfel, Birnen, Quitten, Pflaumen und die letzten Pfirsiche geerntet. Die Saison für Kirschen und Aprikosen ist bereits vorbei.
Seien Sie beim Ernten sehr vorsichtig, denn nur gesunde Früchte sind lagerfähig. Die schonendste Methode zu ernten ist nach wie vor das Pflücken von Hand.
Ernten Sie die reifen Früchte, indem Sie sie mit einer leichten Drehbewegung lösen. Drehen Sie die Früchte stets mitsamt dem Stiel ab.
Geben Sie die Früchte in einen mit Zeitungspapier oder Wellpappe ausgepolsterten Korb. Die Früchte sollten beim Abtransport keine Druckstellen bekommen, da diese meist zu faulen beginnen.
Ernten Sie nur an schönen Tagen. Nach Regenfällen müssen die Früchte erst gut abtrocknen, bevor Sie sie pflücken können, da die Früchte keinesfalls feucht

Praxistipp

Bäume nicht schütteln
Schütteln Sie keinesfalls Ihre Obstbäume, damit die Früchte herunterfallen und Sie sie aufklauben können. Dies geht allenfalls bei Pflaumen, da diese beim Herabfallen kaum Schaden nehmen.

Obst sachgemäß lagern

eingelagert werden dürfen. Ernten Sie den Baum nicht auf einmal ab, sondern pflücken Sie mehrmals. Auf diese Weise haben die Früchte Zeit nachzureifen.

Späte Obstsorten ernten

Wenn Sie späte Obstsorten in Ihrem Garten haben, müssen Sie Geduld haben und dürfen die Früchte nicht zu früh ernten. Denn jeder zusätzliche Sonnentag kommt ihnen zugute und lässt sie ausreifen. Sie müssen nicht befürchten, dass die Früchte bei Frost Schaden nehmen. Temperaturen bis -6°C werden schadlos überstanden. In gefrorenem Zustand dürfen die Früchte jedoch auf keinen Fall angefasst werden.

Birnen und Äpfel ernten

Bei der Birnen- und Apfelernte unterscheidet man Pflückreife und Genussreife. Diese müssen zeitlich nicht immer identisch sein. Das heißt, es gibt Sorten, die vor dem Verzehr erst noch gelagert werden sollten, damit sie ihren vollen Geschmack entfalten. Die nötige Lagerzeit bis zum Erreichen der Genussreife beträgt in der Regel vier bis sechs Wochen. Bevor Sie also Ihr Obst genießen, sollten Sie in Erfahrung bringen, um welche Sorte es sich handelt.

Gärtnertipp

Ideale Erntezeit
Nach dem Mondkalender sollte man zur Ernte unbedingt die Phase des abnehmenden Mondes abwarten. Obst, das zu dieser Zeit geerntet wird, lässt sich dann angeblich länger lagern. Einen Versuch ist es allemal wert.

Obst lagern

In Ihrem Obstgarten wächst in der Regel mehr, als Sie täglich verzehren können. Wenn Sie die überschüssigen Früchte nicht alle zu Marmelade, Kompott oder Saft verarbeiten wollen, sollten Sie sie lagern. Bei fachgerechter Lagerung können Sie auch im Winter von den garteneigenen Produkten profitieren und überdies Nährwerte und Aroma weitestgehend erhalten.

Der Aufbewahrungsort sollte kühl, dunkel und sauber sein. Ideal ist ein unbeheizter Keller mit einer Raumtemperatur zwischen 2°C und 4°C, den Sie, bevor Sie ihn als Lagerraum nutzen, gründlich säubern.

Lagern Sie Obst nie zusammen mit Gemüse, da die Früchte leicht Fremdgerüche annehmen.

Verstauen Sie die Produkte in offenen Regalen. Auch Kisten sind geeignet.

Das Obst darf nicht übereinander, sondern stets nur nebeneinander liegend gelagert werden. Äpfel werden auf dem Stiel, Birnen auf der Seite oder auf dem Kelch liegend aufbewahrt.

Kontrollieren Sie Ihr Lager regelmäßig und sortieren Sie beschädigte, faulige oder wurmige Früchte aus.

Birne „Forelle"

Praxistipp

Pflück- und Genussreife
Birnen- und Apfelsorten, deren Pflückreife und Genussreife zeitlich nicht zusammenfallen, eignen sich besonders gut zur Lagerung. Manche Sorten lassen sich bis zu vier Monate lang lagern. Bei späten Sorten bedeutet das, dass Sie bis ins zeitige Frühjahr hinein Obst haben.

Obstbäume pflanzen

Der Herbst ist wieder Pflanzzeit für Obstbäume. Zwar kann man so genannte Containerpflanzen mit Ausnahme der Frostzeiten das ganze Jahr über pflanzen, das Pflanzen ballenloser Exemplare beschränkt sich hingegen auf die laublose Zeit. Sobald sich das Laub wieder zeigt, ist die Pflanzzeit für ballenlose Obstbäume vorbei.

Vorbereitung auf das Pflanzen

Stellen Sie die Obstbäume vor dem Einpflanzen einige Stunden ins Wasser. Das

Spalier-Birnbaum

Apfelbaum als Containerpflanze

rasche Einwurzeln wird begünstigt, wenn Sie die Wurzelspitzen mit einer scharfen Schere nachschneiden sowie abgebrochene und zu lange Wurzeln kürzen.
Die vor allem bei großen Obstbäumen notwendigen Stützpfähle, die verhindern, dass der Wind den frisch gepflanzten, noch labilen Baum zu sehr beutelt, sollten Sie bereits vor der Pflanzung einschlagen. Das nachträgliche Anbringen der Pfähle birgt die Gefahr, dass die Wurzeln dabei verletzt werden.

Gärtnertipp

Bodenmüdigkeit
Wie bei Rosenpflanzungen stellt man auch bei manchen Obstbäumen, etwa Apfel- und Birnbäumen, Minderwuchs und schlechtes Gedeihen fest, wenn der neue Baum an die gleiche Stelle wie der alte gepflanzt wird. Wie bei den Rosen handelt es sich dabei offensichtlich um das Phänomen der Bodenmüdigkeit. Wechseln Sie daher den Standort oder weichen Sie auf Steinobst aus.

Heben Sie ein hinreichend großes Pflanzloch aus. Obstbäume treiben sehr lange Wurzeln in den Boden, so dass die Grube mindestens doppelt so breit und tief sein sollte wie der Wurzelballen. Treffen Sie auf lehmigen Boden, sollten Sie Sand beigeben; handelt es sich hingegen um sehr sandigen, durchlässigen Boden, arbeiten Sie lehmige Erde ein. Eine zusätzliche Kompostgabe ist immer gut.

Einpflanzen

Setzen Sie das Bäumchen in die Pflanzgrube. Die Oberkante des Wurzelballens sollte dabei mit der Bodenoberfläche abschließen. Wenn Sie die Grube wieder mit der ausgehobenen, gelockerten Erde aufgefüllt haben, treten Sie die Erde gut fest und gießen Sie gründlich.
Befestigen Sie den frisch gepflanzten Baum mit einem Kokosstrick am Stützpfahl. Schlingen Sie den Strick in Form einer doppelten Acht um den Baum und den Pfahl, dadurch entsteht ein Knoten, der das Scheuern des Stricks am Stamm verhindert.

Pflanzschnitt durchführen

Nach dem Pflanzen müssen Sie dem Bäumchen einen Pflanzschnitt verpassen. Dabei werden die Triebe um etwa ein Drittel ihrer Länge gekürzt. Dadurch können die wenigen vorhandenen Wurzeln die Versorgung bewältigen.

Praxistipp

Pflanzzeit
Pflanzen Sie im September oder Oktober, vorausgesetzt das Laub ist schon gefallen. In diesen Monaten wachsen die Wurzeln noch sehr rasch und nehmen gut an Länge zu, so dass der frisch gepflanzte Baum den Winter problemlos übersteht. Bereits im November nimmt das Wachstum drastisch ab.

Hauszwetschgen

Obstbäume vor Schädlingen schützen

Gerade im Herbst sind jede Menge Schädlinge unterwegs, die nach einem Plätzchen zur Eiablage suchen, wie z. B. der Frostspanner. Durch das Anbringen von Leimringen um den Baumstamm und die Stützpfähle herum verhindern Sie zuverlässig, dass die Schädlinge ihr Unwesen treiben. Die klebrige Sperre bedeutet für sie ein unüberwindliches Hindernis.

Beerenobst

Die Erntezeit der Beeren ist bereits vorüber. Die wohlschmeckenden Früchte werden zumeist schon im Frühsommer und Hochsommer geerntet. Die beerentragenden Sträucher sind ausgelichtet und die abgetragenen Ruten entfernt. Falls Sie das nicht gleich im Sommer nach der Ernte erledigt haben, ist auch im Winter noch Zeit dazu. Die Beerensträucher verlieren langsam ihr Laub und bereiten sich auf die Winterruhe vor. Lediglich zweimal tragende Himbeeren verwöhnen Sie ein weiteres Mal mit schmackhaften Beeren, die noch einmal ein Sommergefühl aufkommen lassen.

Himbeeren ernten

Zweimal tragende Himbeersträucher werden im Herbst, bis in den Oktober hinein, noch einmal abgeerntet. Verbrauchen Sie die Beeren sofort, denn Himbeeren lassen sich nicht lagern. Falls Sie nicht alle Früchte auf einmal bewältigen, können Sie sie zu Marmelade verarbeiten. Auch zum Einfrieren eignen sie sich. Auf diese Weise können Sie mitten im Winter frische, vitaminreiche Himbeeren verspeisen.

Himbeeren, zweite Ernte

Himbeersträucher schneiden

Schneiden Sie die Himbeersträucher, wenn sie abgeerntet sind. Da Himbeeren am einjährigen Holz tragen, werden die abgetragenen Ruten dann bis dicht über den Boden abgeschnitten.

Falls Sie nicht gleich nach der Ernte dazu kommen, können Sie den Schnitt bis spätestens Frühjahrsbeginn nachholen. Die abgetragenen Ruten erkennen Sie an der im Vergleich zu den jungen Trieben dunklen, bräunlich-schwarzen Rindenfarbe.

Monatserdbeeren ernten

Haben Sie auf Ihrem Erdbeerbeet Monatserdbeeren gepflanzt, kommen Sie auch nach dem Sommer in den Genuss dieser süßen Früchte. Die von der Walderdbeere abstammenden kleinfrüchtigen Monatserdbeeren tragen im Gegensatz zu ihren großfrüchtigen Kollegen bis in den Herbst hinein Früchte.

Erdbeeren pflanzen

Der allerletzte Zeitpunkt, zu dem Sie Erdbeeren pflanzen können, ist Anfang September. Wird später im Herbst gepflanzt, bilden sich die Wurzeln nicht hinreichend aus und die Pflanzen tragen im folgenden Jahr keine Früchte.

Gepflanzt wird in einen lockeren, humosen, gut vorbereiteten Boden in Reihen, wobei der Reihenabstand von etwa 60 Zentimetern und der Pflanzabstand von etwa 25 bis 30 Zentimetern einzuhalten ist.

Himbeerpflanzen im Spalier

Nach der Pflanzung sollten Sie die jungen Pflänzchen reichlich wässern, damit sie gut anwachsen und rasch einwurzeln.

Vergessen Sie nicht, die Erdbeeren auch in der Folgezeit gut feucht zu halten. Zwar sind im Herbst die Temperaturen nicht mehr so hoch, doch sind die Pflanzen, wenn man sie nicht regelmäßig gießt, vom Austrocknen bedroht.

Erdbeeren auf den Winter vorbereiten

Harken Sie das Erdbeerbeet – sowohl bei frisch gepflanzten als auch bei bestehenden Erdbeerpflanzungen – grob durch, aber graben Sie nicht um.

Entfernen Sie welke Blätter, vergessene Ausläufer und Unkraut. Beseitigen Sie kranke oder schwächliche Pflanzen. Unterlegen Sie die Pflänzchen mit Stroh oder Rindenmulch. Dadurch werden sie zum einen gegen Austrocknung, zum anderen vor Nässe und Kälte geschützt. Decken Sie auch den freien Raum zwischen den Reihen ab.

Beim Durchharken der Erdbeerbeete können Sie die Pflänzchen außerdem mit einer Düngegabe aus Kompost verwöhnen.

Beerensträucher pflanzen

Wie das Frühjahr ist auch der Herbst eine günstige Pflanzzeit für Beerensträucher. Wenn die Gehölze blattlos sind und sich in der Vegetationsruhe befinden, vertragen sie das Umpflanzen besser. Eine Ausnahme bilden Containerpflanzen. Diese lassen sich das ganze Jahr über, außer in Frostzeiten, pflanzen.

Wählen Sie einen geeigneten Standort. Beerensträucher eignen sich auch als Blickschutz und stehen daher in Randlagen sehr günstig. Ideal sind sonnige, nicht durch Spätfröste gefährdete Standorte.

Vor dem Pflanzen sollten Sie den Boden vorbereiten. Dazu gehören das Auflockern des Bodens und, je nach vorgefundenen Verhältnissen, die Bodenverbesserung.

Die meisten Beerensträucher stellen keine besonderen Ansprüche an den Boden. Er sollte jedoch ausreichend humos und nicht zu trocken sein sowie eine gute Drainage aufweisen.

Die Pflanzgrube sollte doppelt so breit und tief sein wie der Wurzelballen des zu pflanzenden Gewächses. Geben Sie zum Einpflanzen reifen, mit Steinmehl vermischten Kompost in das Pflanzloch. Der vorher gewässerte Strauch wird vorsichtig in die Grube eingesetzt, ohne die empfindlichen Wurzeln zu knicken oder zu verbiegen.

Wie bei allen Pflanzen ist darauf zu achten, dass die Oberkante des Wurzelballens mit der Bodenoberfläche abschließt.

Gärtnertipp

Auswahl von Beerensträuchern
Bei der Auswahl der Beerensträucher sollten Sie darauf achten, möglichst robuste und gegen die häufigsten Pilzerkrankungen weitgehend widerstandsfähige Sorten zu wählen. Der Bayerische Landesverband für Gartenbau und Landespflege hält dazu ein Merkblatt bereit, das Ihnen die entsprechenden Sorten nennt. Für weitere Infomationen wenden Sie sich an den Bayerischen Landesverband für Gartenbau und Landespflege e.V., Herzog-Heinrich-Str. 21, 80336 München, Tel. 089 / 54 43 05 – 0, Internet: www.gartenbauvereine.org

Nach dem Auffüllen der Pflanzgrube mit Erde wird diese festgetreten und gründlich gegossen.
Versehen Sie die Pflanze mit einer Mulchschicht, die Sie bei Bedarf erneuern. Auf diese Weise bleibt der Boden gleichmäßig feucht und die jungen Wurzeln werden hinreichend geschützt. Für eine Mulchschicht eignen sich Stroh, Rindenmulch oder leicht angetrockneter Grasschnitt.
Bei ballenlosen Beerensträuchern ist wie bei allen anderen Gehölzen ein Pflanzschnitt notwendig. Dieser hat den Zweck, dass die wenigen vorhandenen Wurzeln eine möglichst kleine Pflanze versorgen müssen und ihre Kraft auf das Anwachsen konzentrieren können. Kürzen Sie die Triebe daher um etwa ein Drittel.

Himbeeren mit Mulchschicht

Mehrere Exemplare pflanzen

Zwar sind die meisten Arten von Beerensträuchern selbst fruchtbar, doch fördert das Pflanzen mehrerer Exemplare verschiedener Sorten nebeneinander den Ertrag und die Geschmacksvielfalt.
Achten Sie auf den richtigen Abstand der Pflanzen untereinander. Es gibt Beerensträucher, die gerne dicht stehen; es gibt jedoch auch solche, die Platz zur Entfaltung brauchen. Zu eng gepflanzte Sträucher sind anfälliger gegen Schädlinge und Krankheiten.
Johannisbeeren stehen gut in einem Abstand von mindestens 1,50 Metern. Bei Brombeeren sollten Sie zwei bis vier Meter Abstand zwischen den Pflanzen einhalten. Himbeeren hingegen kommen mit einen Abstand von nur 40 bis 55 Zentimetern aus.

Beerensträucher als Hochstämmchen ziehen

Wenn Sie in Ihrem Garten nur wenig Platz haben, aber auf einen oder zwei Beerensträucher nicht verzichten wollen, können Sie den Strauch zu einem Bäumchen erziehen. Ein schöner Blickfang ist auch ein Johannisbeerhochstämmchen als Krönung des Gemüsebeets.
Die Erziehung zum Hochstämmchen kann beginnen, sobald die Sträucher ihre Blätter verloren haben.
Schneiden Sie alle Seitentriebe weg und lassen Sie nur einen geraden Trieb stehen. Damit dieser schön gerade wächst, können Sie ihm unter Umständen einen Stab zur Seite stellen.
Die sich immer wieder bildenden Seitentriebe sollten Sie regelmäßig entfernen. Sobald sich der Trieb zu einem kräftigen Stamm entwickelt hat, können Sie die Seitentriebe erhalten und eine Krone entstehen lassen.
Dass sich die Krone schön verzweigt, können Sie durch gezieltes Einkürzen des Stammes erreichen.
Haben Sie Geduld: Bis Ihr Strauch sich zu einem hübschen Hochstämmchen entwickelt, dauert es einige Jahre.

Gemüse

Auch im Herbst ist noch einmal Erntezeit im Gemüsegarten. Jetzt sind die spät reifenden Sorten an der Reihe. Sind diese abgeerntet, kehrt allmählich Ruhe auf den Gemüsebeeten ein. Bevor der Gemüsegarten jedoch tatsächlich ruht, werden die Beete noch einmal gelockert, mit Humus versorgt und die Gründünung eingesät. Haben Sie jedoch Wintergemüse ausgesät, ist das Gartenjahr für Sie noch nicht zu Ende. Diese speziellen Gemüsesorten wollen auch im Herbst und Winter gepflegt und geerntet werden.

Gemüse ernten

Im Gegensatz zum so genannten Wintergemüse sind die meisten Gemüsesorten nicht winterhart und müssen noch vor dem ersten Frost, spätestens nach den ersten leichten Frösten geerntet werden:
Artischocken *(Cynara)*
Um Artischocken zu ernten, schneiden Sie die Blütenstände ab, die noch geschlossen sind. Die nicht winterharten Pflanzen werden ausgegraben, bevor die ersten Fröste einsetzen. Setzen Sie den Wurzelballen in einen Topf und stellen Sie die Pflanzen in den kühlen Keller.
Endiviensalat *(Cichorium endivia)*
Endiviensalat wird im Oktober vor den ersten stärkeren Frösten geerntet. Zur Lagerung schlagen Sie den Endiviensalat in Sand ein und bewahren ihn im Keller auf. Sowohl der Salat als auch der Sand müssen absolut trocken sein.
Fenchel *(Foeniculum vulgare var. azoricum)*

Gemüsebeet im Herbst

Fenchel wird spät im Jahr geerntet, jedoch noch vor den ersten stärkeren Frösten. Kurz vor der Ernte wird die Fenchelpflanze angehäufelt. Fenchel lässt sich gut im frostfreien Keller lagern.

***Knoblauch** (Allium sativum)*

Sobald das Laub welk und trocken ist, kann man den Knoblauch ernten. Ziehen Sie ihn vorsichtig am Schopf aus der Erde und legen Sie ihn direkt am Beet zum Trocknen aus, an Regentagen an überdachten Flächen. Knoblauch sollte in einem gut belüfteten, frostfreien Raum gelagert werden. Flechten Sie das trockene Laub zu einem Zopf zusammen und hängen Sie die Pflanzen auf.

***Kohlrabi** (Brassica oleraceae var. gongylodes)*

Die spätreifenden Sorten werden ab Mitte Oktober geerntet. Nehmen Sie sie mit Wurzelstrunk heraus und lagern sie im kühlen Keller.

Praxistipp

Wurzelgemüse lagern

Wurzelgemüse können Sie bis in den Oktober hinein ernten. Legen Sie mit den unbeschädigten, gesunden Exemplaren einen Vorrat für den Winter an. Zum Lagern sollten Sie das Laub abdrehen oder abschneiden, bis nur noch ein kurzes Stück stehenbleibt.

***Kürbis** (Cucurbita pepo)*

Kürbisse sollten Sie lieber etwas länger auf dem Beet lassen und erst nach den ersten leichten Frösten ernten, damit sie voll ausgereift sind. Die Schale ist dann hart und die Früchte klingen beim darauf klopfen hohl. Dann können Sie sie ohne Qualitätsverlust im kühlen Keller oder einem anderen frostfreien Raum lagern.

***Mangold** (Beta vulgaris)*

Mangold verträgt zwar herbstlich kühles Wetter, sollte aber vor dem ersten Frost geerntet werden. Wenn Sie den Wurzelstock stehenlassen, dann treibt er im nächsten Jahr wieder aus. Als Schutz vor der winterlichen Kälte sollte er etwas abgedeckt werden.

***Möhren** (Solanum tuberosum)*

Spät gesäte Möhren werden im Herbst geerntet. Es schadet ihnen jedoch auch nicht, wenn Sie sie im Beet belassen, sie vor dem ersten Frost mit Laub oder Reisig abdecken und regelmäßig an frostfreien Tagen lüften und nach Bedarf ernten.

***Rettich** (Raphanus sativus var. nigra)*

Der im Sommer ausgesäte Winterrettich sollte noch vor dem ersten Frost aus der Erde. Knollen, die nicht rechtzeitig aus der Erde geholt wurden, sind anfällig für Fäulnis. Schneiden Sie nach der Ernte die Blätter am Ansatz ab und schlagen Sie die Rettiche zur Lagerung im Keller in Sand ein.

***Sellerie** (Apium graveolens var. rapaceum)*

Lassen Sie den Sellerie so lange wie möglich im Beet. Jedoch sollte er vor den ersten stärkeren Frösten geerntet werden. Lagern Sie die Knollen in Sand eingeschlagen im Keller.

***Tomate** (Lycopersicon lycopersicum)*

Wenn die kälteempfindlichen Tomaten vor den ersten Frösten noch nicht ganz reif sind, können Sie sich mit speziellen Hauben behelfen. Diese stülpen Sie den Pflanzen bei Frost über. Ansonsten können die teils noch warmen Herbsttage zum Ausreifen nutzen.

Gemüsevorrat anlegen

Im Gemüsegarten wächst in der Regel mehr Gemüse als Sie für die täglichen Mahlzeiten verbrauchen können. Von Ihren Produkten können Sie auch im Winter noch profitieren. Wenn Sie folgende Regeln beachten, was Sie wie und wo lagern können, können Sie sich

Rosenkohl

auch im Winter von Gemüse ernähren, bei dem Nährstoffe und Aroma weitestgehend erhalten sind:

Denken Sie an Schutz vor Fäulnis, Schädlingen und Krankheiten, indem Sie die Exemplare, die Sie einlagern wollen, sorgfältig auf Schadstellen oder Schädlingsbefall hin überprüfen.

Ernten Sie nur an trockenen Tagen, denn nasse Produkte verderben schneller.

Im Keller lagern

Ein idealer Lagerort für Ihr Gemüse ist ein Keller ohne Zentralheizung.

Herbstliches Gemüsebeet mit Mangold

Die optimale Raumtemperatur sollte möglichst zwischen 2°C und 4°C betragen. Durchlaufende Heizungsrohre sollten gut isoliert sein, so dass sie keine Wärme abgeben.

Lagern Sie Ihr Gemüse nie zusammen mit Obst.

Wurzelgemüse wie Möhren, Fenchel, Rote Bete, Petersilienwurzeln und Sellerie sollten Sie locker in mäßig feuchten Sand einschlagen, so dass noch genügend Luft an das Gemüse herankommt. Kartoffeln sollten, wenn möglich, in einem eigenen Raum gelagert werden, da sie im Gegensatz zum übrigen Gemüse keine Temperaturen unter 4°C vertragen. Bei kühleren Temperaturen verändern die Kartoffeln ihren Geschmack und werden süß.

Erdmiete anlegen

Wenn Sie in Ihrem Haus keinen Platz haben oder Ihr Keller nicht kühl genug ist, gibt es eine gute Alternative: Ein idealer Lagerort für viele Gemüsesorten ist eine so genannte Erdmiete. Dabei wird das Gemüse, vor allem Wurzelgemüse wie etwa Sellerie, Rote Bete, Pastinaken, Schwarzwurzeln und Möhren, in Ihrem Garten in eine flache Grube gelegt und schichtweise mit Sand oder Stroh bedeckt.

Damit sich keine Mäuse an Ihrem mühevoll gezogenen Gemüse gütlich tun, decken Sie die Miete mit einer Schicht Nussbaumlaub ab – das mögen die kleinen Nager nicht. Auch Maschendraht, mit dem Sie das Gemüse abdecken, hält die Nahrungskonkurrenten von Ihrem Vorrat ab.

Frühbeetkasten oder spezielle Kisten als Miete

Eine gute Alternative zur Erdmiete ist die Nutzung des Frühbeetkastens als Miete. Diese Art der Lagerung ist vor allem für Wurzelgemüse, insbesondere für Schwarzwurzeln, Pastinaken und Topinambur, geeignet, da diese im Keller zu schrumpeln beginnen.

Wie in der Erdmiete wird das Gemüse in den Frühbeetkasten gelegt und schichtweise mit Sand oder Stroh abgedeckt.

Sie können Ihr Gemüse auch in speziellen, im Fachhandel erhältlichen Kisten lagern. In diese schichten Sie Ihr Gemüse wie bei der Erdmiete und vergraben sie bis zum Deckel in der Erde.

Frei werdende Beete auf das Frühjahr vorbereiten

Auf frei werdenden Gemüsebeeten können Sie bereits im Herbst den Boden auf das Frühjahr vorbereiten. Graben Sie grobschollig um. So können Niederschläge gut versickern und den Wasserspeicher des Bodens füllen. An Frosttagen werden die wassergesättigten Erdschollen dann richtig schön mürbe. Es entsteht die so genannte Frostgare, die einen fruchtbaren und gesunden Boden zur Folge hat. Die Erdschollen lassen sich im Frühjahr durch Lockern des Bodens feinkrümelig einebnen.

Feldsalat als Gründüngung pflanzen

Für den Winter- und Frühjahrsbedarf können Sie den Feldsalat im September aussäen. Mit dem Genuss, einen frischen Salat im Winter ernten und verzehren zu können, verbindet sich jedoch ein weiterer Vorteil: Feldsalat ist eine tiefwurzelnde Gründüngungspflanze, die den Boden tiefgründig lockert und die Nährstoff- und Humusanreicherung unterstützt. Säen Sie den Feldsalat etwas dichter als üblich und ernten Sie jeweils nur die größten Rosetten.

Kräuter

Kräuter bereichern mit ihren fein-aromatischen und würzig-herben Düften auch den herbstlichen Garten und lassen Ihre Wege durch das grüne Reich zu duftenden Pfaden werden. Zum Ausklang des Gartenjahrs können die üppig gedeihenden Kräuter zum Trocknen und Einlegen geerntet werden. Denn auch im Herbst ist noch Erntezeit bei den Kräutern.

Gärtnertipp

Ende der Erntezeit
Da die Kräuter bei geringer Sonneneinstrahlung ihr Aroma verlieren beziehungsweise nicht entfalten, ist im September, spätestens Oktober, allerhöchste Zeit, die Kräuter abzuernten. So haben Sie den ganzen Winter über aromatische Kräuter aus dem eigenen Garten.

Kräuter ernten

Um einen größeren Vorrat für die Wintermonate anzulegen, können Sie zahlreiche Kräuter auch noch im Herbst ernten. Halten Sie sich an folgende Regeln, damit die Ernte auch von Erfolg gekrönt ist:

Pflücken Sie die Kräuter nicht von Hand, dabei könnten Sie den Blättern oder anderen Pflanzenteilen Verletzungen zufügen. Besser ist die Verwendung eines scharfen Messers oder einer Schere. Ernten Sie an trockenen, sonnigen Tagen. Nasse Kräuter lassen sich nicht konservieren und nur bei Sonnenschein entfalten die Kräuter das ihnen eigene Aroma.

Ernten Sie sehr vorsichtig, so dass die Kräuter weder gequetscht noch gedrückt werden.

Kräuter konservieren

Es gibt viele Möglichkeiten, die geernteten Kräuter zu konservieren, um sich damit einen Vorrat für die Wintermonate zu schaffen:

Trocknen

Um Kräuter zu trocknen, hängen Sie sie entweder bündelweise an den Stielenden auf oder legen Sie sie ausgebreitet aus.

Einfrieren

Auch das Einfrieren ist eine gute Konservierungsmethode. Dabei werden die frisch geernteten Kräuter entweder im Ganzen oder zerkleinert in Plastiktüten eingefroren.

Praxistipp

Kräutermischung
Bereiten Sie eine Kräutermischung. Diese verfeinert nicht nur Ihre Gerichte, sondern konserviert zugleich Ihre Kräuter: Mischen Sie je sechs Gramm getrockneten und zerkleinerten Oregano, Majoran, Basilikum, Bohnenkraut, Thymian und Rosmarin, füllen Sie mit Meersalz auf 100 g auf und geben Sie das Kräutersalz in ein lichtundurchlässiges Gefäß.

In Essig und Öl einlegen

Diese Methode konserviert die Kräuter und erhält dabei auf optimale Weise das Aroma, da der Geschmack auf die Flüssigkeit übergeht und so bewahrt wird.

Kräuter aufbewahren

Damit die Kräuter nach dem Trocknen keine Luftfeuchtigkeit aufnehmen, füllen Sie das Trockengut sofort in Gläser. Wenn Sie farbige Gläser verwenden,

Salbei

Kräuter zum Trocknen aufhängen

Petersilie

müssen Sie die Kräuter nicht in Schränken verstauen, um sie vor Licht zu schützen.
Vergessen Sie nicht, Ihre Gläser mit Datum zu versehen und zu beschriften.

Kräutergarten auf den Winter vorbereiten

Zahlreiche Kräuter sind einjährig und räumen zur Ende der Saison hin das Feld. Sie werden im nächsten Jahr durch neue Exemplare ersetzt, die Sie aussäen oder auspflanzen.
Bei mehrjährigen Kräutern hängt die weitere Behandlung davon ab, ob sie winterhart sind oder nicht.
Ausdauernde, winterharte Kräuter können Sie auch den Winter über im Beet stehen lassen. Gerade in raueren Regionen ist es jedoch empfehlenswert, diese mit einem Winterschutz, etwa Tannenreisig oder Stroh, zu versehen.
Nicht frostharte, mehrjährige Kräuter werden zum Ende der Saison hin ausgegraben, in Töpfe gesetzt und zum Überwintern ins Haus gebracht.

Nicht frostharte Kräuter überwintern

Wenn Sie die nicht frostharten Kräuter in Töpfe umgesetzt haben, stellen Sie diese ans helle Küchenfenster. Dort können Sie sie den ganzen Winter über

Kräuter, die im Herbst geerntet werden

	Ernte	Pflanzenteil
Basilikum *(Ocimum basilicum)*	Juni bis September	Blätter
Beifuß *(Artemisia vulgaris)*	Juli bis Oktober	Kraut
Bohnenkraut *(Satureja)*	Juni bis September	Kraut
Dill *(Anethum graveolens)*	Juni bis September	Blätter
Fenchel *(Foeniculum vulgare)*	September bis Oktober	Samen
Liebstöckl *(Levisticum officinale)*	September	Wurzeln, Blätter
Oregano *(Origanum vulgare)*	Juli bis Oktober	Blätter
Petersilie *(Petroselinum crispum)*	bis Oktober	Blätter
Rosmarin *(Rosmarinus officinalis)*	ganzjährig	Blätter
Schnittlauch *(Allium schoenoprasum)*	ganzjährig	Blätter
Zitronenmelisse *(Melissa officinalis)*	Juni bis September	Blätter

Mehrjährige winterharte Kräuter

	Höhe	Aussaat
Bohnenkraut *(Satureja montana)*	30 bis 40 cm	März bis Mai
Lavendel *(Lavendula officinalis)*	50 bis 60 cm	März
Majoran *(Origanum majorana)*	20 bis 30 cm	ab März
Petersilie *(Petroselinum crispum)*	30 cm	März bis Mai
Salbei *(Salvia officinalis)*	40 bis 60 cm	ab April
Schnittlauch *(Allium schoemoprasum)*	20 bis 30 cm	ab April
Thymian *(Thymus vulgaris)*	20 bis 30 cm	ab März/April

Mehrjährige nicht winterharte Kräuter

	Höhe	Aussaat
Estragon *(Artemisia dracunculus)*	100 bis 120 cm	März/April
Rosmarin *(Rosmarinus officinalis)*	50 bis 80 cm	März
Ysop *(Hyssopus officinalis)*	bis 100 cm	März/April

laufend abernten. Ernten Sie aber sparsam, da die Kräuter während des Winters nicht ganz so wüchsig sind wie in den übrigen Jahreszeiten.
Sie können den mehrjährigen, nicht winterharten Kräutern, die Sie im Haus überwintern, auch eine Winterruhe verordnen. Dazu lagern Sie sie in einem hellen, kühlen Raum, in dem die Temperaturen zwischen 6°C und 14°C liegen. Stellen Sie das Düngen ein und reduzieren Sie das Gießen. Achten Sie jedoch darauf, dass der Wurzelballen nicht austrocknet.
Kontrollieren Sie die Pflanzen regelmäßig auf Krankheitsbefall und Schädlinge. Entfernen Sie verwelkte Pflanzenteile, damit sie den Schädlingen oder Krankheiten nicht als Angriffsflächen dienen.

Frei werdende Kräuterbeete umgraben

Wenn Sie Ihre einjährigen Kräuter vom Beet geräumt und die frostempfindlichen Exemplare zum Überwintern ins Haus gebracht haben, können Sie das frei werdende Kräuterbeet bereits im Herbst auf eine neue Gartenrunde vorbereiten, die im Frühjahr beginnt.
Graben Sie zu diesem Zweck den Boden grobschollig um, so dass Niederschläge gut versickern und den Wasserspeicher des Bodens füllen können. Wenn Sie rechtzeitig vor Winterbeginn damit beginnen, kommen Sie in den Genuss der sogenannten Frostgare, die einen fruchtbaren Boden erzeugt.

Gärtnertipp

Überwinternde Kräuter verjüngen
Üppig ausladende, ausdauernde Kräuter, die zum Überwintern ins Haus kommen, können Sie beim Umsetzen in die Töpfe teilen und auf diese Weise verjüngen.

Salbei mit Tannenreisig als Frostschutz

Die Kräuterspirale bietet allen Kräutersorten ideale Bedingungen

Gartenkalender von September bis November

Ziergarten	
Pflanzung	• Immergrüne Gehölze, Nadelgehölze und sommergrüne Gehölze pflanzen • Hecken pflanzen • Rosen pflanzen • Stauden pflanzen • Frühjahrsblühende Zwiebel- und Knollenblumen pflanzen • Fertigrasen verlegen • Auf Balkon oder Terrasse Herbstbepflanzung durchführen, Zwiebeln und Knollen setzen • Am neu angelegten oder bereits bestehenden Gartenteich Uferbepflanzung durchführen
Aussaat	• Stauden aussäen • Im Frühsommer blühende Sommerblumen aussäen • Rasen aussäen
Vermehrung	• Gräser vermehren
Pflege	• Gehölze umpflanzen, Herbstlaub als Humuslieferant nutzen, Schnee abschütteln • Rosen pflegen, gießen, Rosenlaub entfernen • Im Spätsommer und Herbst blühende Stauden pflegen • Gräser pflegen, Samen reinigen und lagern • Frisch gepflanzte Zwiebeln und Knollen mit Winterschutz versehen, Pflanzstelle kennzeichnen • Sommerblumenbeete räumen, ausdauernde Sommerblumen überwintern, mit Winterschutz versehen • Rasen mähen, vertikutieren, auf den Winter vorbereiten, Laub von Rasenflächen entfernen • Auf Balkon oder Terrasse Kübelpflanzen auf den Winter vorbereiten, Kübelpflanzen vor Herbststürmen sichern, einjährige Sommerblumen entsorgen, mehrjährige auf die Überwinterung vorbereiten, Nutzpflanzen versorgen • Gartenteich vor Laubfall schützen, abgestorbenen Pflanzenteile abfischen, nicht winterharte Wasserpflanzen überwintern, Pumpe aus dem Teich entfernen
Ernte	• Samen von Gräsern ernten • Samen von Sommerblumen ernten
Nutzgarten	
Pflanzung	• Obstbäume pflanzen • Beerensträucher und Erdbeeren pflanzen • Feldsalat als Gründüngung pflanzen
Pflege	• Obstbaumzweige stützen, Fallobst auflesen, Obst lagern, Pflanzschnitt bei frisch gepflanzten Obstbäumen durchführen, Obstbäume vor Schädlingen schützen • Erdbeeren auf den Winter vorbereiten, Himbeersträucher schneiden, Beerensträucher als Hochstämmchen ziehen • Gemüsevorrat anlegen, im Keller lagern, Erdmiete anlegen, frei werdende Gemüsebeete auf das Frühjahr vorbereiten • Kräuter konservieren, aufbewahren, Kräutergarten auf den Winter vorbereiten, nicht frostharte Kräuter überwintern, frei werdende Kräuterbeete umgraben
Ernte	• Obst ernten • Beerenobst ernten • Gemüse ernten • Kräuter ernten

Mein Garten im Winter

Stille ist eingekehrt in den winterlichen Garten. Die Farbenpracht wird abgelöst von matten Braun- und Grüntönen. Und doch ist auch der winterliche Garten von ganz besonderem Reiz, wenn der erste Schnee über Nacht eine weiße Decke auf den Rasen zaubert, die Eiskristalle auf den Zweigspitzen glitzern und der Raureif die stehen gebliebenen Stauden und Gräser in bizarre Kunstwerke verwandelt.

Der Winter

Mit dem 21. Dezember beginnt laut Kalender der Winter. Die kalte Jahreszeit umfasst die Monate Dezember, Januar, Februar und endet im März mit dem Beginn des Frühjahrs. Der Winter ist der Inbegriff der beschaulichen, ruhigen Zeit, in der sich die Natur zurückzieht, Pause macht und meist jegliches Wachstum einstellt. Die bunte Farbenpracht des Sommers und die warmen Orange- und Rottöne des Herbstes sind lang vorbei, es herrschen Braun- und Grünnuancen vor, die dem Auge wenig Abwechslung bieten, in ihrer Monotonie doch auch beruhigend wirken. Über Nacht kann sich das Bild verändern, wenn der Schnee den Garten in eine weiße Winterlandschaft verwandelt und die schneebedeckten Bäume und Sträucher zu weißen Skulpturen werden lässt.

Winterlinge

Während die Natur Pause macht, geht es für den Gartenfreund weiter: Denn nach der Saison ist für den Gärtner vor der Saison. Jetzt heißt es, Gemüsebeete umzugraben, damit sich der Boden für das kommende Gartenjahr regenerieren kann. Gehölze müssen geschnitten werden, damit sie auch im nächsten Jahr wieder gut dastehen. Frostempfindliche Pflanzen brauchen einen Winterschutz. Der Rasen wird nochmals gemäht und das Laub abgeharkt, damit es in einem strengen Winter keine Probleme mit Schneeschimmelbefall gibt. Wenn draußen im Garten die Vorbereitungen für die neue Saison abgeschlossen sind, geht es im Geräteschuppen und Keller weiter: Geräte säubern, Verschleißteile austauschen, kleine Reparaturen durchführen, eingelagertes Gemüse und Obst kontrollieren und zur Überwinterung einquartierte Pflanzen pflegen. Nutzen Sie die ruhige Zeit aber auch dafür, in Fachzeitschriften und -büchern zu schmökern, sich Anregungen zu holen und die Gartengestaltung für das kommende Jahr zu planen.

Während im astronomischen Kalender der Winter terminlich genau festgelegt ist und drei Monate dauert, lässt sich der Winterbeginn nach dem phänologischen Kalender mit dem Auflaufen des Winterweizens bzw. dem Blattfall des späten Apfels oder der Stieleiche festmachen und setzt damit meist bereits Ende November ein. Sein Ende fällt in der Regel in das erste Märzviertel. Der erfahrene Gärtner orientiert sich mehr an den untrüglichen Zeichen, die die Natur ihm gibt, als dass er sich auf Kalenderdaten verlässt.

Das Wetter

Das Wetter im Dezember

Von den drei im astronomischen Kalender festgelegten Wintermonaten ist der Dezember der unwirtlichste. Im Dezember herrscht nicht nur am meisten Nebel und Hochnebel, sondern auch die längste Niederschlagszeit, die längste Bewölkungszeit des Jahres und der größte Lichtmangel. Die Tagesdauer ist im Dezember die kürzeste des Jahres und mit durchschnittlich 35 bis 40 Stunden lässt sich die Sonne im Vergleich zu den anderen Monaten am seltensten sehen.

Entscheidend für das widrige Wetter sind starke Luftdruckunterschiede, die aus Temperaturgegensätzen zwischen dem noch warmen Atlantik und der bereits erkalteten Luft über dem osteuropäischen Festland entstehen. Häufig wird der Regen bereits durch Schnee abgelöst. Dennoch gibt es meist nicht die erhofften weißen Weihnachten, da sich um die Wintersonnwende wieder der Regen durchsetzt und grüne Feiertage und ein nasskaltes Jahresende mit sich bringt.

Im Dezember setzt im Garten in der Regel die Vegetationspause ein. Wenn es die Schneelage zulässt, können Sie Ihr Wintergemüse ernten, das der erste Frost meist erst so richtig schmackhaft werden lässt. Bei starkem Schneefall sollten Sie, wenn die Schneelast zu groß wird, den Schnee von Bäumen und Sträuchern abschütteln, damit die Zweige und Äste nicht brechen.

Das Wetter im Januar

Mit dem Januar erreicht die kalte Jahreszeit ihren Höhepunkt. In sternenklaren Nächten können die Temperaturen in sehr rauen Gegenden bis auf -25°C fallen. Ab Mitte des Monats stellt sich sehr häufig Schnee ein, der Winter erfüllt dann sehr exakt die Klischeevorstellungen von malerischen weißen Schneelandschaften mit klirrender Kälte und strahlender Wintersonne.

Fast ebenso oft präsentiert sich der Januar regnerisch und neblig mit teils ungewöhnlich milden Temperaturen. Das Wetter gerät dann unter den Einfluss warmer Luft vom Atlantik, die häufig schwere Stürme mit sich bringt.

Im winterlichen Garten zeigen die kahlen Bäume und Sträucher unverhüllt ihr Gerüst, die Wuchsform tritt ganz klar zum Vorschein, so dass der Winter den optimalen Zeitpunkt zum Gehölzschnitt darstellt. Man sollte dazu frostfreie Tage abwarten. Der erste Monat des neuen Jahres, wenn die Natur noch ruht und dem Gartenfreund ein bisschen Verschnaufpause gönnt, bietet sich gut zum Pläneschmieden an, wie man den Garten neu anlegen oder einen bestehenden verändern könnte.

Das Wetter im Februar

Die durchschnittlichen Temperaturen im Februar liegen über denen des Januars. Oft bekommt man zu Beginn des Monats bereits eine leise Vorahnung vom nahenden Frühling. Doch häufig kehrt über Nacht der Winter zurück und wartet mit umso kälterem Wetter auf, das von heftigen Schneefällen begleitet ist. Während die im Januar sehr häufig wütenden Westwinde nachlassen, stoßen jedoch gleichzeitig klirrend kalte Ostwinde nach Mitteleuropa vor.

Allerdings beginnen im Februar die Tage wieder spürbar länger zu werden, auch wenn mit durchschnittlich nur drei Sonnenstunden pro Tag der Sommer noch weit ist. Und doch trauen sich bereits die ersten Frühlingsboten – Schneeglöckchen und Winterlinge – aus der Erde und lassen so manches Gärtnerherz höher schlagen, sind sie doch untrügliches Zeichen dafür, dass die Natur allmählich aus ihrer Winterruhe erwacht.

Höchste Zeit also für den Gartenfreund, das neue Gartenjahr vorauszuplanen, Neupflanzungen und Neuanlagen von Blumenrabatten sowie Gemüsebeeten ins Auge zu fassen. Damit der Saisonstart Sie nicht unvorbereitet trifft, sollten Sie auch einen Blick auf Ihre Geräte und Werkzeuge werfen. Bei Bedarf sind diese zu säubern, zu reparieren oder, im schlimmsten Fall, zu ersetzen.

Sanddorn

Ausrüstung

Zwar unterbricht die Natur im Winter ihre Vegetationsphase, das bedeutet jedoch nicht, dass es im Garten nichts zu tun gibt. Im Vordergrund stehen in der kalten Jahreszeit Arbeiten wie Anbringen eines Winterschutzes, Schneiden von Gehölzen und Vorziehen von Sämlingen. Dafür brauchen Sie eine Reihe von Geräten, Werkzeugen und Materialien:

Backenschere und Ambossschere zum Entfernen dünner, noch nicht stark verholzter Zweige und Äste

Astschere zum Abschneiden dickerer Äste, auch mit Teleskopgriffen

Baumsäge zum Schneiden dicker Äste und zum Verjüngungsschnitt, mit Teleskopstiel

Grabgabel, um nicht winterharte Zwiebeln und Knollen aus der Erde zu holen und den Rasen zu belüften

Anzuchtgefäße, um Sämlinge vorzuziehen

Erde zum Anhäufeln von frostempfindlichen Pflanzen

Laub zum Wurzelschutz frostempfindlicher Pflanzen

Nadelzweige zum Abdecken frostempfindlicher Pflanzen

Rindenmulch zum Wurzelschutz frostempfindlicher Pflanzen

Sackleinen zum Umwickeln frostempfindlicher Pflanzen

Stroh- oder Schilfmatten zum Abdecken frostempfindlicher Pflanzen

Vlies zum Umwickeln frostempfindlicher Pflanzen

Kalkmilch zum Anstreichen junger Bäume als Winterschutz

Jutemantel als Winterschutz für junge Bäume

Gießkanne, um die im Haus überwinternden Pflanzen zu gießen

Kescher zum Abfischen von Laub und abgestorbener Pflanzenteile

Teichschere zum Auslichten im und am Gartenteich

Teichgreifer zum Herausholen abgestorbener Pflanzenteile und ähnlichem

Teichschlammsauger zum Aufsaugen von Schlamm, Algen und Blättern

Fachzeitschriften und -bücher zum Planen der Gartengestaltung

Pflanzenkataloge zur Pflanzenauswahl

Der Ziergarten im Winter

Ziergehölze

Nadelgehölze und immergrüne Bäume und Sträucher sind oft der einzige Farbklecks im ansonsten winterlich kahlen Garten. Doch auch die blattlosen Exemplare unter den Ziergehölzen haben ihren Reiz, wenn sich ihre dunklen Silhouetten vor dem winterlich fahlen Himmel abzeichnen oder wenn ihre Äste und Zweige mit einer feinen weißen Schneeschicht bedeckt sind und die Zweigspitzen von Raureif überzogen im winterlichen Sonnenlicht glitzern.

Kalkmilchanstrich

Ziergehölze mit Winterschutz versehen

Normalerweise sind alle heimischen Gehölze winterhart und brauchen in der kalten Jahreszeit keine besonderen Schutzmaßnahmen. Die raue, schützende Borke macht sie weitgehend unempfindlich gegen die frostigen Wintertemperaturen.

Frisch gepflanzte sowie junge Sträucher und Bäume bilden hierbei eine Ausnahme. Diese reagieren vor allem auf die Kombination von kaltem Wind und nassem Boden empfindlich. Auch der Wechsel zwischen Frost und Wintersonne bekommt ihnen nicht. In der Folge kann die noch weiche Rinde reißen. Versehen Sie die Jungbäume mit einem Kalkmilchanstrich oder einem Jutemantel.

Gehölze schneiden

Die winterliche Ruhephase ist die beste Zeit, Sträucher und Bäume zu schneiden. Die Gehölze befinden sich dann in der Saftruhe und können Schnittwunden relativ problemlos überstehen. Bei Frost wird allerdings nicht geschnitten. Warten Sie einen trockenen, frostfreien Tag ab, um die Schnittmaßnahmen durchzuführen.

Der winterliche Schnitt dient entweder der Ausbildung einer schönen Wuchsform – dann spricht man vom Erziehungsschnitt, der in der Regel bei jungen Gehölzen in den ersten Jahren nach der Pflanzung regelmäßig vorgenommen wird – oder der Auslichtung – dann handelt es sich um den Auslichtungs-, Pflege- oder Erhaltungsschnitt. Dabei wird vor allem altes Holz entfernt, das in Wuchskraft und Blühfähigkeit nachlässt, das Gehölz verkahlen und vergreisen lässt. Der Auslichtungsschnitt muss nicht jährlich vorgenommen werden, sondern ist je nach Bedarf durchzuführen.

Richtig schneiden

Damit das Gehölz nicht unter dem Schnitt leidet, sollten Sie bestimmte Regeln einhalten:

Die Schnittfläche sollte immer glatt und so klein wie möglich sein. Achten Sie darauf, dass Schere und Säge scharf sind. Setzen Sie Schere und Säge im rechten Winkel zur Zweig- bzw. Aststellung an. Lange und schwere Äste schneiden Sie zum Stamm hin in Etappen zurück, damit sie nicht ausreißen.

Sommergrüne Laubgehölze schneiden

Erziehungsschnitt

Der Erziehungsschnitt dient der Ausformung einer schönen Wuchsform, wird üblicherweise in den ersten vier bis fünf Jahren nach der Pflanzung jährlich durchgeführt und später je nach Bedarf vom Auslichtungsschnitt abgelöst. Der Erziehungsschnitt hat den Sinn, eine Wuchsform aufzubauen, die Licht und Luft gleichmäßig an alle Äste kommen lässt.

Bei den Bäumen steht der Aufbau einer gleichmäßigen Kronenform im Vordergrund. Die Seitentriebe werden zu diesem Zweck nur minimal geschnitten, da sie weit ausladend nach außen wachsen sollen. Alle senkrecht nach oben wachsende Triebe werden, mit Ausnahme des Haupttriebs, entfernt. Dieser wird soweit gekürzt, dass er die anderen Äste um etwa eine Handbreit überragt.

Bei Sträuchern legen Sie mit dem Erziehungsschnitt die Wuchsform fest. Die Äste sollen gut verteilt sein, damit der Strauch licht und offen wachsen kann und Licht und Luft gleichmäßig an alle Äste herankommen können.

Auslichtungsschnitt

Der Auslichtungsschnitt bei Laubbäumen dünnt den Baum aus, so dass insbesondere der Bereich um die Krone mehr Licht bekommt. Dies ist eine wichtige Voraussetzung für die Entwicklung neuer Triebe und Blätter. Entfernen Sie möglichst viele Äste, die in die Krone hineinwachsen und schneiden Sie schwaches und zu dichtes Geäst ebenfalls heraus.

Der regelmäßige Auslichtungs- oder auch Pflegeschnitt verhindert das Verwildern der Sträucher durch das Entfernen von älteren und zu dicht wachsenden Trieben wie beim Erziehungsschnitt dicht über dem Boden.

Zu dicht wachsende Sträucher vergreisen außerdem sehr schnell und müssen schon nach wenigen Jahren verjüngt werden.

Immergrüne Laubgehölze schneiden

Immergrüne Laubgehölze bekommen in der Regel weder einen Erziehungs- noch einen Auslichtungsschnitt. Sie bilden von Natur aus kein symmetrisches Kronengerüst und benötigen daher auch keinen Korrekturschnitt.

Einer Schnittmaßnahme werden sie lediglich unterzogen, wenn man ihnen eine bestimmte Form geben will und sie etwa kugel- oder kegelförmig wachsen sollen. Auch wenn sie im unteren Bereich verkahlen oder dort Frostschäden aufweisen, werden sie zurückgeschnitten.

Nadelgehölze schneiden

Viele Nadelgehölze weisen von Natur aus eine gleichmäßige Säulenform auf und brauchen weder einen Erziehungs- noch einen Auslichtungsschnitt.

Nadelgehölze, die, wie Laubbäume, einen senkrechten Mittelleittrieb aufweisen, von dem aus sich die Seitenäste verzweigen, brauchen mitunter kleinere Korrekturen, wenn etwa der Mittelleittrieb krumm wächst oder sich Konkurrenztriebe zum Mittelleittrieb entwickeln.

Ansonsten können sich Schnittmaßnahmen bei Nadelgehölzen eher negativ auswirken und der Schnitt ins alte Holz ist, anders als bei Laubbäumen, sogar schädlich, weil die Wunden stark verharzen.

Das richtige Schneidewerkzeug

Ein fachgerechter Schnitt lässt sich nur mit gutem Schneidewerkzeug durchführen. Achten Sie unbedingt darauf, dass Ihre verwendeten Scheren sehr scharf sind. Nur so kann ein sauberer Schnitt ausgeführt werden, der nicht zu Verletzungen durch Quetschungen führt, wie es bei stumpfen Klingen passieren kann.

Im folgenden sind einige Schneidewerkzeuge aufgeführt, die Ihnen beim Obstbaumschnitt wertvolle Dienste leisten können:

Backenschere

Backenscheren eignen sich für das Entfernen dünner und noch nicht stark verholzter Zweige. Eine Backenschere besteht aus einem schneidenden Scherenblatt und einem stumpfen Metallbacken als Gegenstück. Beim Schneiden gleitet das Scherenblatt am Backen vorbei.

Ambossschere

Im Unterschied zur Backenschere hat eine Ambossschere ein schneidendes Scherenblatt und einen Metallblock als Gegenstück, auf den das Scherenblatt beim Schneiden drückt. Die Ambossschere hat dieselbe Funktion wie eine Backenschere und ist für das Entfernen dünner und noch nicht stark verholzter Zweige geeignet.

Astschere

Wenn Sie dickere Äste abschneiden müssen, sollten Sie eine Astschere verwenden. Für störende Äste, die hoch oben am Baum sind, gibt es Astscheren mit Teleskopgriffen.

Baumsäge

Zum Schneiden dicker Äste können Sie auch eine Baumsäge verwenden. Auch für den Verjüngungsschnitt alter Bäume kommt die Baumsäge zum Einsatz. Die Zähne des Sägeblatts sollten so fein sein, dass das Holz nicht ausfranst. Praktisch ist auch ein dazu passender Teleskopstiel, auf den sich die Säge aufstecken lässt. Dadurch ersparen Sie sich das lästige Klettern in schwindelnden Höhen und können dennoch gut sägen.

Frisch gepflanzte Gehölze kontrollieren

Kontrollieren Sie hin und wieder die im Herbst frisch gepflanzten Gehölze, ob keines durch den Frost gehoben wurde. Das Hochfrieren kommt dadurch zustande, dass bei Frost das zu Eiskristallen gefrorene Wasser mehr Raum benötigt als im flüssigen Zustand und den Wurzelballen nach oben drückt. Die Wurzelballen verlieren dadurch den Bodenkontakt und drohen zu vertrocknen. Hochgefrorene Gehölze sollten Sie daher umgehend mit der Hand oder dem Fuß vorsichtig festdrücken, damit die Wurzeln wieder Verbindung mit der Erde bekommen. Frisch gepflanzte Gehölze sind vom Hochfrieren besonders gefährdet, da sie noch nicht fest genug verwurzelt sind.

Überprüfen Sie die frisch gepflanzten Bäume und Sträucher, ob sie sich durch die winterlichen Sturmböen gelockert haben. Wenn dies der Fall sein sollte, müssen Sie durch vorsichtiges Antreten den Kontakt der Wurzeln zur Erde wiederherstellen.

Schnee abschütteln

Schütteln Sie nach heftigem Schneefall den Schnee von Ästen und Zweigen. Gerade zarte Exemplare werden durch den Schnee stark belastet und drohen abzubrechen.

Rosen

Die Königin unter den Blumen ist stets eine Bereicherung im Garten, bei richtiger Pflege erfreut sie überdies durch ein langwährende Blütezeit. Vom Frühsommer bis zum Spätherbst reicht die edle Blütenpracht. Und häufig währt die Herrlichkeit bis in den November, bei sehr milder Witterung sogar bis Anfang Dezember. Dann sollte man sich jedoch sputen, um das noble Gewächs rechtzeitig vor den ersten strengen Frösten mit dem notwendigen Winterschutz zu versehen. Denn nur so ist gewährleistet, dass die empfindliche Pflanze die kalte Jahreszeit gut übersteht und auch im nächsten Jahr wieder die Gärtnerherzen höher schlagen lässt.

Rosenblüte im Schnee

Frostschutz bei Rosenstämmchen

Rosen überwintern

Es sind meist nicht die frostigen Temperaturen allein, die den Pflanzen im winterlichen Garten zusetzen. Vielmehr ist es das Zusammenspiel von kaltem Wind und nassem Boden, das den Pflanzen Schaden zufügt und die Wurzeln frieren lässt. Folgt auf eine klirrend kalte Nacht ein sonniger Tag, freuen Sie sich zwar über ein bisschen Sonnenwärme, Ihren Rosen hingegen droht eine weitere Gefahr: Die Sonne kann Pflanzenzellen zum Platzen und Rinden zum Reißen bringen. Aus diesen Gründen sollten Sie Ihre Rosen mit einer Art Wintermantel versehen, der sie vor all diesen Unwirtlichkeiten schützt.

Beetrosen mit einem Winterschutz versehen

Rosen gehören zu den besonders kälteempfindlichen Arten unter den Sträuchern. Um Beetrosen vor Winterschäden zu bewahren, sollten Sie sie hoch mit Erde anhäufeln. Achten Sie darauf, dass die Veredelungsstelle mindestens 15 bis 20 Zentimeter unter der schützenden Erde liegt.

Die Erde, die Sie zum Anhäufeln benötigen, sollten Sie nicht um die Rosen herum zusammenkratzen. Es besteht sonst die Gefahr, dass Sie zuviel Erde wegnehmen und die Rosenwurzeln damit freilegen. Holen Sie also besser Erde von einer anderen Stelle des Gartens.

Verwenden Sie zum Anhäufeln keinen Torf, wie das früher bisweilen empfohlen wurde. Schonen Sie stattdessen die Torfressourcen in der Natur und verwenden Sie Kompost, der sich als Winterschutz genauso gut eignet.

Um die Beetrosen zusätzlich vor der Kälte zu schützen, können Sie sie mit einer dicken Laubschicht überdecken. Diese wirkt wie ein isolierendes Luftpolster und sorgt dafür, dass die Kälte weniger schnell und tief in den Boden eindringt. Dadurch werden die Wurzeln zuverlässig geschont. Damit die Blätter nicht vom Winde verweht werden, streuen Sie Komposterde oder Grasschnitt darüber. Das Einpacken mit Laub hat noch einen positiven Nebeneffekt: Bis zum Frühjahr hat sich der größte Teil der Blätter zersetzt und in wertvollen Humus umgewandelt, der auf Ihre Rosen wie eine Frühjahrskur wirkt.

Zusätzlich zur Laubschicht können Sie die angehäufelten Rosen auch mit einigen Nadelzweigen oder Heidekraut abdecken. Legen Sie die Zweige über die Pflanzen und stecken Sie die Enden in den Boden, damit sie der Wind nicht wegträgt. Nadelzweige und Heidekraut lassen zwar die Feuchtigkeit durch, schützen die Rosen jedoch vor der Wintersonne und der Schneelast.

Sind Ihre Beetrosen zu hoch, um sie vollständig abdecken zu können, sollten Sie sie etwa um ein Drittel zurückschneiden. Der eigentliche Rückschnitt erfolgt jedoch erst im Frühjahr.

Gärtnertipp

Laubabdeckung
Wenn Sie die Beetrosen mit einer Laubschicht abdecken, dürfen Sie keinesfalls Rosenlaub verwenden. Im abgefallenen -Rosenlaub könnten sich Krankheitserreger etwa von Echtem Mehltau oder Sternrußtau verstecken, die dort überwintern und im Folgejahr an den Rosen Schaden anrichten können.

Junge Hochstammrosen mit einem Winterschutz versehen

Auch Hochstammrosen sollten vor den eisigen Temperaturen geschützt werden, zumal die Veredelungsstelle nicht von Erde bedeckt ist, sondern freiliegt. Besonders frostempfindlich ist außerdem die Krone.

Sind die Hochstammrosen noch jung und flexibel, biegen Sie den Stamm vorsichtig um, drücken die kälteempfindliche Krone in eine bereits vorbereitete Grube und häufeln sie mit Erde an. Sie können die Krone zusätzlich noch mit Fichtenzweigen oder Nadelzweigen abdecken.

Damit die Krone am Boden bleibt und der unter Spannung stehende Stamm nicht wieder in seine ursprüngliche Position zurückschnellt, wird er mit Haltehaken aus Weide oder Drahtkrampen fixiert.

Schützen Sie auch die Veredelungsstelle, indem Sie sie mit Stoff oder Sackleinen umwickeln.

Ältere Hochstammrosen einwintern

Bei älteren Hochstammrosen besteht das Problem, dass der Stamm nicht mehr so flexibel ist wie bei jungen Exemplaren und sich nicht mehr zu Boden biegen lässt.

Um einen wirkungsvollen Winterschutz zu erzielen, füllen Sie die Zwischenräume in der Krone mit Holzwolle, Stroh oder Papier aus und packen die Krone mit Vlies oder Sackleinen ein, die Sie mit Schnüren befestigen.

Praxistipp

Kälteschutz

Verwenden Sie zum Umhüllen der Krone keine Folien. Diese vermindern zwar die Auskühlung und schützen vor Nässe, wirken jedoch wie ein Glashaus. An sonnigen und warmen Tagen fangen sie die Wärme ein und regen zum Austrieb an, in der Nacht kühlt die Luft jedoch genauso ab wie die Umgebung und fügt den verfrühten Trieben schwere Frostschäden zu.

Die Veredelungsstelle wird ebenfalls mit Vlies oder Sackleinen umwickelt.

Auch die Wurzeln werden aus Kälteschutzgründen wie oben beschrieben mit einer Mulchschicht versehen.

Kletterrosen mit einem Winterschutz versehen

Auch Kletterrosen brauchen einen Winterschutz. Zwar sind sie insgesamt robuster und weniger frostanfällig als Beet- und Hochstammrosen, doch in extrem kalten Wintern können auch Kletterrosen Schaden nehmen.

Als Winterschutz eigenen sich Nadelzweige, Stroh- oder Schilfmatten, mit denen Sie Ihre Exemplare abdecken.

Zusätzlich werden Kletterrosen hoch mit Erde angehäufelt, um die Wurzeln ausreichend gegen die Kälte zu schützen.

Haben Sie eine ganze Rosenhecke, wird es schwierig mit dem Abdecken. Belassen Sie es beim Anhäufeln. Kommen tatsächlich einige der ungeschützten Triebe durch die Kälte zu Schaden, stehen immer noch die durch die angehäufelte Erde geschützten Triebe zur Verfügung.

Stauden

Stauden können selbst den winterlich kahlen Garten noch ein bisschen verschönern. Blütenstände von spät im Herbst blühenden Stauden können auch in den Winter hinein stehen gelassen werden. Sie bringen eine Spur von Farbe in den winterlichen Garten und vermitteln eine willkommene Ahnung, wie prachtvoll und farbig sich der Garten außerhalb des Winters entfaltet.

Stauden überwintern

Damit die Staudenpracht im kommenden Jahr genauso prachtvoll und vielfältig gedeiht, ist es wichtig, sie fachgerecht zu überwintern. Denn empfindlichere Stauden, wie etwa Astilben, Funkien, Palmlilien oder Rittersporn, brauchen in strengen Wintern einen Winterschutz.

Bedecken Sie diese Stauden am besten mit einem Winterschutz aus Nadelzweigen. Die Zweige haben eine isolierende Wirkung und schützen die Pflanzen überdies vor der Wintersonne und vor Schneedruck. Damit sie nicht vom Wind weggetragen werden, stecken Sie die Zweige mit den Enden in den Boden.

Ein sehr wirksamer Schutz vor extremer Kälte ist auch eine Laubschicht. Sie wirkt isolierend und lässt die Kälte weniger rasch und tief in den Boden eindringen. Damit das Laub nicht vom Wind verweht wird, können Sie es mit etwas Erde beschweren.

Bei weniger empfindlichen Sorten genügt zumeist ein leichter Winterschutz. Zu diesem Zweck lassen Sie nach dem Abschneiden der verwelkten Pflanzenteile das abgefallene Schnittgut einfach liegen.

Schneebedeckte Segge

Palmlilie mit Frostschutz

Immergrüne Stauden gießen

Immergrüne Stauden verdunsten über die Blätter auch im Winter Feuchtigkeit. Ist jedoch der Boden gefroren, kann die Pflanze kein Wasser über die Wurzeln aufnehmen. Damit die Stauden keinen Durst leiden und zu vertrocknen drohen, sollten Sie sie hin und wieder wässern, wenn der Boden frostfrei ist. Dann haben sie genug Feuchtigkeit aufgenommen, um auch eine Trockenzeit während einer Frostphase schadlos überstehen zu können.

Stauden auf Hochfrieren hin kontrollieren

Kontrollieren Sie hin und wieder Ihre Stauden, ob keine durch den Frost gehoben wurde. Hochgefrorene Stauden sollten Sie umgehend mit der Hand oder dem Fuß vorsichtig festdrücken, damit die Wurzeln wieder Verbindung mit der Erde bekommen. Legen Sie Ihr Augenmerk speziell auf die im Herbst frisch gepflanzten Stauden. Diese sind vom Hochfrieren besonders gefährdet, da sie noch nicht fest genug verwurzelt sind.

Staudenbeet in sommerlicher Blütenpracht

Staudenbeete planen

Der Winter ist eine gute Zeit, um sich Gedanken über die Gartengestaltung im kommenden Gartenjahr zu machen. Viele Stauden werden im Frühjahr ausgesät oder gepflanzt. Der Winter ist also die ideale Zeit, sich zu überlegen, wo Sie das Staudenbeet anlegen wollen, wie es aussehen soll, welche Form es haben soll und mit welchen Stauden es bepflanzt werden soll.

Stauden auswählen

Orientieren Sie sich bei Ihrer Planung an der Natur. Pflanzen Sie Staudenarten mit ähnlichen Ansprüchen zusammen. Weitere Auswahlkriterien bei der Staudenpflanzung sind Blütezeit, Blütenfarbe und Höhe der Pflanzen:

Blütezeit

Eine üppige Blütenpracht erhalten Sie, wenn Sie die verschiedenen Stauden, die Sie in Ihr Beet setzen, auf eine gemeinsame Blütezeit hin abstimmen. Der Traum eines jeden Gärtners sind natürlich Beete, in denen es rund ums Jahr blüht. Es gibt unter den Stauden einige Dauerblüher, die über mehrere Monate hinweg blühen und dem Traum vom endlosen Blütenzauber sehr nahe kommen.

Blütenfarbe

Welche Blütenfarben Sie für Ihr Staudenbeet bevorzugen ist letztendlich Geschmackssache. Mancher liebt es kunterbunt, mancher empfindet einfarbig oder Ton in Ton als harmonischer. Schmökern Sie in Fachzeitschriften und -literatur – im Winter haben Sie Zeit dazu, da Sie nicht jede freie Minute der Gartenpflege widmen müssen – und lassen Sie sich davon anregen. Meist gibt es dort auch detaillierte Pflanzpläne, die Sie sich zum Vorbild nehmen können.

Pflanzenhöhe

Um unterschiedliche hohe Stauden gelungen miteinander zu kombinieren,

Dauerblüher unter den Stauden

Höhe	Blütezeit	Blütenfarben	Standort
Fackellilie *(Kniphofia uvaria „Grandiflora")*			
80 bis 120 cm	Juni bis September	gelbrot	sonnig
Glockenblume *(Campanula)*			
20 bis 100 cm	Juni bis September	weiß, blau und violett	sonnig bis schattig
Katzenminze *(Nepeta faassenii)*			
bis 30 cm	Juni bis September	lila-blau	sonnig
Mädchenauge *(Coreopsis grandiflora)*			
bis 90 cm	Juni bis September	gelb	sonnig
Nachtkerze *(Oenothera missouriensis)*			
bis 30 cm	Juni bis September	gelb	sonnig
Phlox *(Phlox paniculata)*			
80 bis 100 cm	Juni bis September	weiß, rosa, rot, lila oder zweifarbig	sonnig
Salbei *(Salvia nemorosa)*			
bis 40 cm	Juli bis Oktober	violettblau	sonnig
Schafgarbe *(Achillea)*			
20 bis 100 cm	Juni bis September	weiß, gelb und rot	sonnig
Sonnenauge *(Heliopsis scabra)*			
bis 120 cm	Juli bis September	gelb	sonnig
Storchschnabel *(Geranium)*			
30 bis 50 cm	Mai bis September	rosa, karminrot und violett	sonnig bis halbschattig

sollten Sie auf eine Höhenstaffelung achten. Nur so kommt jede Staude optimal zur Geltung. Die höchsten Pflanzen werden in die hinterste Reihe gepflanzt, mittelhohe zieren das Zentrum und die niedrigen Arten sind im Beetvordergrund positioniert.

Gräser

Sträucher lässt man nicht nur um des hübschen Anblicks willen stehen, die Halme haben überdies einen konkreten Nutzen, schützen sie doch die Wurzeln vor Frost- und Nässeschäden.

Schnee abschütteln

Damit die Halme ihr hübsches Aussehen den ganzen Winter über behalten – sind die mit Raureif überzogenen Halme doch ein ganz besonders zauberhafter Anblick im winterlichen Garten – sollten Sie bei starkem Schneefall darauf achten, dass sie durch die weiße Last nicht geknickt werden. Befreien Sie die Ziergräser vom Gewicht des Schnees, bevor dieser festgefroren ist.

Gräser zusammenbinden

Wenn Sie es im Herbst versäumt haben, sollten Sie spätestens jetzt die Horste Ihrer Gräser zusammenbinden. Durch das Zusammenschnüren wird zum einen die Pflanzenbasis vor Nässe und Kälte geschützt, zum anderen schaffen Sie ein standfestes Bündel, das Wind und Schnee besser trotzen kann. Überdies verwandeln sich die zusammengebundenen Gräser mit Raureif überzogen oder von Schnee überzuckert in imposante Winterskulpturen, die alle Blicke auf sich ziehen.

Zwiebel- und Knollenpflanzen

Mit Beginn des Winters ist die Zeit der Zwiebel- und Knollenpflanzen endgültig vorbei. Selbst die Herbstblüher unter den Zwiebel- und Knollenpflanzen verschwinden aus den Gärten und begeben sich wie ihre frühlings- und sommerblühenden Kollegen in die Ruhepause. Die Sorten überwintern im Beet und sammeln dort Kräfte, um im kommenden Jahr wieder austreiben zu können. Nicht winterharte Knollen verbringen den Winter hingegen an einem frostfreien Ort.

Nicht winterharte Zwiebel und Knollen aus dem Boden holen

Sobald die ersten Fröste das Laub schwarz werden lassen, ist es an der Zeit, dass die Zwiebeln und Knollen nicht winterharter Arten das Feld räumen. Holen Sie sie vorsichtig aus der Erde. Ist der Boden sehr trocken oder sehr hart, lassen sich die Zwiebeln und Knollen unter Umständen nur schwer aus der Erde nehmen. Um sich die Mühe zu erleichtern, sollten Sie eine Grabgabel verwenden. Stechen Sie mit dieser neben der Zwiebel ein und lockern Sie die Erde durch vorsichtiges Hin- und Herrütteln.

Bambus mit Frostschutz

Nicht winterharte Zwiebel und Knollen überwintern

Haben Sie die Zwiebeln und Knollen der nicht winterharten Arten aus dem Boden geborgen, sollten Sie sie vorsichtig von Pflanzenresten und Erde be-

Nicht winterharte Zwiebel- und Knollenpflanzen

	Blütezeit	Pflanztermin
Dahlie *(Dahlia)*	Juli bis Oktober	Mai
Freesie *(Freesia-Hybriden)*	Juli bis August	April/Mai
Gladiole *(Gladiolus-Hybriden)*	Juni bis August	April/Mai
Indisches Blumenrohr *(Canna indica)*	Juni bis September	März in Töpfe, ab Mitte Mai ins Freiland
Inkalilie *(Alstroemeria)*	Juni bis Juli	ab Mai
Kaphyazinthe *(Galtonia)*	Juli bis September	ab Mai
Knollenbegonie *(Begonia)*	Juni bis Oktober	ab Mitte Mai
Schönhäutchen *(Ismene festalis)*	Juli bis August	ab Mitte Mai
Sterngladiole *(Acidanthera bicolor murielae)*	August bis Oktober	ab Mitte Mai
Tagblume *(Commelina)*	Juni bis September	ab März in Töpfe, ab Mitte Mai ins Freiland
Zephirblume *(Zephyranthes rosea)*	August	April/Mai

Tausendschön

freien und an einem luftigen Ort im Haus abtrocknen lassen. Packen Sie die Zwiebeln und Knollen in eine Kiste, die Sie mit Sand befüllt haben, und decken Sie sie mit Sand ab. Zur Überwinterung bringen Sie die Kisten an einen kühlen, aber frostfreien, trockenen Ort.

Überwinterte Zwiebel und Knollen kontrollieren

Die Zwiebeln und Knollen nicht winterharter Arten, die Sie in Kisten überwintern, sollten Sie den Winter über ab und zu auf ihren Zustand hin kontrollieren. Faulende, schimmelnde und kranke Zwiebeln und Knollen müssen Sie umgehend aussortieren.

Sommerblumen

Wie der Name schon sagt, ist die Saison der Sommerblumen längst vorbei. Zwar gibt es zahlreiche Vertreter, die auch noch im Herbst mit ihrer Blütenpracht erfreuen. Doch mit Beginn des Winters ist zumindest bei den Einjährigen unter den Sommerblumen das kurze Leben bereits beendet. Sie überdauern den Winter nur als Samen.

Einjährige Sommerblumen vorziehen

Einjährige Sommerblumen werden in der Regel im Frühjahr neu ausgesät, damit sie rechtzeitig im Sommer ihre Schönheit entfalten. Wenn Sie mit dem Aussäen nicht bis zum Frühjahr warten wollen, können Sie die Blumen bereits ab Februar im warmem Zimmer, am besten auf der Fensterbank, vorziehen. Besonders empfehlenswert ist das Vorziehen bei sehr frostempfindlichen Arten, die erst nach den Eisheiligen Mitte Mai ins Freie dürfen.

Für die Anzucht brauchen Sie Töpfe, Kistchen, Schalen oder sonstige Anzuchtgefäße, die Sie mit guter Anzuchterde befüllen.

Das Saatgut wird je nach Art und Größe auf die Erde gestreut oder hineingesteckt. Welche Methode für welche Samen angewendet wird entnehmen Sie den Informationen auf der Packung.

Man unterscheidet zudem zwischen Licht- und Dunkelkeimern. Entsprechend muss die Aussaat zum Keimen dunkel oder hell gestellt werden.

Praxistipp

Sommerblumenbeet planen
Nutzen Sie die gartenfreie Zeit im Winter, um Ihr Sommerblumenbeet zu planen. Wälzen Sie Zeitschriften und Fachbücher, fordern Sie Saatgutkataloge an, über die Sie die benötigten Samen auch gleich bestellen können. Über das Internet können Sie ebenfalls Saatgut bequem von zu Hause aus bestellen.

Für eine erfolgreiche Keimung ist es notwendig, die Erde gut feucht zu halten. Kontrollieren Sie das Saatgut regelmäßig, ob es gegossen werden muss. Achten Sie auf eine gleichmäßige Keimtemperatur, die optimalerweise bei etwa 20°C liegen sollte.

Einjährige Sommerblumen, die ab Februar vorgezogen werden können

Höhe	Blütezeit	Blütenfarben	Aussaat
Chabaudnelke *(Dianthus)*			
50 cm	Juli bis September	weiß, rosa, rot oder gelb	Februar
Cinerarie *(Senecio bicolor)*			
bis 20 cm	Juni bis August	weiß, rosa, rot oder purpurn	Februar
Levkoje *(Matthiola annua)*			
bis 40 cm	Juni bis August/ September	weiß, rosa, rot oder violett	Februar
Löwenmäulchen *(Antirrhium majus-Hybriden)*			
bis 50 cm	Juni bis September	weiß, rosa, rot, gelb oder purpurn	ab Februar
Mittagsgoldblume *(Gazania-Hybriden)*			
bis 25 cm	Juli bis September	weiß, gelb, orange oder rosa	ab Februar
Schleifenblume *(Iberis umbellata)*			
bis 25 cm,	Juni bis Juli	weiß, rosa, rot, lila oder violett	ab Februar
Sommeraster *(Callistephus sinensis-Sorten)*			
bis 90 cm	Juli/August bis September/Oktober	viele	Februar
Wunderbaum *(Ricinus communis zanzibarensis)*			
bis 300 cm	ab Juli	rot	ab Februar

Je nach Pflanze geht die Saat bereits nach wenigen Tagen oder erst nach Wochen auf. Es zeigen sich die ersten Keimlinge, die, wenn sie dicht zusammengewachsen sind, vereinzelt werden müssen. Dazu kommt ein jedes Pflänzchen in einen eigenen Topf.

Aussaat vor Pilzerkrankungen schützen

Aussaaten im Haus drohen häufig von Pilzerkrankungen befallen zu werden. Die Gefahr des Befalls ist besonders groß, wenn die Aussaaterde zu feucht gehalten wird. Die Erde sollte zwar beständig feucht gehalten werden, das Gießen sollte jedoch maßvoll geschehen. Die Aussaaten dürfen keinesfalls nass stehen.

Rasen

Im winterlichen Garten ruht die Natur und sammelt Kräfte für ein gewaltiges Frühlingserwachen. Auch der Rasen durchlebt eine Ruhephase. Am besten bekommt dem Winterrasen trockener Schnee, dann ist die Bodenfeuchtigkeit gering und der Rasen ist so gut wie gar nicht anfällig für Pilzerkrankungen.

Winterschäden vorbeugen

Ein besonders schlimmer Feind für den Rasen im Winter ist der Schneeschimmel, der auftritt, wenn der Rasen von einer nassen Schneeschicht hermetisch und luftundurchlässig abgeschlossen wird. Ein guter Nährboden für die Entstehung von Schneeschimmel ist auch das Zusammentreffen von hoher Bodenfeuchtigkeit, schmelzendem Schnee und Lufttemperaturen, die zwischen 0°C und 5°C liegen. Richtige Pflege kann dem Schneeschimmelbefall vorbeugen: Bei so genanntem Kahlfrost – das ist Frost ohne Schnee – ist der Rasen besonders gefährdet, denn die gefrorenen, ungeschützten Rasengräser können leicht brechen. Bei solchen Witterungsverhältnissen sollten Sie die Rasenfläche

Bemooster Rasen

keinesfalls betreten. Die beim Betreten abbrechenden Grashalme sterben in der Folge ab und bilden eine für den Befall von Pilzkrankheiten günstige Grundlage.
Der letzte Grasschnitt vor Beginn des Winters sollte nicht zu kurz ausfallen, da zu kurz geratene Grashalme besonders anfällig für Pilzerkrankungen sind. Die richtige Schnitthöhe liegt bei etwa drei Zentimetern.
Grasschnitt sollte unbedingt vom Rasen entfernt werden, denn das faulende Gras stellt ebenfalls einen guten Nährboden für Krankheitserreger dar.

Betreten verboten

Ist der Rasen im Winter stark durchnässt, von Raureif überzogen oder gefroren, sollten Sie es unbedingt vermeiden, über die Grünfläche zu gehen. Beim Betreten können die gefrorenen Halme brechen. Bei Nässe verdichtet sich die Trittstelle, so dass nach dem Auftauen hässliche gelbe Flecken im Rasen zurückbleiben.

Rasen mähen

Lässt der Winter lange auf sich warten und sind die Temperaturen zu Beginn des Winters noch sehr mild, wächst das Gras noch einmal. Mähen Sie es ein weiteres Mal und kürzen Sie es wieder auf eine Halmlänge von drei Zentimetern. Vergessen Sie nicht, das Schnittgut vom Rasen zu entfernen.

Rasen belüften

Wenn es zu Winterbeginn noch einige milde Tage gibt oder zum Winterende hin die Temperaturen etwas ansteigen und den Rasen abtrocknen lassen, nutzen Sie das trockene, milde Wetter und belüften Sie Ihren Rasen. Dies ist besonders wichtig, wenn Sie Vertiefungen im Rasen festgestellt haben, in denen sich nach Regen oder Abtauen des Schnees das Wasser sammelt und schlecht abläuft. Das deutet auf eine zu wenig durchlässige Bodenstruktur hin, die aufgelockert werden muss.
Belüften Sie den Rasen mithilfe einer Grabgabel. Mit dieser stechen Sie in regelmäßigen Abständen von etwa 15 Zentimetern Löcher in den Boden, bis die gesamte Rasenfläche durchlöchert ist. Die Löcher sollten etwa zehn bis 15 Zentimeter tief gestochen werden.
Nach dem Stechen füllen Sie die Löcher mit gewöhnlichem Sand oder einer Sand-Erde-Mischung auf, damit sich die Löcher nicht gleich wieder schließen. Verteilen Sie das Material am besten mit einem Besen über der Rasenfläche.

Rasenflächen planen

Der Winter ist die ideale Zeit, sich mit der Planung und Gestaltung des Gartens zu beschäftigen. Während die Natur draußen eine Pause einlegt, können

Praxistipp

Belüftungswerkzeug
Das Belüften mit der Grabgabel eignet sich nur für kleine Rasenflächen. Ist das grüne Areal größer, sollten Sie ein spezielles Aerifizierungsgerät verwenden. Dieses kann in der Regel im Fachhandel ausgeliehen werden.

Sie die gartenfreie Zeit nutzen und Pläne für die kommende Gartensaison schmieden. Planen Sie nicht nur Ihre Blumenbeete, sondern beziehen Sie auch die Gestaltung Ihrer Rasenflächen in Ihre Überlegungen mit ein. Der Rasen sollte nicht einfach nur eine grüne Fläche in Ihrem Garten darstellen, sondern als eigenständiges Gestaltungselement wahrgenommen werden, mit dem sich das Aussehen des Gartens entscheidend beeinflussen lässt.

Der Rasen sorgt wie kein anderer Gartenbestandteil für Raumwirkung. Je nach der Form, die Sie für Ihre Rasenfläche wählen, erzielen Sie sehr unterschiedliche Wirkungen.

Wenn Sie Ihren Rasen als geometrische Formen, etwa als Quadrat oder Kreis anlegen, erreichen Sie eine ruhige, ausgewogene Wirkung, eine perfekte Ergänzung zu einem formal angelegten Garten. Folgt Ihre Rasenfläche im Grundriss keiner geometrischen Figur, sondern hat eine freie geschwungene Form, passt sie gut in einen natürlich wachsenden Garten.

Mit einer bewussten Gestaltung der Form Ihres Rasens lassen sich Grundrissmängel des Gartens optisch korrigieren. Ist Ihr Garten etwa lang und schmal, lassen Sie die Rasenfläche nach hinten hin breiter werden und mit einer hohen Bepflanzung abschließen. Dadurch wird der Schlaucheffekt gemindert und der Garten optisch verkürzt und verbreitert.

Ist Ihr Garten hingegen kurz und breit, lässt man die Rasenfläche entsprechend nach hinten hin schmaler zulaufen und fast bis zum rückwärtigen Zaun reichen. Dadurch wird der Garten optisch verlängert. Verstärken Sie diesen Effekt, indem Sie den seitlich flankierenden Bewuchs nach hinten hin immer niedriger werden lassen.

Ein kleiner Garten wirkt größer, wenn die Rasenfläche nicht komplett zu überblicken ist, sondern sich durch in den Weg gepflanzte Bäume und Sträucher den Blicken entzieht. Dadurch wird der Eindruck erweckt, dass sich der Garten weit nach hinten oder zur Seite hin erstreckt.

Unkraut aus dem Rasen entfernen

Wenn Sie Wert auf einen makellosen Englischen Rasen legen, sollten Sie bereits zum Winterende hin Ihr Grün im Auge behalten. Denn sobald die Temperaturen etwas ansteigen und die Natur aus ihrem Winterschlaf erwacht, sprießen auch schon die ersten Unkräuter. Um diese gar nicht erst aufkommen zu lassen, sollten Sie sie unverzüglich aus Ihrer Rasenfläche entfernen. Verwenden Sie dazu ein einfaches ausrangiertes Küchenmesser. Tief wurzelnde Unkräuter, wie etwa der Löwenzahn oder die Quecke mit ihren unterirdischen Ausläufern, sind besonders ärgerlich, da sie sich aus im Boden verbliebenen Teilstücken immer wieder bilden können. Daher ist bei ihrer Entfernung besonders viel Sorgfalt aufzuwenden. Ein spezieller Unkrautstecher erweist sich hierbei als sehr nützlich.

Boden auf die Rasenaussaat vorbereiten

Das Frühjahr ist eine günstige Jahreszeit, um Rasen auszusäen. Damit Sie die Aussaat unverzüglich in Angriff nehmen können, sobald der Boden genügend abgetrocknet und erwärmt ist, sollten Sie im Winter milde, trockene Tage nutzen, um den Boden auf die Aussaat vorzubereiten.

Optimalerweise haben Sie den Boden bereits im Herbst etwa 25 Zentimeter tief umgegraben. Über den Winter entsteht dann die so genannte Frostgare, die durch den Wechsel von Gefrieren und Auftauen entsteht und einen fruchtbaren und gesunden Boden zur Folge hat. Sobald der Boden nicht mehr gefroren ist, müssen Sie ihn lediglich durch eine nur flache Bodenbearbeitung mit dem Kultivator lockern, damit ist der Boden für Aussaat bereit.

Haben Sie das Umgraben im Herbst versäumt, holen Sie es jetzt nach. Nutzen Sie das Umgraben auch gleich zum Einarbeiten von organischen Substanzen, die gute Bedingungen für eine rasche und erfolgreich Keimung schaffen. Befreien Sie den Boden von Unkraut und Steinen. Dann lassen Sie den Boden einige Wochen in Ruhe, damit er sich setzen kann.

Fertigrasen verlegen

Wenn Ihnen das Warten auf den richtigen Zeitpunkt zur Aussaat des Rasens zu lange dauert, können Sie bereits im Spätwinter einen Fertigrasen verlegen (s. S. 99), vorausgesetzt, das Wetter ist mild, der Boden nicht mehr gefroren und so weit abgetrocknet, dass er nicht mehr an den Schuhen kleben bleibt.

Rollrasen verlegen

Balkon- und Terrassenpflanzen

Auch im Winter müssen Balkon und Terrasse nicht trostlos wirken. Zwar ist die Pflanzenvielfalt, wenn Sie einen Blick aus Ihrem Fenster werfen, nicht ganz so groß wie in den anderen Jahreszeiten. Doch gibt es auch für die Winterbepflanzung einige interessante und attraktive Exemplare, die mit unterschiedlichsten Grünnuancen, verschiedensten Laub- und Wuchsformen aufwarten.

Winterbepflanzung durchführen

Damit Ihr Balkon oder Ihre Terrasse im Winter nicht völlig verwaist wirken, wenn alle Kübelpflanzen und der bunte Blumenschmuck verschwunden bzw. ins Winterlager gewandert sind, können Sie für eine Winterbepflanzung sorgen. Diese besteht in der Regel aus immergrünen Pflanzen und Zwergkoniferen, die Sie, je nach Fortschreiten der kalten Jahreszeit, mit spät- und ausdauernd blühenden Sommerblumen, Winter- und Frühjahrsblühern kombinieren können. Für weitere bunte Farbtupfer können farbige Töpfe und Kästen sowie Accessoires sorgen.

Praxistipp

Winterbepflanzung durchführen
Die Winterbepflanzung sollte spätestens zu Beginn des Winters durchgeführt werden. Hier gilt, wie bei allen Pflanzarbeiten: Je früher Sie einpflanzen, desto besser entwickeln sich die Pflanzen.

Kübelpflanzen im Haus überwintern

Zum Überwintern der Kübelpflanzen im Haus gilt es einige Dinge zu beachten: Ihre Kübelpflanzen brauchen ein geeignetes Winterquartier, um gut über den Winter zu kommen. Idealerweise stehen sie in einem frostfreien Wintergarten oder einem Gewächshaus bei Temperaturen zwischen 5°C und 10°C. Helle, aber kühle Keller, Gästezimmer oder Treppenhäuser kommen ebenfalls in Frage. Dort sollten Ihre grünen Schützlinge so nah wie möglich am Fenster stehen, so dass sie von dem ohnehin kurzen Tageslicht optimal profitieren können.

Zwergkoniferen, die sich zur Winterbepflanzung eignen

Höhe	Nadeln	Wuchsform
Igel-Fichte *(Picea abies echiniformis)*		
40 bis 50 cm	blaugrün	kissenförmig bis kugelig
Kissen-Eibe *(Taxus cuspidata „Nana")*		
40 bis 50 cm	dunkelgrün	flache Ausbreitung
Zwerg-Hemlock-Tanne *(Tsuga canadensis „Nana")*		
60 bis 80 cm	dunkelgrün	nestförmig
Zwerg-Lebensbaum *(Microbiota decussata)*		
20 bis 30 cm	grün mit kupferner Herbstfärbung	überhängende Zweige
Zwerg-Scheinzypresse *(Chamaecyparis pisifera „Nana")*		
50 bis 80 cm	blaugrün, fadenförmig	kugelig bis kissenförmig
Zwerg-Tanne *(Abies balsamea „Nana")*		
40 bis 50 cm	blaugrün	schwachwüchsig

Kiefer als Kübelpflanze

Kontrollieren Sie die Wintergäste regelmäßig auf Krankheiten und Schädlingsbefall. Befallene Pflanzen werden sogleich separiert, bis die Schädlinge bzw. Krankheiten bekämpft sind.
Verwelkte Blätter werden regelmäßig entfernt, damit sie sich nicht zu einem Fäulnisherd entwickeln.
Gießen Sie die Pflanzen regelmäßig, aber zurückhaltend. Der Wurzelballen sollten nicht austrocknen, Staunässe sollten Sie jedoch ebenfalls vermeiden. Das Düngen wird bis zum Ende des Winters eingestellt.
Etwa ab Mitte Februar können Sie die Pflanzen allmählich auf die neue Saison vorbereiten, indem Sie sie zurückschneiden, in frisches Substrat und neue und nach Bedarf größere Gefäße umsetzen. Sorgen Sie für einen etwas wärmeren Standort, damit die Pflanzen auszutreiben beginnen, und gießen Sie wieder häufiger.

Kübelpflanzen im Freien überwintern

Kübelpflanzen, die winterhart sind, können draußen überwintern. Damit sie die Kälte schadlos überstehen, sollten Sie viel Mühe auf einen sorgfältigen Winterschutz verwenden.

Gärtnertipp

Winterbepflanzung gießen
Die Winterbeflanzung braucht auch in der kalten Jahreszeit regelmäßig Wasser, da sie in der Wintersonne Wasser verdunstet und austrocknen kann. Auch die Kübelpflanzen, die im Freien überwintern, brauchen regelmäßig eine Wasserzufuhr. Gießen Sie nur in frostfreien Zeiten, nicht aber bei Frostgefahr.

Schützen Sie vor allem den Wurzelbereich von draußen überwinternden Kübelpflanzen vor Frost und Kälte. Wickeln Sie um das Gefäß mehrere Schichten Sackleinen, die Sie mit Draht umschnüren, damit sie gut befestigt sind.
Stellen Sie die Kübelpflanzen, die Sie im Freien überwintern, möglichst dicht zusammen, damit sie sich gegenseitig warm halten.
Umhüllen Sie die Blätter, die mit einer Schnur zusammengebunden sind, mit einem speziellen Gärtnervlies.
Die Pflanzgefäße sollten frostfest sein. Bei Tontöpfen kann man sich nie sicher sein, ob sie der Kälte standhalten. Am Besten sorgen Sie für frostbeständige Töpfe oder Sie versehen Ihre Tontöpfe mit einem Anstrich, der die Wasseraufnahme der Tonporen verringert, ohne die Atmungsaktivität zu beeinträchtigen. Stellen Sie Ihre Kübelpflanzen, die Sie draußen überwintern, auf flache Steine oder Holzlatten, damit der Gefäßboden von unten her belüftet wird und nicht zu faulen beginnt.

Zugefrorener Gartenteich

Mehrjährige Sommerblumen überwintern

Die mehrjährigen Sommerblumen, die Sie zum Überwintern ins Haus geholt haben, kommen wie die Kübelpflanzen an einen hellen, aber kühlen Ort mit Temperaturen, die idealerweise zwischen 5°C und 10 °C liegen.
Wenn der Platz für sämtliche Balkonkästen und -töpfe sehr knapp wird, können Sie die Blumen auspflanzen, den Wurzelballen verkleinern und in lockeres Substrat einschlagen.
Das Gießen bedarf eines gewissen Fingerspitzengefühls. Es sollte nicht zu oft gegossen werden, damit keine Staunässe entsteht, doch auch nicht zu selten, damit der Wurzelballen nicht austrocknet. Die Gießmenge unterscheidet sich zudem je nach Pflanze.
Wie die Kübelpflanzen werden auch die überwinterten Sommerblumen zum Ende der kalten Jahreszeit hin zurückgeschnitten, in frische Erde gesetzt und neu angetrieben. Dazu stellen Sie die Pflanzen etwas wärmer und beginnen, sie wieder regelmäßig zu gießen und zu düngen.

Frisch gesteckte Zwiebeln und Knollen vor Frost und Kälte schützen

Damit die frisch gesteckten Zwiebeln und Knollen, aus denen sich die ersten Frühlingsboten auf Balkon und Terrasse entwickeln sollen, gut über den Winter kommen, sollten Sie einige Vorkehrungen treffen.
Stellen Sie die Kästen mit dem kostbaren Gut an die Hauswand, wo sie nicht so sehr dem Wind und keiner direkten Sonnenbestrahlung ausgesetzt sind.
Als Schutz vor Nässe und Kälte können Sie die Kästen mit Zeitungspapier oder Nadelzweigen abdecken.

Frühjahrsblühende Zwiebel- und Knollenpflanzen zum Austreiben anregen

Damit das Frühjahr vor Ihrem Fenster bunt und prächtig wird, sollten Sie die gesteckten Zwiebeln und Knollen in frostfreien Zeiten ab und zu gießen. Stellen Sie die Kästen ab der zweiten Februarhälfte an einen wärmeren, sonnenbeschienenen Platz auf dem Balkon oder der Terrasse, damit die Zwiebeln und Knollen zum Austrieb angeregt werden.

Winterharte Kräuter pflegen

Die mehrjährigen winterharten Kräuter, die Sie im Freien überwintern sollten, wie auch die anderen draußen verbliebenen Pflanzen, an frostfreien Tagen regelmäßig gegossen werden.
Achten Sie auf einen guten Wasserablauf im Pflanzgefäß, damit die Kräuter keine „nassen Füße“ bekommen.
Verpassen Sie auch den Kräutern, wie den anderen Kübelpflanzen, einen Winterschutz, der sie vor extremen Temperaturen schützt. Umwickeln Sie die Töpfe mit Gärtnervlies oder Sackleinen.

Gartenteich

Die zugefrorene Wasseroberfläche, die mit Raureif überhauchten Stauden und Gräser im Uferbereich – das alles hat einen ganz besonderen Zauber und lädt den Betrachter trotz klirrender Kälte zum Verweilen ein.

Schilfbewuchs am Teichrand

Teichbewohner schützen

Damit im Teich ansässige Fische und Amphibien den Winter mit seinen teils extremen Temperaturen gut überstehen, sollten Sie eine isolierende Luftschicht zwischen der Eisdecke und der darunter befindlichen, noch nicht gefrorenen Wasseroberfläche schaffen. Normalerweise regelt dies die Natur selber. Wenn Sie jedoch auf Nummer Sicher gehen wollen, sollten Sie bei Frostbeginn etwas Wasser abpumpen, so dass eine Luftschicht von etwa zehn bis zwölf Zentimetern entsteht. Durch den sinkenden Wasserpegel kann die Eisschicht nicht noch dicker werden.
Um den notwendigen Luftaustausch zu gewährleisten, können Sie mit einem Strohbündel oder ähnlichem ein Loch in der Eisdecke freihalten. Für diesen Zweck gibt es im Fachhandel auch spezielle Freihalter.

Teich reinigen

Das winterkalte Wasser im Teich ist meist unglaublich klar. Man sollte die Gelegenheit wahrnehmen, um Einblicke in den Teich zu nehmen, die zu den übrigen Jahreszeiten nicht möglich sind.
Entfernen Sie jedes noch so kleine Blatt, das auf den Grund abgesunken ist mit einer Teichzange.
Entdecken Sie auf dem Grund Ihres Teichs Bodenschlamm, der durch Zersetzung organischen Materials entstanden ist, sollten Sie mit Hilfe eines Schlammsaugers die störende Bodenschicht absaugen.

Unterstützung bei der Teichpflege

Mit einigen praktischen Geräten speziell zur Teichpflege können Sie sich die Arbeit erleichtern.

Kescher

Mit einem Kescher lassen sich abgestorbene Pflanzenteile, Algen und Blätter aus dem Wasser fischen. Das Abfischen ist unerlässlich, damit Ihr Gartenteich schadlos über den Winter kommt. Es gibt den Kescher in verschiedenen Größen.

Teichschere

Für das Schneiden im und am Gartenteich brauchen Sie eine Schere, die weit reicht; sonst kommen Sie nicht an Wasserpflanzen in der Teichmitte und an Unterwasserpflanzen heran. Mit einer speziellen Teichschere erreichen Sie alle Pflanzen im Teich, ohne sich nasse Füße zu holen.

Teichgreifer

Für all die Pflanzenteile im Gartenteich, die dort nicht hingehören und die Sie mit dem Kescher nicht herausholen können, weil sie etwa in entlegenen Winkeln des Teiches schwimmen, brauchen Sie einen Teichgreifer. Dieser lässt sich auf unterschiedlich lange Stiele aufstecken.

Teichschlammsauger

Mit diesem Gerät lässt sich nicht nur Schlamm aufsaugen, sondern auch Algen, Blätter und sonstiger Grobschmutz entfernen. Der Schlammsauger funktioniert sehr raffiniert: Das Wasser, das angesaugt wird, wird gesäubert und wieder in den Teich zurückgeführt, so dass es zu keinem Wasserverlust kommt und das biologische Gleichgewicht im Teich nicht durch Zuführen frischen Leitungswassers gestört wird.

Uferbepflanzung überwintern

Stauden überwintern

Die Stauden, die das Ufer Ihres Gartenteichs zieren, sollten fachgerecht überwintert werden, damit sie auch im kommenden Jahr wieder für prachtvollen Teichbewuchs sorgen. Verpassen Sie den empfindlichen Exemplaren einen Winterschutz.
Bedecken Sie die Stauden mit Nadelzweigen, die Sie zum Schutz vor dem Wind mit den Enden in den Boden stecken. Die Nadelzweige haben nicht nur wärmeisolierende Wirkung, sondern bewahren die Stauden überdies vor Wintersonne und Schneedruck. Sie können die gefährdeten Uferpflanzen mit einer Laubschüttung versehen, die Extremfröste von den Pflanzen abhält.
Auch das nach dem Auslichten abgefallene Schnittgut wirkt, wenn Sie es einfach liegen lassen, zumindest als leichter Winterschutz, der weniger empfindlichen Pflanzen ausreicht. Im Herbst frisch gepflanzte Stauden sollten unbedingt einen Winterschutz erhalten.

Gräser überwintern

Es gibt kaum einen Gartenteich, der nicht von Ziergräsern gesäumt wird. Diese sind mit ihren meist stattlichen Halmen nicht nur im Sommer, sondern auch im Winter ein schöner Blickfang.
Wenn Sie die Gräser nicht schneiden, bieten diese mit ihren Halmen einen ausreichenden Winterschutz für die Wurzeln. Binden Sie die Horste Ihrer Gräser zusammen; dadurch wird die Pflanzenbasis zuverlässig vor Frost und Kälte geschützt und die Kälte kann nicht in den Wurzelstock eindringen.

Wasserfall als Blickfang im Gartenteich

Gartenteich planen

Wenn Sie noch nicht stolzer Besitzer eines Gartenteichs sind, bietet Ihnen die kalte Jahreszeit reichlich Mußestunden, in denen Sie die Anlage und Gestaltung eines Gartenteichs planen können. Möglicherweise nennen Sie zwar bereits einen Gartenteich Ihr Eigen, aber Sie sind nicht zufrieden mit Form und Aussehen. Dann können Sie über verändernde Maßnahmen und eine teilweise Neugestaltung nachdenken. Schmökern Sie in Fachzeitschriften und Büchern und planen Sie die Umsetzung für das kommende Frühjahr.

Vorüberlegungen

Als erstes ist die Standortfrage zu klären. Diese hängt vor allem von dem zur Verfügung stehenden Platz und dem Sonnenangebot ab. Der Teich sollte mindestens vier bis sechs Stunden täglich von der Sonne beschienen werden. Der günstigste Platz für das Gewässer ist überdies von der Art der Nutzung abhängig. Ein Feuchtbiotop, das viele Tiere anziehen soll, eignet sich nicht zur Anlage in Terrassennähe. Ein kleiner Teich wirkt in einem abgelegenen Winkel des Gartens hingegen verloren.

Gestaltungsmöglichkeiten

Im Folgenden sind einige Gestaltungsmöglichkeiten von Gartenteichen zusammengestellt, die Ihnen als Anregung dienen können, Ihre eigene Vorstellung zu verwirklichen:

Eine faszinierende Wasserwelt finden Sie an einem Naturteich, der mit seiner üppigen Uferbepflanzung der heimischen Pflanzen- und Tierwelt Quartier bietet. Am besten aufgehoben ist er etwas vom Haus und dem damit verbundenen Trubel entfernt. Dort kann sich die angesiedelte Flora und Fauna ungestört entfalten. Ein schmaler Pfad oder Trittsteine im Rasen können den Weg zu diesem Idyll weisen.

Sehr hübsch ist auch ein Teich direkt am Haus, der von der Terrasse aus gut zu beobachten ist. Die Wasserlandschaft ist dabei nicht nur ein attraktiver Blickfang, sondern überdies dazu angetan, das Kleinklima im Haus und Garten positiv zu beeinflussen.

Ist der Garten insgesamt eher streng gehalten und von geraden Linien dominiert, sollte auch der Teich in einer architektonischen Form, etwa als rechteckiges Becken, angelegt werden. Ein Naturteich hingegen würde in einem solchen Garten wie ein Fremdkörper wirken.

Auch in einem Hanggarten lässt sich ein Teich anlegen. Er sollte am tiefsten Geländepunkt geplant werden und kann ganz nach dem individuellen Geschmack gestaltet werden.

Es muss nicht immer ein Teich sein. Ein Bachlauf, der sich durch den Garten schlängelt, ist eine schöne Alternative.

Zusatzelemente

Durch eine Reihe weiterer Elemente können Sie Ihren Gartenteich zusätzlich verschönern:

Zu einem richtigen Erlebnis etwa wird die Wasserstelle, wenn Sie eine Brücke darüber bauen, von der aus Sie die Pflanzen und Tiere im Teich aus nächster Nähe beobachten können.

Eine schöne Idee ist auch ein Sonnendeck mit Blick über das Wasser, das als Verbindungsglied zwischen Teich und Garten fungiert und sich für viele zum Lieblingsplatz im Garten entwickelt.

Wasserspiele, etwa Fontänen, Wasserspeier oder Figuren, die mit ihrem sanften Plätschern sehr beruhigend wirken, sind nicht nur ein hübscher Anblick, sie haben überdies einen konkreten Nutzen. Sie tragen durch das beständige Sprudeln zur Steigerung des Sauerstoffanteils im Wasser bei.

Verzaubern Sie Ihren Teich durch eine Beleuchtung. Der Fachhandel hält dafür Schwimmleuchten und Unterwasserstrahler bereit, die Ihre Wasserstelle auch nachts gekonnt in Szene setzen.

Der Nutzgarten im Winter

Obstbäume

In Ihren Obstgarten kehrt nun Ruhe ein. Doch hinter den Kulissen geht die Arbeit weiter. Jetzt gilt es, das Erntegut fachgerecht zu konservieren und zu lagern, damit Sie noch ein paar Monate in den Genuss Ihrer Produkte kommen. An einem milden Wintertag müssen die Obstbäume geschnitten werden, damit sie im Frühjahr wieder gut dastehen.

Obstbäume mit Winterschutz versehen

Normalerweise brauchen die heimischen Obstbäume keinen Winterschutz. Mit ihrer rauen, schützenden

Obstbaumschnitt: vorher …

… und nachher

Borke sind sie weitgehend unempfindlich gegen die frostigen Wintertemperaturen. Anders ist es bei frisch gepflanzten und jungen Bäumen. Diese reagieren vor allem auf die Kombination von kühlem Wind und nassem Boden empfindlich. Auch der Wechsel zwischen Frost und Wintersonne bekommt ihnen nicht. In der Folge kann die noch weiche Rinde reißen. Versehen Sie die Jungbäume mit einem Kalkmilchanstrich oder einem Jutemantel.

Obstbäume schneiden

Der Winter ist der richtige Zeitpunkt, Obstbäume zu schneiden. Es ist dies die Phase zwischen Laubabwurf und Neuaustrieb, wenn sich das Gehölz in der Saftruhe befindet und Schnittwunden relativ problemlos übersteht. Herrscht Frost, wird allerdings nicht geschnitten. Wählen Sie einen milden Tag zu Beginn des Winters oder im Spätwinter, an dem Sie die Schnittmaßnahme durchführen. Der winterliche Obstbaumschnitt dient entweder der Kronenbildung – dann spricht man vom so genannten Erziehungsschnitt – oder der Auslichtung – dann handelt es sich um den so genannten Auslichtungs-, Pflege- oder Erhaltungsschnitt.

Erziehungsschnitt durchführen

Der Erziehungsschnitt wird in den ersten vier Jahren durchgeführt und später von der jährlich durchgeführten Schnittmaßnahme zur Auslichtung abgelöst. Er hat den Zweck, eine Kronenform aufzubauen, die Licht und Luft gleichmäßig an alle Äste kommen lässt.

Die Seitentriebe werden nur minimal geschnitten, da sie weit ausladend nach außen wachsen sollen. Dann werden alle senkrecht nach oben wachsende Triebe, außer dem Haupttrieb, entfernt. Der Haupttrieb wird hingegen nur so weit gekürzt, dass er die anderen Äste immer noch um etwa eine Handbreit überragt. Auch nach innen wachsende oder zu eng stehende Zweige werden herausgeschnitten, ebenso abgeknickte oder abgestorbene Äste.

Auslichtungsschnitt durchführen

Der Auslichtungsschnitt oder auch Pflegeschnitt dünnt den Baum aus, so dass insbesondere der Bereich um die Krone mehr Licht bekommt. Dies ist eine wichtige Voraussetzung für die Entwicklung neuer Triebe, Blätter und Früchte. Entfernen Sie möglichst viele Äste, die in die Krone hineinwachsen sowie schwaches und zu dichtes Geäst.

Der Auslichtungsschnitt ist umso einfacher durchzuführen, je sorgfältiger der Erziehungsschnitt durchgeführt wurde. Dann gilt es nur, die vorgegebene Form nachzuschneiden und gegebenenfalls störende Triebe zu entfernen.

Das richtige Schneidewerkzeug

Ein fachgerechter Schnitt lässt sich nur mit gutem Schneidewerkzeug durchführen. Achten Sie unbedingt darauf, dass Ihre verwendeten Scheren sehr scharf sind. Nur so kann ein sauberer Schnitt ausgeführt werden, der nicht zu Verletzungen durch Quetschungen führt, wie es bei stumpfen Klingen passieren kann. Die richtigen Schneidewerkzeuge werden auf Seite 119 vorgestellt.

Richtig schneiden

Damit das Gehölz nicht unter dem Schnitt leidet, sollten Sie bestimmte Regeln einhalten:

Die Schnittfläche sollte immer glatt und so klein wie möglich sein.

Achten Sie darauf, dass Schere und Säge scharf sind.

Setzen Sie Schere und Säge im rechten Winkel zur Zweig- bzw. Aststellung an.

Lange und schwere Äste schneiden Sie zum Stamm hin in Etappen zurück, damit sie nicht ausreißen.

Praxistipp

Mäßig zurückschneiden

Achten Sie beim Schneiden auf die Verhältnismäßigkeit. Ein übermäßiger Gehölzschnitt führt zu starkem Neuaustrieb der Äste und in manchen Fällen sogar zum Absterben von Wurzeln. Dies muss unter allen Umständen verhindert werden, da unterirdische Verletzungen eine wesentlich schlechtere Heilungschance haben als oberirdische. Sie führen im schlimmsten Fall zum Absterben der ganzen Pflanze.

Winterbirnen

Auslichtungsschnitt nachholen

Wenn der Auslichtungsschnitt einige Jahre zurückliegt, haben sich viele störende Äste entwickelt, die entfernt werden müssen. Möglicherweise ist der Baum so verwildert, dass ein neues Kronengerüst festgelegt werden muss.

Zu diesem Zweck wählen Sie einige gut gewachsene Äste als so genannte Hauptleitäste. Diese werden freigeschnitten, indem Sie die Äste ringsum entfernen. Große Schnittwunden sollten Sie mit Wundpflegemittel versorgen. Führen Sie fortan regelmäßig im Winter einen Auslichtungsschnitt durch.

Vor allem im folgenden Winter ist ein sorgfältiges Auslichten erforderlich, da sich aufgrund des radikalen Rückschnitts im Vorjahr viele neue unbrauchbare Triebe entwickelt haben, die Sie entfernen müssen.

Wundbehandlung: 1. Größere Wunden mit einem Messer glätten

2. Wundbehandlungsmittel auftragen

Verschiedene Obstbäume schneiden

Je nach Obstsorte sind die Bäume unterschiedlich zu behandeln:

Süßkirschen

Erziehungsschnitt: Der Erziehungsschnitt dient, wie bei anderen Laubgehölzen auch, dem Aufbau einer gut geformten Krone. Diese hat die für Kirschbäume typische, hochovale Form.

Auslichtungsschnitt: Ausgewachsene Exemplare brauchen keinen weiteren Schnitt mehr. Lediglich dürres, abgestorbenes Holz wird entfernt. Dies geschieht am besten im Sommer, wenn es gut erkennbar ist.

Sauerkirschen

Erziehungsschnitt: Sauerkirschbäume entwickeln keine erkennbaren Hauptleitäste, der Erziehungsschnitt dient daher nicht dem Kronenaufbau, sondern der Ausbildung eines gleichmäßigen Astgerüsts.

Auslichtungsschnitt: Der jährliche Auslichtungsschnitt im Winter dient dem Erhalt des gleichmäßigen Astgerüsts, wobei die langen, für Sauerkirschbäume typischen überhängenden Zweige gekürzt und zu dicht stehende Triebe entfernt werden.

Pflaumen, Zwetschgen, Renekloden und Mirabellen

Erziehungsschnitt: Dieser dient dazu, eine hochovale Krone mit lichtem Geäst auszubilden. Sie erreichen diese Wuchsform, indem Sie die von Natur aus aufrecht wachsenden Äste zum waagrechten Wuchs erziehen und nur einen senkrechten Mitteltrieb stehen lassen.

Auslichtungsschnitt: Ist die Krone schön ausgeformt, muss man sie lediglich jährlich auslichten. Entfernen Sie zu dicht oder nach innen bzw. oben wachsende Äste sowie dürre und abgestorbene Triebe.

Apfel- und Birnbäume

Erziehungsschnitt: Der Erziehungsschnitt dient einer gleichmäßigen Kronenentwicklung.

Auslichtungsschnitt: Dieser wird zur Erhaltung der Kronenform durchgeführt. Entfernen Sie störende Äste, die zu dicht oder nach innen bzw. oben wachsen. Auch abgestorbenes und krankes Holz wird bei dieser Gelegenheit weggeschnitten.

Praxistipp

Schnittwunden

Behandeln Sie alle Schnittwunden, die größer als eine Euro-Münze sind, mit einem speziellen Wundpflegemittel. Das fördert die Wundheilung und verhindert das Eindringen von Krankheitserregern.

Beerenobst

Wie die Obstbäume, so sind auch die Beerensträucher von ihrer süßen Last befreit und verharren in Winterruhe, bis die wärmende Frühjahrssonne und die steigenden Temperaturen sie zu neuem Leben erwecken. Damit sie dann für die neue Saison bereit sind, sollten sie im Winter geschnitten werden.

Beerenobstpflanzen mit Winterschutz versehen

Frostempfindliche Sorten unter dem Beerenobst sind dankbar, wenn Sie sie vor den frostigen Temperaturen durch einen Winterschutz bewahren. Schützen Sie vorzugsweise den Wurzelbereich durch Anhäufeln von Laub, Abdecken mit Nadelzweigen oder Aufbringen einer Mulchschicht.

Erdbeeren

Erdbeeren schützen Sie vor Kälte und Nässe am besten, indem Sie das Erdbeerbeet, nachdem Sie es gut durchgehackt haben, mit Stroh oder Mähgut abdecken.

Brombeeren

Brombeeren sind relativ kälteempfindlich. In sehr frostigen Wintern erfrieren oft die Ruten, der Wurzelstock bleibt indes unversehrt und treibt im Frühjahr wieder aus. Nach einem solchen Winter bleibt der Ertrag jedoch für dieses Jahr aus. Erst im Folgejahr trägt der Strauch wieder Früchte. Versuchen Sie die Brombeeren vor den eisigen Temperaturen zu schützen, indem Sie sie mit Nadelzweigen schützen oder anhäufeln.

Himbeeren

Himbeeren sind etwas frostempfindlich. Deswegen sollten Sie bereits beim Pflanzen auf einen wind- und frostgeschützten Platz am Zaun oder an einer Hecke achten. Bringen Sie außerdem einen Winterschutz an.

Johannisbeeren

Rote und weiße Johannisbeeren sind nicht sehr frostempfindlich. Sie überstehen auch kalte Winter in der Regel

Erdbeeren – das erste Beerenobst im Jahr

schadlos. Die schwarzen Sorten sind etwas kälteempfindlicher; schützen Sie sie durch Abdecken mit Nadelzweigen oder Anhäufeln.

Stachelbeeren

Stachelbeeren entsprechen in ihren Pflegeansprüchen weitgehend den Johannisbeeren; wie diese sind die Stachelbeeren relativ frostunempfindlich.

Winterschnitt durchführen

Wie bei den Obstbäumen ist auch beim Beerenobst der Winter die geeignete Zeit, um die Sträucher mit einem Schnitt zu versehen. Zu dieser Zeit liegen sie in der Saftruhe, dadurch ist der Saftverlust, den die Pflanzen beim Schneiden erleiden, relativ gering. Wählen Sie einen milden Tag zu Beginn des Winters oder im Spätwinter, an dem Sie die Schnittmaßnahme durchführen. Wenn Frost herrscht, wird nicht geschnitten.

Der winterliche Schnitt dient dazu, dem Strauch eine schöne Form zu verleihen – dann spricht man vom Erziehungsschnitt – und störende, zu dicht wachsende Triebe und krankes oder abgestorbenes Holz zu entfernen – dann handelt es sich um den Auslichtungsschnitt.

Erziehungsschnitt durchführen

Mit dem Erziehungsschnitt wird die Wuchsform des Strauchs festgelegt: Die Äste sollen gut verteilt sein, und der Strauch soll licht und offen wachsen, so dass, wie bei den Baumkronen, das Licht und die Luft gleichmäßig an alle Äste und später an alle Früchte kommen können.

Schneiden Sie die störenden Äste dicht über dem Boden ab. Wenn Sie hingegen lediglich an den Triebspitzen schneiden, führt dies zu unansehnlichem Besenwuchs, da die abgeschnittenen Triebe umso kräftiger wieder

Praxistipp

Ältere Triebe schneiden

Ältere, nicht mehr blühfähige und daher auch nicht mehr tragende Triebe, die man nicht direkt nach der Ernte abgeschnitten hat, werden beim winterlichen Schnitt entfernt. Man erkennt solche Triebe in der Regel an der Rindenfarbe die im Vergleich zu jungen Trieben dunkel beziehungsweise bräunlichschwarz ist.

neu austreiben. Führen Sie die Schnittmaßnahme hingegen an der Strauchbasis durch, bleibt die natürliche Wuchsform des Strauchs optimal erhalten.

Auslichtungsschnitt durchführen

Durch den regelmäßigen Auslichtungs- oder auch Pflegeschnitt verhindern Sie das Verwildern der Sträucher, indem Sie ältere, nicht mehr tragende und zu dicht wachsende Triebe wie beim Erziehungsschnitt dicht über dem Boden entfernen. Zu dicht wachsende Sträucher vergreisen außerdem sehr schnell und müssen schon nach wenigen Jahren verjüngt werden. Entfernen Sie außerdem dürre, abgestorbene und kranke Äste.

Praxistipp

Schneiden im Winter
Im Winter schneidet es sich grundsätzlich leichter, da die Struktur der Pflanze besser erkennbar ist, wenn das Laub fehlt.

Verschiedene Beerensträucher schneiden

Johannisbeeren und Stachelbeeren

Johannisbeeren und Stachelbeeren bleiben gesund und tragen reichlich Früchte, wenn Sie ihnen im Spätwinter einen Schnitt verpassen, bei dem Sie die alten Ruten entfernen. Dadurch regen Sie sie zur Bildung neuer Triebe an, die dann im Folgejahr Früchte tragen. Dabei werden auch zu schwache, störende und abgestorbene Triebe entfernt. Johannisbeeren und Stachelbeeren können auch direkt nach der Ernte im Sommer geschnitten werden, dann werden die Jungtriebe im Winter nurmehr um ein paar Augen gekürzt. Der Winter als Schnitttermin hat jedoch den Vorteil, dass sich die Sträucher in der Saftruhe befinden. Auch sieht man bei den blattlosen Sträuchern die Pflanzenstruktur besser und kann leichter sehen, was herauszunehmen ist.

Brombeeren

Auch bei den Brombeeren werden alte, abgetragenen Ruten entfernt. Junge Ruten, die bis zu zwei Meter Länge und mehr heranwachsen, brauchen Sie nicht zu kürzen, wenn Sie sie über einen Zaun oder ein Drahtgeflecht ranken lassen.

Beerenobst schneiden

Himbeeren

Himbeeren werden in der Regel im Sommer direkt nach der Ernte geschnitten. Dabei entfernt man die abgetragenen Ruten, indem man sie dicht über dem Boden abschneidet. Alle zu schwachen und zu dicht stehenden Neutriebe werden ebenfalls entfernt. Im Winter wird bei Bedarf lediglich ein Nachschnitt durchgeführt. Dabei können Sie die Triebe noch einmal um ein paar Augen kürzen. Bei zweimal tragenden Sorten findet der Rückschnitt ebenfalls im Winter statt.

Richtig schneiden

Damit Sie Ihre Beerensträucher richtig schneiden und Ihnen nicht mehr Schaden als Nutzen zufügen, gilt es, folgende Grundregeln zu beachten:
Wenn Sie Zweige oder Äste ganz entfernen wollen, schneiden Sie sie dicht über dem Boden ab. Sehr dicke Äste schneiden Sie in Teilstücken ab, damit der Ast nicht vorzeitig an der Schnittstelle abbricht und die Schnittstelle glatt und sauber ausfällt. Ein Einkürzen von Trieben ist nur bei jungen Sträuchern erforderlich, die sich schlecht verzweigen. Auch bei älteren Sträuchern ist dies eine gute Methode, um die Blühfreudigkeit anzuregen. In allen anderen Fällen führt das Einkürzen von Trieben zu unansehnlichem Besenwuchs. Beim Einkürzen von Trieben schneiden Sie über einer nach außen zeigenden Knospe. Führen Sie den Schnitt schräg durch und lassen Sie etwas Abstand zur Knospe. Eventuell müssen Sie etwas genauer hinblicken, um die Ansatzstellen sehen zu können.

Schnittstellen nachbehandeln

Warten Sie nicht zu lange mit der Nachbehandlung der Wunden, da sie besonders anfällig für Pilzerkrankungen sind. Glätten Sie nach dem Entfernen des Astes die Wundränder sehr sorgfältig und bringen Sie dann Baumwachs oder ein anderes Wundverschlussmittel auf.

Im Herbst gepflanzte Beerensträucher kontrollieren

Beerensträucher, die im Herbst frisch gepflanzt wurden, sollten regelmäßig im Winter überprüft werden, ob sie durch den Frost gehoben wurden. Gerade im Februar, wenn mit anhaltend strengen Frösten zu rechnen ist, sollten Sie regelmäßig einen Kontrollgang durch den Garten machen. Das Hochfrieren kommt dadurch zustande, dass bei Frost das zu Eiskristallen gefrorene Wasser mehr Raum benötigt als im flüssigen Zustand. Frisch eingesetzte Pflanzen sind vom Hochfrieren besonders gefährdet, da sie noch nicht fest genug verwurzelt sind. Drücken Sie die hochgefrorenen Exemplare mit der Hand an oder treten Sie sie mit dem Fuß vorsichtig fest, damit die Wurzeln wieder Verbindung mit der Erde bekommen.

Gemüse

Während in großen Teilen Ihres Gartens bereits Winterruhe eingekehrt ist, ist die Saison im Gemüsegarten noch immer nicht zu Ende. Einige Gemüsesorten werden speziell für den Winter produziert und können jetzt geerntet werden. Sie bereichern zusätzlich zum Gemüsevorrat im Keller den Speisezettel.

Lauch

Knoblauchpflanzen

Wintergemüse ernten

Wintergemüse kann die Kälte nichts anhaben. Es bekommt durch den ersten Frost oft erst seine richtige Reife. Folgende Gemüsesorten gelten als Wintergemüse:

Feldsalat *(Valerianella locusta)*

Der feinschmeckende Feldsalat ist völlig winterhart und kann die gesamte kalte Jahreszeit hindurch geerntet werden. Er wächst nahezu auf allen Böden und kann überdies als Gründüngungspflanze eingesetzt werden.

Grünkohl *(Brassica oleracea var. sabellica)*

Grünkohl wird durch Frost feiner im Geschmack und sollte daher möglichst lange auf dem Beet stehen bleiben. Durch die Frosteinwirkung entwickelt die Pflanze Zucker in den Blättern, was den sonst herben Geschmack mildert. Wenn Sie den Grünkohl ernten, schneiden Sie lediglich die Blattschöpfe. Die Strünke können stehen bleiben und treiben im Frühjahr oft nochmals aus.

Lauch *(Allium porrum)*

Die winterharten Lauchsorten eignen sich gut als Nachfrucht auf frühzeitig freigewordenen Gemüsebeeten und können den ganzen Winter hindurch geerntet werden. Um das Gemüse vor extremen Temperaturen zu schützen, sollten Sie den Lauch anhäufeln und das Beet mit Laub abdecken. An frostfreien Tagen können Sie ihn am besten mit Hilfe einer Grabgabel ernten.

Pastinaken *(Pastinaca sativa)*

Da Pastinaken ihren vollen Geschmack erst bei Frost entwickeln, werden die Wurzeln so lange wie möglich im Boden gelassen, um sie spätestens bis März zu ernten. Allerdings sollten Sie die Pastinaken dick mit einer Mulchschicht, Nadelzweigen oder Laub abdecken, da der häufige Wechsel zwischen Gefrieren und Auftauen den Wurzeln schaden. Alternativ können Sie die Pastinaken, die bei einer Lagerung im Keller zu schrumpeln beginnen, bereits nach dem ersten Frost ernten und in einer Erdmiete oder in einer im Boden vergrabenen Kiste lagern.

Radicchio *(Cichorium intybus var. foliosum)*

Radicchio braucht einen leichten Winterschutz, etwa einen Folientunnel, und kann bis ins Frühjahr hinein geerntet werden, sofern es die Schneeverhältnisse erlauben.

Rosenkohl *(Brassica oleracea var. gemmifera)*

Rosenkohl, der gemeinhin als winterhart gilt, sollte vor mehrmaligen Frösten mit Temperaturen unter –8°C geschützt

Feldsalat

werden. Vor allem die Wechsel zwischen frostigen und wieder ansteigenden Temperaturen, die Gefrieren und Wiederauftauen zur Folge haben, schaden den empfindlichen Röschen und lassen sie weich werden und faulen. Ernten Sie daher Rosenkohl besser zu Beginn des Winters, wenn die Temperaturen noch nicht unter den Gefrierpunkt fallen. Durch Einfrieren nach kurzem Blanchieren lässt er sich sehr gut konservieren. Wenn Sie später Abernten wollen, bringen Sie einen Winterschutz an. Decken Sie die Pflanzen zum Schutz vor der Kälte und der Wintersonne mit Nadelzweigen oder Stroh ab. Dadurch ist die schadlose Überwinterung und die auch während des Winters fortlaufende Ernte gewährleistet.

Gemüsesorten, die sich bereits ab Februar unter Glas vorziehen lassen

Aussaat	Ernte	Folge
(1. Folge: stark zehrend, 2. Folge: mittelzehrend, 3. Folge: schwach zehrend)		
Bleichsellerie *(Apium graveolens var. dulce)*		
ab Februar	ab Mitte August	erste Folge
Knollensellerie *(Apium graveolens var. rapaceum)*		
ab Februar	ab September	erste Folge
Kopfsalat *(Lactuca sativa var. capitata)*		
ab Januar/Februar	acht bis zehn Wochen nach Aussaat	zweite Folge
Lauch *(Allium porrum)*		
ab Februar	ab Juli/ August	zweite Folge
Möhren *(Daucus carota ssp. sativus)*		
ab Februar	Mitte Juli bis Oktober	zweite Folge
Römischer Salat *(Lactuca sativa var. longifolia)*		
ab Februar	ab Mai	zweite Folge
Rotkohl *(Brassica oleracea var. capitata f. rubra)*		
ab Februar	August	erste Folge
Schnittsalat *(Lactuca sativa var. secalina)*		
ab Februar	ab April	zweite Folge
Tomaten *(Lycopersicon lycopersicum)*		
ab Februar	ab Juli	erste oder zweite Folge
Weißkohl *(Brassica oleracea var. capitata f. alba)*		
ab Februar	ab Juli	erste Folge
Wirsing *(Brassica oleracea var. capitata sabauda)*		
ab Februar	ab Mai	erste Folge

Eingelagertes Gemüse kontrollieren

Begeben Sie sich regelmäßig auf Kontrollgang und sehen Sie Ihr eingelagertes Gemüse durch. Wenn Sie Anzeichen von Krankheitsbefall oder Fäulnis wahrnehmen, sollten die betroffenen Exemplare sofort entfernt werden. Dadurch vermeiden Sie, dass sich der Befall ausbreitet und noch weitere Exemplare in Mitleidenschaft zieht.

Boden vorbereiten

Wenn Sie für die Anlage von Gemüsebeeten den Boden im Herbst noch nicht umgegraben haben, sollte Sie dies schleunigst nachholen, solange der Boden noch nicht gefroren ist und sich noch gut bearbeiten lässt. Durch das Umgraben im Herbst bzw. frühen Winter kann der Boden im Winter gut durchfrieren. Auf diese Weise können Sie von der Entstehung der so genannten Frostgare profitieren. Die Frostgare ist eine Krümelstruktur, die sich durch den Wechsel von Gefrieren und Auftauen bildet und einen fruchtbaren und gesunden Boden zur Folge hat.

Gemüse vorziehen

Wenn Sie nach der Winterpause Lust auf frisches Gemüse haben, können Sie bereits ab Februar zahlreiche Gemüsesorten im Frühbeet, unter einem Folientunnel oder auf der Fensterbank vorziehen. Die Anzucht dient nicht nur dem Zweck, empfindlichere Gemüsearten, die nicht gleich ins Freiland ausgesät werden können, vorzuziehen. Mit der Anzucht erreichen Sie darüber hinaus einen Wachstumsvorsprung, der frühere Ernten und damit früheren Gemüsegenuss zur Folge hat, weil Sie bereits zu einem weit früheren Zeitpunkt mit der Aussaat beginnen können als im Freien. Für die Aussaat ins Frühbeet brauchen Sie einen Frühbeetkasten, den Sie selber bauen oder im Fachhandel kaufen. Der ideale Standort für einen Frühbeetkasten ist die sonnigste

Stelle im Garten, der Glasdeckel sollte nach Süden oder Südwesten geneigt sein. Nach dem Aussäen des Samens, bei dem Sie nach Packungsangaben vorgehen, sollte die Aussaat gut feucht gehalten und der Boden mit einer Mulchschicht versehen werden. Schichten Sie zum Schutz vor Nachfrösten Laub oder Stroh rings um den Kasten auf. In sehr kalten Nächten sollten Sie zudem den Glasdeckel mit Brettern oder Schilfmatten abdecken. Ein Folientunnel, der als wärmendes Dach über jedes normale Beet gestülpt werden kann, bringt einen Wachstumsvorsprung von etwa zwei Wochen. Sie können auch in Aussaatgefäßen vorziehen, die sie auf die warme Fensterbank stellen. Nach der Aussaat sollte die Erde gleichmäßig feucht gehalten werden. Es ist empfehlenswert, die Gefäße mit einer Folie abzudecken oder eine Plastiktüte überzustülpen.

Gemüsegarten planen

Die Winterruhe gewährt Ihnen Zeit und Muße, sich über das Gemüsebeet für das kommende Gartenjahr Gedanken zu machen. Ob Sie im nächsten Frühjahr erstmals ein Gemüsebeet anlegen wollen oder ob Sie schon fast ein Profi im Gemüsegarten sind – jetzt können Sie überlegen, welche Gemüsesorten Sie anbauen wollen, ob Sie eine Mischkultur vorziehen, bei der verschiedene Gemüsesorten gleichzeitig auf einem Beet angebaut werden, oder ob Sie lieber Beete mit nur jeweils einer Gemüsesorte haben möchten und wie Sie am sinnvollsten die Fruchtfolge einhalten. Wenn Sie den Gemüsegarten neu anlegen, können Sie einen Plan fertigen, auf dem Sie Ihr Grundstück mit Haus, Terrasse, Bäumen und bereits bestehenden Beeten einzeichnen. Das erleichtert Ihnen die Standortwahl und Planung des Gemüsegartens.

Kräuter

Im winterlichen Kräutergarten sind nur vereinzelt einige winterharte Kräuterpflanzen stehen geblieben. Diese überdauern die kalte Jahreszeit mit einem Winterschutz aus Stroh oder Nadelzweigen. Alle anderen haben das Feld geräumt, weil sie entweder nur einjährig sind oder den Winter lieber im Haus verbringen.

Nicht frostharte Kräuter pflegen

Quartieren Sie Ihre nicht frostharten Kräuter zum Überwintern in einen hellen, kühlen Raum bei Temperaturen zwischen 6°C und 14°C ein und gießen Sie sie regelmäßig, jedoch sehr zurückhaltend. Das Wässern soll lediglich das Austrocknen des Wurzelballens verhindern. Vermeiden Sie zu starkes Gießen. Staunässe vertragen die Kräuter ganz schlecht. Das Düngen wird komplett eingestellt. Nehmen Sie regelmäßig einen Kontrollgang vor, bei dem Sie die Pflanzen auf Schädlinge und Krankheiten untersuchen. Wenn Sie ein betroffenes Exemplar entdecken, sollten Sie dieses sofort von den übrigen isolieren, damit sich die anderen nicht anstecken können bzw. nicht ebenfalls von den Schädlingen befallen werden. Wenn keine Ihrer getroffenen Gegenmaßnahmen Erfolg bringt, sollten Sie die Pflanze entsorgen. Entfernen Sie regelmäßig verwelktes Laub, da dieses verfaulen und zum Herd von Schädlingen oder Krankheiten werden kann.

Praxistipp

Kräuter in der Küche überwintern
Sie können Ihre Schützlinge auch in der Küche überwintern lassen und zum regelmäßigen Gebrauch abernten. Seien Sie jedoch sparsam und schneiden Sie nicht zuviel ab, da die Pflanzen im Winter üblicherweise nicht ganz so wüchsig sind.

Salbei

Würzkräuterbeet

Winterharte Kräuter mit einem Winterschutz versehen

Verpassen Sie den winterharten Kräutern, sofern Sie dies noch nicht im Herbst erledigt haben, einen Winterschutz aus Stroh oder Nadelzweigen. Dieser schützt sie zuverlässig vor den extremen Wintertemperaturen, damit Sie auch noch im nächsten Jahr ihren Duft und ihr Aroma genießen können.

Kräutergarten planen

Die Winterzeit ist die Zeit des Planens. Wenn draußen der Schnee rieselt und den Garten in eine weiße Winterlandschaft verwandelt, können Sie sich Gedanken über die Gestaltung Ihres Gartens, insbesondere Ihres Kräutergartens machen. Zunächst können Sie sich überlegen, welche Kräuter Sie überhaupt anbauen wollen. Die Kräuter, die Sie regelmäßig zum Würzen Ihrer Gerichte verwenden, sollte der Kräutergarten auf jeden Fall umfassen, vielleicht auch noch das eine oder andere, etwas ungewöhnlichere Kraut zum Ausprobieren.

Gestaltung des Kräutergartens planen

Zur Anlage Ihres Kräutergartens stehen Ihnen vielfältigste Gestaltungsmöglichkeiten offen: Sie können ein konventionelles, rechteckiges Kräuterbeet anlegen, ein Hochbeet oder eine Kräuterspirale gestalten – ganz, wie Sie wollen und wie viel Platz Ihnen zur Verfügung steht. Unabhängig davon, wie Sie den Kräutergarten anlegen, sollten Sie auf jeden Fall berücksichtigen, dass Sie die einzelnen Kräuter von allen Seiten her gut ernten und pflegen können.

Mischkultur

Wenn Sie ausreichend Platz zur Verfügung haben, können Sie Ihren Kräutergarten nach dem Vorbild ländlicher Bauerngärten als Mischkultur anlegen. Dort finden Sie nicht nur Kräuter, sondern auch Gemüse und Blumen.

Hochbeet

Sie können Ihre Kräuter auch auf einem Hochbeet anbauen, das als fester Rahmen, bestehend aus Kantschwellen, Rundhölzern oder Brettern, konstruiert wird. Das Hochbeet kommt den wärmeliebenden Kräutern besonders entgegen.

Kräuterspirale

Die schneckenartig aufgeschichtete Spirale bietet auf engem Raum sehr vielen Kräutern mit unterschiedlichsten Standortansprüchen Platz – ob die Pflanzen feuchte, trockene, sonnige oder halbschattige, kühle Standorte bevorzugen.

Kräuterschachbrett

Ein Kräuterschachbrett, bei dem sich Kräuter mit Trittsteinen oder Platten abwechseln, sieht nicht nur hübsch aus, sondern ist überdies auch sehr praktisch, da man die würzigen Pflanzen von allen Seiten gut erreichen, ernten und pflegen kann.

Kräuterrondell

Das Kräuterrondell erinnert in der Anlage an Kloster- oder Bauerngärten. Zur Gliederung der einzelnen Kreissegmente können Sie Buchsreihen anlegen oder Trittsteine verlegen. Die Mitte kann ein dekoratives Rosenhochstämmchen zieren. Beim Anpflanzen sollten Sie darauf achten, dass die Kräuter zur Kreismitte hin an Wuchshöhe zunehmen.

Kräuter am Zaun oder am Weg

Wenn Sie Kräuter als Abgrenzung zum Nachbargrundstück oder als Wegeinfassung anpflanzen, verbinden Sie auf elegante Weise das Nützliche mit dem Schönen. Duftende Kräuter am Wegesrand verwandeln Ihre Wege überdies in duftende Pfade.

Praxistipp

Pflanzanordnung

Bei der Anlage des Kräuterbeets bietet sich aus praktischen Gründen die Trennung zwischen einjährigen, zweijährigen und mehrjährigen Kräutern an, wobei die ausdauernden Arten in die hinteren Reihen kommen.

Die wichtigsten Küchenkräuter

	Geschmack	Gerichte
Anis *(Pimpinella anisum)*	aromatisch, süßlich	Anisplätzchen, Suppen, Obstsalat, Rotkraut, Apfelmus
Basilikum *(Ocimum basilicum)*	aromatisch-würzig	Suppen, Kräuterbutter, Tomaten, Hammelfleisch, italienische Gerichte
Bohnenkraut *(Satureja)*	pfeffrig-scharf	Bohnengemüse, Eintöpfe, Pilzgerichte, Gurken- und Kartoffelsalat
Borretsch *(Borago officinalis)*	zwiebel-, gurkenartig	Salate, Quark, Rohkost, Kartoffelsuppe, Weiß- und Rotkraut
Dill *(Anethum graveolens)*	erfrischend, aromatisch	Gurkensalat, Suppe, Saucen, Fisch, zum Einlegen von Gurken
Estragon *(Artemisia dracunculus)*	angenehm, duftend	Bohnengemüse, Bohnensalat, Gurkensalat, Essiggurken, Fisch, Fleisch
Fenchel *(Foeniculum vulgare)*	süßlich, aromatisch	Rohkost, Pudding, Karpfen, (Heil-)Tee
Ingwer *(Zingibera officinalis)*	aromatisch-brennend	asiatische Gerichte, Obstsalat, eingemachte Früchte
Kerbel *(Anthriscus cerefolium)*	süßlich, anisartig	Salate, Tomaten, Kräuterbutter, Suppe
Koriander *(Coreandrum sativum)*	würzig-scharf	Eintöpfe, Würste, Schweinebraten, Krautgerichte, Früchtebrot, indische Gerichte
Kresse *(Lepidium sativum)*	scharf, leicht brennend	Suppe, Salate, Butterbrot
Kümmel *(Carum carvi)*	stark würzig	Sauerkraut, Rote Rüben, fettes Fleisch, Salzkartoffeln
Liebstöckl *(Levisticum officinale)* *(„Maggikraut")*	scharf würzig, leicht bitter	Suppen, Gemüse, Bratensauce, Geflügel, Ragout
Majoran *(Origanum majorana)*	stark würzig, leicht süßlich	Leberknödel, Gemüse, Salate, Kartoffelsuppe, Pilzgerichte, Saucen
Oregano *(Origanum vulgare)*	pfeffrig-würzig	Pizza, Tomaten, Fleisch, Suppen, Gemüse, italienische Gerichte
Pfefferminze *(Mentha piperita)*	erfrischend, scharf, würzig	Fleischmarinaden, Fisch, Rohkostgerichte, Mintsauce, Obstsalat, (Heil-)Tee
Petersilie *(Petroselinum crispum)*	herb würzig	Salate, Suppen, Saucen, Eintöpfe, Fleisch, Gemüse
Rosmarin *(Rosmarinus officinalis)*	stark würzig,	Fleisch-, Grill-. Kartoffel- und Gemüsegerichte
Salbei *(Salvia officinalis)*	leicht bitter	Fleisch, Wild, Geflügel, Fisch, (Heil-)Tee, Gemüse, Suppen
Schnittlauch *(Allium schoenoprasum)*	erfrischend, zwiebelartig	Rührei, grüner und gemischter Salat, Quarkspeisen
Thymian *(Thymus vulgaris)*	aromatisch-bitter	Rohkost, Eier, Hülsenfrüchte, Pilze, Tomaten, Braten, Saucen, Fleisch
Ysop *(Hyssopus officinalis)*	leicht bitter	Gemüse, Hülsenfrüchte, Salate, Wildgerichte
Zitronenmelisse *(Melissa officinalis)*	sauer, erfrischend	Salate, Fischgerichte, zum Garnieren von Süßspeisen

Gartenkalender von November bis Februar

Ziergarten	
Pflege	• Ziergehölze mit Winterschutz versehen, schneiden, auf Hochfrieren kontrollieren, Schnee abschütteln • Beetrosen, Hochstammrosen und Kletterrosen mit Winterschutz versehen, Schnee abschütteln • Frostempfindliche Stauden mit Winterschutz versehen, immergrüne Stauden gießen, Stauden auf Hochfrieren hin kontrollieren • Von Gräsern Schnee abschütteln, Gräser zusammenbinden • Nicht winterharte Zwiebeln und Knollen aus dem Boden holen, im Haus überwintern, überwinterte Zwiebeln und Knollen kontrollieren • Aussaat einjähriger Sommerblumen vor Pilzerkrankungen schützen • Auf dem Rasen Winterschäden vorbeugen, Rasen mähen, Rasen belüften, Unkraut aus dem Rasen entfernen, Boden auf die Rasenaussaat vorbereiten • Frostempfindliche Kübelpflanzen von Balkon und Terrasse im Haus überwintern, Kübelpflanzen auf Balkon und Terrasse überwintern, mit Winterschutz versehen, mehrjährige Sommerblumen auf Balkon und Terrasse im Haus überwintern, frisch gesteckte Zwiebeln und Knollen auf Balkon und Terrasse vor Frost und Kälte schützen, frühjahrsblühende Zwiebel- und Knollenpflanzen zum Austreiben anregen, winterharte Kräuter pflegen • Teich reinigen, Uferbepflanzung mit Winterschutz versehen, Gräser zusammenbinden
Planung	• Staudenbeete planen, Stauden auswählen • Rasenflächen planen • Gartenteich planen
Pflanzung	• Fertigrasen verlegen • Auf Balkon oder Terrasse Winterbepflanzung durchführen
Aussaat	• Einjährige Sommerblumen vorziehen
Nutzgarten	
Pflege	• Obstbäume mit Winterschutz versehen, Obstbäume schneiden (Erziehungsschnitt, Auslichtungsschnitt) • Beerenobstpflanzen mit Winterschutz versehen, Winterschnitt durchführen (Erziehungsschnitt, Auslichtungsschnitt), Schnittflächen nachbehandeln, im Herbst gepflanzte Beerensträucher kontrollieren • Eingelagertes Gemüse kontrollieren, Boden für das Gemüsebeet vorbereiten • Nicht frostharte Kräuter pflegen, winterharte Kräuter mit einem Winterschutz versehen
Planung	• Gemüsegarten planen • Kräutergarten planen
Aussaat	• Gemüse vorziehen
Ernte	• Wintergemüse ernten

Pflanzenregister

Übersichten